Maxima&Scilab

フリーソフトで学ぶ
線形制御

Maxima／Scilab活用法

川谷 亮治 著

森北出版株式会社

● 本書のサポート情報を当社 Web サイトに掲載する場合があります．下記の URL にアクセスし，サポートの案内をご覧ください．

http://www.morikita.co.jp/support/

● 本書の内容に関するご質問は，森北出版 出版部「(書名を明記)」係宛に書面にて，もしくは下記の e-mail アドレスまでお願いします．なお，電話でのご質問には応じかねますので，あらかじめご了承ください．

editor@morikita.co.jp

● 本書により得られた情報の使用から生じるいかなる損害についても，当社および本書の著者は責任を負わないものとします．

■ 本書に記載している製品名，商標および登録商標は，各権利者に帰属します．

■ 本書を無断で複写複製（電子化を含む）することは，著作権法上での例外を除き，禁じられています．複写される場合は，そのつど事前に (社)出版者著作権管理機構（電話 03-3513-6969，FAX 03-3513-6979，e-mail：info@jcopy.or.jp）の許諾を得てください．また本書を代行業者等の第三者に依頼してスキャンやデジタル化することは，たとえ個人や家庭内での利用であっても一切認められておりません．

はじめに

　製品開発を行う場合，与えられた数多くの仕様を満足するように設計を進める必要があります．しかし，これらの仕様は，ハードウエア的に工夫することで達成できるものばかりであるとは限りません．フィードバック制御を前提とすることで活路が開かれるかもしれないのです．なぜならば，フィードバック制御は，対象の動特性を変えることができる，という大きな特長をもつからです．そのため，フィードバック制御の利用によって，ハードウエアの設計の負担を大幅に軽減できるかもしれないし，ハードウエア的に実現が困難な特性をもたせることができるかもしれません．つまり，現代の技術者にとって，フィードバック制御を習得することは，設計の幅を広げることができるという意味で必須である，といっても決して過言ではないでしょう．

　それでは，フィードバック制御に関する理論を習得するためには，どうすればよいのでしょうか．まずは，そこに登場する様々な基本概念やそれらの本質を理解することが必要です．本書の目標の一つがここにあります．本書では，線形制御理論に話題を限定していますが，可能な限り噛み砕いて，基本概念の紹介を試みました．そのため，登場する定理の証明は行っていません．制御理論に関する良書が数多く市販されているので，証明などより厳密な理解を行いたい読者はそれらをご参照ください．

　ところで，基本概念はあくまでも基本概念なので，様々な演習を通して，制御理論やそれに基づく設計法の理解をより深めることは欠かせません．しかし，手計算を前提とした場合，扱える演習には強い制約が課せられます．今は，非常に高性能で安価なパーソナルコンピュータを手軽に手にできる時代です．しかも，ノートパソコンであれば，場所や時間に関する制約を受けません．したがって，それを制御理論を習得するために積極的に活用しない手はありません．ただ，よく言われるように，ソフトウエアがなければコンピュータはただの箱．そのため，目的に合ったソフトウエアが必要不可欠です．そこで，本書では，数式処理用に **Maxima**，数値計算用に **Scilab** を取り上げました．驚くべきことに，これらは非常に高機能で使い勝手が良いにもかかわらず，**フリーソフト** なのです．インターネットを利用して自由にダウンロードし，使用することができます．良い時代になったものです．本書のもう一つの目標が，演習を通してこれらのソフトウエアを制御系の解析・設計に自由に使い

こなせるようになることにあります．

　ここで，数値計算だけではなく，なぜ数式処理ソフトも利用する必要があるのか，と疑問に思われる読者もおられるでしょう．それは，前者によって定量的な理解が得られるのに対して，後者は定性的な理解を得るための有効な手段だからです．制御理論において微分方程式は欠かせない数学の道具であることは本文中でも述べますが，一例として，次式に示す (線形) 微分方程式に対してその解 $z(t)$ の特性を調べる必要が生じたとします．

$$\dot{z}(t) + az(t) = bu(t)$$

もし，a, b に対して特定の数値が与えられているならば，Scilab を利用して数値的に微分方程式を解き，それを図示することはいくつかのコマンドを入力するだけで簡単に行えます．でも，数値解は特定の数値に対するものにすぎないため，微分方程式そのものがもつ本質を見極めようとすると，何度も数値計算を繰り返す必要があります．一方，上式に対する解析解は，数式処理ソフトである Maxima を利用すると，次式のように得られます．ここで $u(t) = 1, z(0) = 0$ としました．

$$z(t) = \frac{b}{a}(1 - e^{-at})$$

このように解 $z(t)$ が得られると，そこから解のもつ様々な本質を手にすることができます (詳しくは本文で述べます)．それでは，数式処理だけで十分なのかというとそうではなく，必ず定量的な評価も行う必要があります．たとえば，ある微分方程式の解析解が Maxima を利用することで

$$z(t) = e^{-\alpha t} \cos(\omega t)$$

のように得られたとします．これに対して，$\alpha = 2, \omega = 10$ と $\alpha = 2, \omega = 3$ のときの $z(t)$ を描いたのが図 A です (図の表示は Scilab を利用しました)．前者が実線で後者が破線です．このように図示することで α と ω の役割をより鮮明に理解できます．

　もちろん Maxima 上でも数値計算や関数を図示することができますが，扱うものが複雑になった場合，計算速度の点から数値処理を利用した方がよい場合が多くあります．さらに，問題が複雑になると数式処理では解析解が得られない場合も起こり得ます．また，Scilab には制御系解析・設計に関連した Toolbox(関数の集まり) が標準で用意されていますが Maxima にはありません．以上のことから，数式処理 (Maxima) と数値処理 (Scilab) を併用して解析・設計を進めていくことが非常に重要になるのです．

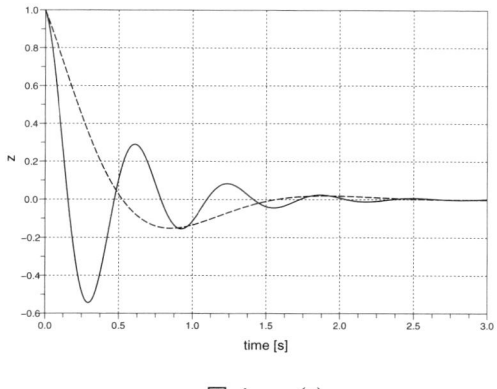

図 A　$z(t)$

本書を読む際の注意事項を以下にまとめました．

1. 本書は，これから制御理論を勉強しようとしている技術者や学生などの初心者を対象としています．著者の知識と能力の範囲内で可能な限り噛み砕いて線形制御理論の基本概念の解説を試みました．制御理論というと，数学が前提であり，最初から難しいという先入観念を持ち，しり込みする方も多いかもしれません．しかし，数学は便利な道具だからこそ使うのです．そこで，工学的な解釈をできるだけ平易に行うことを心がけました．

2. 本書は 11 章と三つの付録から構成されています．Maxima と Scilab の利用を前提としているので，可能な限りこれらのソフトウエアをインストールしたパソコンをそばに置いて，演習を行いながら本書を読み進めてください．これらの使い方については二つの付録で紹介しています．そこでは，本書を読む上での必要最小限のコマンドの紹介だけではなく，演習を通して線形代数など制御理論の理解に必要な数学の学習が行えます．二つの付録の構成は極力同じにしてあるので，それぞれのソフトウエアの特徴を把握しやすいと思います．そのため，第 1 章の後，ぜひ付録に目を通して，演習を行ってください．それから，第 2 章以降に進むと効果的に理論を習得できると考えます．

3. 本書の第 2 章から第 4 章までは，n 階線形微分方程式を対象としてフィードバック制御の特長を理解することを目指しています．これらの章では解析が中心となるので，主に Maxima を利用します．続く第 5 章で線形化について説明し，第 6 章で状態空間モデルの導入を行った後，第 7 章以降で線形制御理論を紹介します．これらの章では，いくつかの具体例をとりあげ，それらに

対する解析・設計を体験しながら理解を深める構成となっています．そのために Scilab の利用が中心となります．Scilab には，制御系解析・設計に関連した Toolbox が標準で用意されているため，それらを利用することで快適に作業を進めることができます．もちろん，数式処理による解析も有効な場合があります．残念ながら，Maxima には，そのための関数が標準ではほとんど用意されていません．そこで，本書の中で，Maxima 上で利用できる制御系解析・設計を目的として作成した関数を紹介します．最後の第 11 章では，実際の制御対象の一例として磁気浮上系をとりあげ，Scilab で設計した制御器のマイコンへの実装例を示しました．C 言語を用いたプログラム例も掲載してあるので，参考にしてください．以上により，コンピュータ上での解析・設計だけではなく，得られた制御器の実装までの一連のプロセスを理解できます．

4. 各章の最後の節にその章の要点をまとめるとともに，章の中で登場した太字で記載された用語の一覧を列挙しました．その章の理解度を自己評価する目的でご使用ください．演習問題にもぜひ挑戦してください．

5. Maxima と Scilab の利用法の理解を助ける目的で，例題中にコマンド使用例とその出力結果を与えています．Maxima と Scilab の一例を以下に示します（コマンドの後に書かれてあるコメントはそのコマンドの説明を意味しているだけで，入力する必要はありません）．例に示されているコマンドはもちろんのこと，いろいろな入力を与えてみて，読者各自で理解を深めるように努力してください．

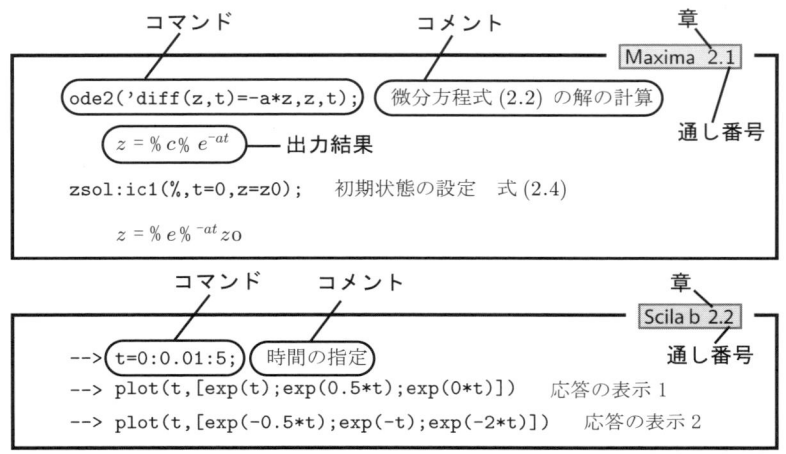

本書は，独立行政法人雇用・能力開発機構　高度職業能力開発促進センター (愛称：高度ポリテクセンター) において，著者が 1996 年から担当している制御に関するセミナー用ならびに著者が所属した大学における講義用として作成した資料が基本になっています．これらの機会を通して，著者自身が制御理論に関して逆に多くのことを学ばせていただきました．その意味で，参加していただいた受講生の方々に感謝の意を表します．特に，セミナーにおいては，大学での講義とは異なり，いろいろな立場や知識の方が参加されます．彼らに対して，ともかくわかりやすく，を目指した内容になっているため，かなり乱暴な切り口で説明している箇所も多くあるかもしれません．これは著者の浅学からであるとご容赦いただき，読者からのご指摘やご批判をいただければ幸いです．また，本書の内容は，Maxima と Scilab というフリーソフトの存在に強く依存しています．これらの開発に携わった方々に深く敬意を表するとともに，さらに改良を加え，より快適な環境をご提供いただけることを期待しています．

　最後になりましたが，企画段階から脱稿に至るまで長期間を要したにもかかわらず，辛抱強くお待ちいただいただけでなく，その間，貴重なご指摘やご助言をいただいた森北出版株式会社の皆様に深く感謝いたします．

2008 年 3 月

著　　者

目　次

第 1 章　制御と微分方程式　　1
   1.1　フィードバック制御 . . . .　1
   1.2　方程式と微分方程式 . . . .　4
   1.3　微分と積分 . . . .　4
   1.4　微分方程式の必要性 . . . .　6
   1.5　まとめ . . . .　9
   演習問題 1 . . . .　10

第 2 章　1 階線形微分方程式　　11
   2.1　1 階線形微分方程式 . . . .　11
   2.2　初期値応答 . . . .　13
   2.3　ステップ応答 . . . .　18
   2.4　制御対象の具体例 . . . .　20
   2.5　フィードバック制御 . . . .　22
   2.6　まとめ . . . .　24
   演習問題 2 . . . .　25

第 3 章　2 階線形微分方程式　　27
   3.1　2 階線形微分方程式 . . . .　27
   3.2　初期値応答 . . . .　28
   3.3　単位ステップ応答 . . . .　33
   3.4　フィードバック制御 . . . .　40
   3.5　まとめ . . . .　42
   演習問題 3 . . . .　43

第 4 章　n 階線形微分方程式　　44
   4.1　n 階線形微分方程式 . . . .　44
   4.2　ラプラス変換と逆ラプラス変換 . . . .　50

4.3	フルヴィッツの安定判別法	56
4.4	まとめ	61
演習問題 4	....	62

第 5 章 線形化   63

5.1	線形微分方程式	63
5.2	水槽系	64
5.3	テイラー展開と非線形関数の線形化	64
5.4	非線形微分方程式の線形化	67
5.5	磁気浮上系	69
5.6	倒立振子系	71
5.7	フィードバック制御方策	73
5.8	まとめ	74
演習問題 5	....	75
第 5 章付録 ● 倒立振子系に対する非線形微分方程式の導出	....	76

第 6 章 線形微分方程式と状態空間モデル   77

6.1	2 水槽系	77
6.2	状態空間モデル	78
6.3	状態空間モデルと安定性	86
6.4	状態方程式の解	89
6.5	伝達行列	91
6.6	数値例	95
6.7	状態空間モデルに関する Maxima のプログラム	98
6.8	まとめ	101
演習問題 6	....	102

第 7 章 可制御性と状態フィードバック制御   104

7.1	いくつかの例	104
7.2	可制御性	108
7.3	状態フィードバック制御	113
7.4	設計例	115
7.5	まとめ	124

演習問題 7 125
第 7 章付録 ● 柔軟ビーム振動系に対する状態空間モデルの導出 126

第 8 章　可観測性と全状態オブザーバ　129
8.1　全状態オブザーバ 129
8.2　可観測性 131
8.3　設計例 135
8.4　全状態オブザーバを用いたフィードバック制御系 142
8.5　最小次元オブザーバ 143
8.6　まとめ 147
演習問題 8 148

第 9 章　最適レギュレータ　149
9.1　最適な操作量 149
9.2　最適レギュレータ問題 152
9.3　最適レギュレータ問題の解 153
9.4　設計例 155
9.5　指定した安定度をもつ最適レギュレータ 166
9.6　まとめ 170
演習問題 9 171

第 10 章　サーボ問題　172
10.1　1 次システムに対する単位ステップ応答 172
10.2　ラプラス変換の最終値の定理 174
10.3　積分器の必要性 175
10.4　内部モデル原理 177
10.5　サーボ問題の解 178
10.6　まとめ 181
演習問題 10 182

第 11 章　制御器の離散化とマイコンへの実装　183
11.1　離散化の必要性 183
11.2　零次ホールド法 184
11.3　双一次変換法 186

11.4 磁気浮上系に対する実例 187
11.5 まとめ 194
演習問題 11 195

付録 A Maxima の使い方　　196

A.1 インストール 196
A.2 Maxima の起動と終了 197
A.3 オンラインヘルプ 198
A.4 行列の基本操作 198
A.5 微分，積分，ラプラス変換 207
A.6 微分方程式 209
A.7 伝達関数 210
A.8 グラフ表示 211
A.9 Maxima におけるプログラミング 212

付録 B Scilab の使い方　　216

B.1 インストール 216
B.2 Scilab の起動と終了 216
B.3 オンラインヘルプ 218
B.4 Scilab における行列の基本操作 219
B.5 多項式・有理関数 225
B.6 グラフ表示 226
B.7 Scilab におけるプログラミング 227
B.8 変数の保存と読み込み 229
B.9 ライブラリ 232

付録 C コマンド一覧　　234

C.1 Maxima コマンド 234
C.2 Scilab コマンド 237

参考文献　　239

演習問題の解答　　240

索　引　　270

第1章

制御と微分方程式

　制御の目的は，与えられた対象を思うがままに操ることにありますが，そのためにはそれがどのような特性をもつのかを十分に把握する必要があります．本書で紹介する線形制御理論では，対象の特性を表現する方法として微分方程式を用いますが，なぜなのでしょうか．本章ではその理由を考えてみたいと思います．

1.1 ● フィードバック制御

　手の上に棒を立てて遊ぶ，誰もが一度は経験していることだと思います．手に持てないような重い棒は論外として，それなりの長さの棒であれば少し練習することで簡単にバランスをとることができたと思います．もし，手元に適当な長さの棒があれば，子供の頃を思い出してそれを立ててみてはいかがでしょうか．

　棒を立てるためには，棒の現在の状態を目などで確認して適切に手を動かすことが必要なのは容易に理解できると思います．対象の現在の状態に基づいて操作を与える，まさしくこれが**フィードバック制御**です．ところで，手の上に乗せただけの棒は何もしなければ倒れます．つまり，この棒は本質的に倒れるという特性をもっているのですが，フィードバック制御を施すことで，棒が倒れなくなる！　このことは非常に重要で，

> フィードバック制御により対象のもつ特性を変えることができる

ことを意味しています．これがフィードバック制御の最大の特徴です．もちろん，設計の変更により対象の特性を希望するものに変えることも可能かもしれませんが，フィードバック制御も有効な手段の一つであり，現代の技術者がもつべき必須の知識の一つであるといえます．

ところで，特性を変えるということは，必ずしも良いことばかりではなく，悪いこと，場合によっては危険性を伴うことさえも起こり得ることに注意しなければなりません．応答に振動が現れるようになる，安定に動作するものが不安定になってしまう，などです．つまり，フィードバック制御は両刃の剣であり，適切な運用が要求されます．そのためには，

> 制御する対象の特性を十分に理解すること

が鍵となります．人間の場合，学習という手段を通して特性の理解を行いますが，コンピュータなどを利用して制御を行う場合，対象の特性を表現する手段として，通常，微分方程式が利用されます．微分方程式については 1.4 節で改めて説明しますが，それに基づいて制御が行われる以上，正確な微分方程式を導くことは制御を適切に行う上で大切なことであるといえます．

ここで，棒を立てるという制御問題を利用して，制御に関するいくつかの用語を説明しておきます．まず，制御の対象となるもの (今の場合は棒) を **制御対象** あるいは **システム** (系) といいます．また，この場合，立たせることが目的となりますが，これを **制御目的** といいます．フィードバック制御の実現には，棒の現在の状態 (たとえば傾きなど) を知る必要があります．このために利用されるのが **センサ** です．人間の場合，目などに相当します．センサ (目など) から取り込んだ情報に基づいて，次にどのように手を動かすのかを判断する役目を果たすものを **制御器** といいます．さらに指令通りに手を動かすために力を発生するものが **アクチュエータ** です．以上のことを **ブロック線図** で表現すると図 1.1 のようになります．ここで，特に注目してもらいたいことがあります．それは，ブロック線図中に一つのループが構成されているという点です．これを **フィードバックループ** といい，フィードバック制御が施されたシステムを **閉ループシステム**，施されていないシステムを **開ループシステム** といいます．

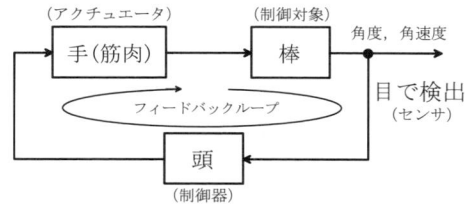

図 1.1　手の上に棒を立てる遊び

本節では，棒を立たせるという例を取り上げましたが，それ以外にもフィードバック制御は身近に利用されています．たとえば，自動車や自転車の運転，ルームエアコン，こたつなどはフィードバック制御の例です (これらにおいてフィードバック制御がどのように構成されているのかをぜひ考えてみてください．また，これら以外の例を考えてみてもよいでしょう)．

このように身の回りにフィードバック制御の例はたくさん見つけることができますが，決して "制御=フィードバック制御" ではありません．制御はもっと広い概念です．たとえば，日本工業規格には制御という用語が次のように定義されています (JIS Z 8116)．

> ある目的に適合するように対象となっているものに所用の操作を加えること

もう少し簡単に表現すると，**対象を思うがままに動かすこと** が制御の目指すところと考えればよいでしょう．これをブロック線図で表現すると，図 1.2 のようになります．対象に加える所用の操作を **操作量** (操作量は制御器からの出力を意味しており，それ以外に対象に加えられるものは外乱や目標値 (目標入力) などという表現を用います)，目的を **目標値**，対象からの出力を **制御量** といいますが，制御量と目標値が一致する (図ではこれらの差が 0 となる) ように操作量を与えることが制御なのです．

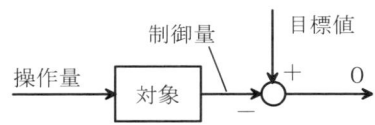

図 1.2　制御という概念に対応したブロック線図

図 1.2 の観点からは，フィードバック制御は，所用の操作を加えるために現在の対象の状態 (目標値との差) を利用する制御方法であるといえます．

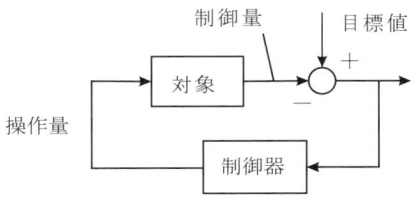

図 1.3　フィードバック制御

1.2 ● 方程式と微分方程式

未知数を含む等式が **方程式** です．

$$ax + b = 0, \quad x^2 + ax + b = 0 \tag{1.1}$$

などは a, b を定数としたとき，未知数 x に関する方程式の例です．これらの方程式の解 (つまり，**左辺と右辺が等しくなる** ような x) は，実数あるいは複素数で与えられます．

これに対して，次式に示すように，方程式中に未知関数の導関数を含む場合を **微分方程式** といいます (正確には常微分方程式ですが，以降では単に微分方程式といいます)．この場合，解 x は関数となります．

$$M\ddot{x}(t) + \mu\dot{x}(t) + kx(t) = f(t) \quad \left(\dot{x} = \frac{dx}{dt}\right) \tag{1.2}$$

制御では，対象が時間的にどのような振る舞い (**時間応答** もしくは単に **応答**) をするのかを考えるので，登場する未知関数は時間関数です．この時間関数は，制御対象内の物理量 (たとえば，温度，変位，角度，速度など) に対応していると考えればよいでしょう．以降では，特に断りがない限り t は時刻を表します．また，時間関数 (たとえば，$u(t)$, $x(t)$ など) は，文脈から明らかであれば，引数 (t) を省略する場合があります (たとえば u, x など)．

1.3 ● 微分と積分

1.3.1 微分

与えられた関数 $y(t)$ に対して，微分という操作を施すことは，その関数 y の時刻 t における導関数 $\dot{y}(t)$ を求めることを意味します．なお，導関数 $\dot{y}(t)$ は時刻 t における関数 y の接線の傾きを表していることから，以下では $\dot{y}$ を **勾配** ということにします．

前述したとおり，制御においては，主として時間関数が対象となります．その場合，異なる側面から微分という操作を眺めることができます．たとえば，(時計の) 振子を考えて，ある時刻 t_0 に図 1.5 に示すような状態 (角度 $\theta(t_0) = \theta_0$) になったとします．この振子は果たして右に動こうとしているのでしょうか．それとも左に動こうとしているのでしょうか．この図だけでは判断しようがありません．でも，同時刻

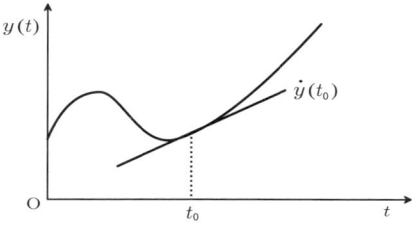

図 1.4　微分

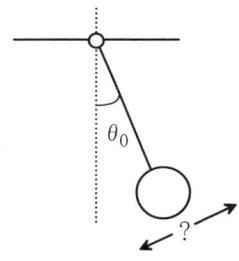

図 1.5　振子

における勾配 $\dot{\theta}$ (あるいは，少し前の時刻における振子の角度) が与えられれば，答えを言うことができます．

つまり，

> 微分という操作によりその時間関数のこれから動く方向と大きさを知ることができる

のです．これは非常に重要なことですから，しっかり理解してください．

1.3.2　積分

微分が勾配を求める操作であるに対して，積分 (特に定積分) は面積を求める操作です．

たとえば，(出口のない) 容器に水を入れることを考えてみます．空の状態から水を入れ始めます．入れ方 (水の流量 $u(t)$) は一定でも，時間とともに変化させても構いません．これに対して，時刻 t の液面の高さ $h(t)$ が，その時刻までに入力された水の総量に対応します．この総量はその時間区間で流量 $u(t)$ を定積分することで得られます．つまり，

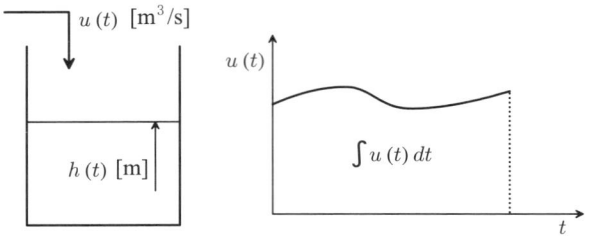

図 1.6　積分は足し算

| 入力を足し合わせることが積分の基本的な役割である |

と理解してください．

1.4 ● 微分方程式の必要性

制御対象を思うがままに動かす ことが制御の目的であり，そのためには **対象の特性を十分に理解する** ことが必要です．制御理論においては，通常，微分方程式がその目的で利用されますが，なぜなのでしょうか．

このことを明らかにするために，一例として，公園に設置されてあるシーソーを考えてみることにします．これを制御の立場から見ると，一方の側に加える変位 (通常は力を加えることでシーソーを動かしますが，ここでは変位を操作量として考えます) が操作量となり，他方の側の変位が制御量となります．そして，操作量を適切に与えることによって，制御量を自在に動かし，そこに乗っている子供を楽しませることが制御目的と考えればよいでしょう．

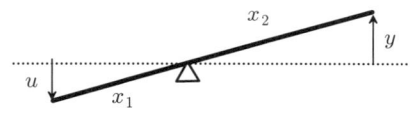

図 1.7　剛体のシーソー

シーソーは木製かもしれないし金属製かもしれません．でも，そこに乗る人間の体重から考えると，十分に固い，いわゆる剛体と仮定してもそれほど問題はなさそうです．このとき，操作量 u と制御量 y の関係を調べてみます．そのために，シーソーの回転中心から操作を加える地点までの距離を x_1，制御量までの距離を x_2 としま

す．幾何学的な関係から，次式が得られることは容易にわかります．なお，操作量側の座標は鉛直下方を正，制御量側は鉛直上方を正としています．

$$y = \frac{x_2}{x_1} u \tag{1.3}$$

u と y が **代数関係 (方程式) で与えられる** ことに注意してください．

子供を楽しませるという制御目的を達成するためには，制御量を適切に動かすことが必要です．つまり，制御量は時間関数 $y(t)$ となります．もちろん，そのためには操作量も時間関数 $u(t)$ である必要があります．この場合でも，これらの関係は

$$y(t) = \frac{x_2}{x_1} u(t) \tag{1.4}$$

となります．この式が

現在 (ある時刻) の制御量には現在 (その時刻) の操作量しか関係していない

ことを意味している点に注意してください．このような関係をもつシステムのことを**静的システム** といいます．もし，$y(t)$ を希望の $y_d(t)$ にしたければ，上式より

$$u_d(t) = \frac{x_1}{x_2} y_d(t)$$

のように操作量 $u_d(t)$ を与えれば目的が達成できます．静的システムは実に簡単に制御できるわけです．

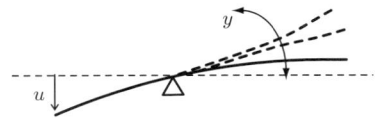

図 1.8　弾性体のシーソー

それでは，シーソーが柔らかい場合に対して同じ制御問題を考えてみることにします．剛体に対応させて，柔らかいということを弾性体という用語を使って表現します．剛体と弾性体との大きな違いは振動現象が発生するかどうかにあります (図 1.8 参照)．具体的に考えてみます．剛体のときと同様に，一方の側の変位を操作量 $u(t)$ として，他方の側の変位を制御量 $y(t)$ とします．たとえば $u(t)$ として階段状に変化する操作量を与えたとします．突然，シーソーを押し込んだ状況と考えればよいでしょう．シーソーが剛体であれば，操作量に素早く応答して制御量も階段状に変化します．しかし，弾性体の場合は，制御量側が遅れて，しかも一般的には振動的に動きます．

今，時刻 $t=0$ において静止状態にある弾性体のシーソーに対して，ある時刻 $t_1\,(>0)$ に階段状に変化する操作量 $u_1(t)$ を与えたときの制御量 $y_1(t)$ が図 1.9 のようになったとします (実線が制御量，点線が操作量で，いずれも静止状態を基準とします)．一方，同じステップ幅ですが，与える時刻を $t_2(>t_1)$ としたときの操作量 $u_2(t)$ に対する制御量を $y_2(t)$ とします．y_1 と y_2 は時間をシフトしただけの違いであることは明らかです．

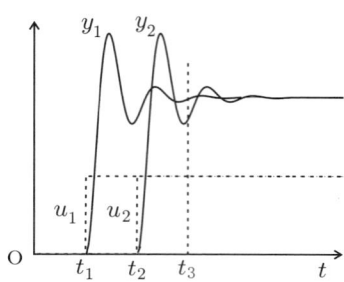

図 1.9　弾性体のシーソーに対するステップ応答

図において，時刻 $t_3(>t_2)$ の応答を調べてみます．その時刻における操作量は両者とも同じ ($u_1(t_3)=u_2(t_3)$) ですが，制御量は一般的には異なります ($y_1(t_3)\neq y_2(t_3)$)．剛体のシーソー，つまり静的システムでは，制御量 $y(t)$ はその時刻の操作量 $u(t)$ だけによって完全に決まりましたが，弾性体のシーソーの場合，制御量 $y(t)$ はその時刻の操作量 $u(t)$ だけからは決定することはできません．過去にどのような操作量が加えられたのかにも関係してくるのです．つまり，過去の操作量が何らかの形でシステム内に蓄積されて，それらを総合することで現在の制御量が決定されるのですから，積分を利用して

$$y(t)=\int_0^t f(y(\tau),u(\tau))\,d\tau \tag{1.5}$$

と考えてもよさそうです．ここで $f(\cdot)$ は制御対象の特性によって定められる関数です．定積分を 0 から始めていますが，この時刻は適当に定めた時間の基準点だと考えてください．

ところで，上式の左辺は時刻 t における制御量を表しているのに対して，右辺は過去の情報の総和です．これを時刻 t における関係に直すために，両辺を微分します．

$$\dot{y}=f(y,u) \tag{1.6}$$

導関数を含んだ方程式ですから，これは明らかに微分方程式です．このように，微分方程式によってその特性が表現されるシステムのことを **動的システム** といいます．また，動的システムの特性を **動特性** ということにします．過去の操作量が現在の制御量に影響を与える，ということは，

> 現在の操作量が将来の制御量にまで影響を及ぼす

ことを意味します．このことから，静的システムよりは動的システムの方が制御が難しくなることは容易に理解できると思います．

実は，我々の周囲にある制御の対象となるほとんどのものが動的システムとして考えなければなりません．したがって，制御対象の特性を十分に理解するためにはそれに対する (適切な) 微分方程式を導き出すことが重要になるわけです．

1.5 ● まとめ

本章の要点を以下にまとめます．

(1) 制御の目的

与えられた対象を思うがままに動かすこと．それを実現するために，本書では，現在の制御対象の状態から操作量を決定するフィードバック制御について述べる．

(2) 微分と積分の制御理論的な立場での意味

与えられた時間関数を微分することにより，それがこれからどの方向にどれだけの大きさで動こうとしているのかを知ることができる．また，積分は過去に加えられた入力を総和する役割をもつ．

(3) 微分方程式の必要性

制御対象内の任意の時刻における物理量が，過去に加えられた操作量の影響を受ける場合，動的システムという．その動特性を記述するためには微分方程式が必要である．

> >>本章のキーワード (登場順)<<
> ☐ フィードバック制御 ☐ 制御対象 (システム) ☐ 制御目的 ☐ センサ
> ☐ 制御器 ☐ アクチュエータ ☐ ブロック線図 ☐ フィードバックループ
> ☐ 閉ループシステム ☐ 開ループシステム ☐ 操作量 ☐ 目標値
> ☐ 制御量 ☐ 方程式 ☐ (常) 微分方程式 ☐ 時間応答 (応答) ☐ 勾配
> ☐ 静的システム ☐ 動的システム ☐ 動特性

演習問題 1

1. 身の回りにあるフィードバック制御の例を挙げよ．
2. 現在の自動車には様々なフィードバック制御が施されている．それらを調べよ．
3. 自動運転の自動車を実現するためにはどのような制御を施さなければならないのかを考えよ．

第2章

1階線形微分方程式

本書で対象とするのは，動的システムであるため，前章でも述べたように，その動特性は微分方程式で記述できます．本章では最も簡単な微分方程式である1階線形微分方程式を対象として，その解の特徴を調べるとともに，それに対するフィードバック制御方策について検討します．

2.1 ● 1階線形微分方程式

本章で対象とする微分方程式を次式に示します．

$$\dot{z}(t) + az(t) = bu(t) \tag{2.1}$$

上式中には1階の導関数までが含まれていることと時間関数である $\dot{z}$, z, u の1次式として与えられていることから，この微分方程式を **1階線形微分方程式** といいます．式 (2.1) において，z は制御対象内にある物理量 (**状態量**)，u は制御対象に与える操作量です．特に，$t = 0$ における状態量 $z(0)$ を **初期状態** といいます．また，a, b は既知の実定数で，制御対象のもつ物理パラメータを意味します．微分方程式は制御対象の動特性を表すものであり，その解 z (応答) を求めることが対象の動特性を理解することにつながります．

例題 2.1

たとえば，図 2.1 に示す穴あきの水槽の液面の高さを制御する問題を考えてみましょう．詳しいことはあとで説明しますが，この液面の高さの動特性を表す微分方程式は，近似的に式 (2.1) で与えられます．この場合，状態量 z は液面の高さです．操作量 u は水槽に流入する水の流量 q_{in} であり，蛇口の操作により変えることができます．a, b は水槽ならびに出口の断面積などに関連したパラメータとなります．

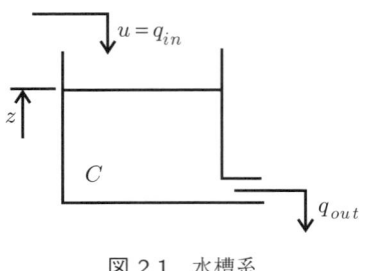

図 2.1　水槽系

ところで，状態量 z は，$t = 0$ における初期状態 $z(0)$ から操作量 u を受けて時間とともに変動します．特に，$u = 0$ としたときの $z(0)$ に対する応答を **初期値応答**，$z(0) = 0$ として操作量 u を与えたときの応答を **零状態応答** といいます．

例題 2.2

図 2.1 の水槽が空の状態から蛇口を開いて一定流量の水を流し続けます．そうすると，次第に液面が上昇します．穴から水が出ていきますが，液面が高いほど勢いよく出ることは簡単に想像がつきます．そうすると，液面がある高さになったところで蛇口からの水の流量と穴から出る流量が一致することになるはずです．そこで液面の高さの変化が止まります．

その状態で外部から水が突然入れられた場合，液面の高さがある位置まで変化します（このように，外部から制御対象を乱そうとする要因を，総称して **外乱** といいます）．これが初期状態に対応します．この液面の高さが時間の経過とともにどのように変わっていくのかを議論するのが初期値応答です．もちろん，元の高さに戻ってもらいたいし，それがすばやいのに越したことはありません．

一方，蛇口を積極的に操作することで液面を変える場合の応答が零状態応答です．たとえば，液面を希望する高さにしたいとき，すばやく正確にその高さになるように操作できることが望ましいことはわかりますね．

コメント 2.1　　制御対象に加わる外乱は様々なものがあり，その影響力も異なります．したがって，それによって引き起こされる初期状態は異なります．制御理論において，よく **任意の初期状態に対して** という表現が登場しますが，いろいろな外乱が入る場合を想定しているためです．

微分方程式の解である応答を図に描くことで，視覚的にその動特性を把握できま

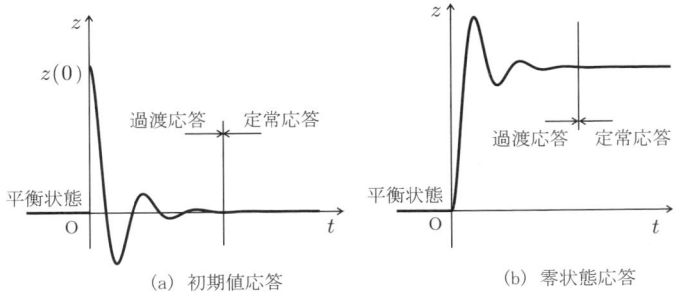

図 2.2 制御対象の応答

【注意】上図は一般的な制御対象に対する応答を想定して描いたものです．後述するように，本章で対象としている 1 階線形微分方程式では上図のような振動的な応答は生じません．

す．通常，横軸として時刻 t，縦軸として状態量 z をとります．ここで $t=0$ は，初期値応答の場合は外乱が入って初期状態が発生した瞬間，零状態応答の場合は操作量が与えられた瞬間を表し，そこから状態量 z が動きだします．特に，外乱もしくは操作量が与えられてから以降，状態量 z が変化している区間を **過渡応答**，変化が終わった以降の区間を **定常応答** といいます．

一方，外乱や操作量が入る以前，すなわち $t<0$ においては，制御対象は動きのない一定の状態にあると考えます．その一定の状態を，通常，座標の原点とするので $t<0$ では $z=0$ です．第 5 章で説明しますが，このような状態を平衡状態といいます．

2.2 ● 初期値応答

2.2.1　パラメータ a の役割

それでは，初期値応答を対象として，微分方程式中に含まれるパラメータ a の役割について検討します．この応答では操作量を加えません ($u=0$)．その意味で，制御対象そのものの動特性を表していると考えることができます．式 (2.2) を参照してください．

$$\dot{z} = -az \tag{2.2}$$

最初に，前章で述べた微分の意味を思い出してもらいたいのですが，$\dot{z}(t)$ は時刻 t において z がどの方向にどのくらいの大きさで向かおうとしているのかを表すもの

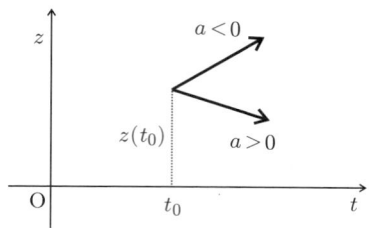

図 2.3　a の符号と安定性

でした．式 (2.2) より，任意の時刻における勾配 $\dot{z}(t)$ は必ず $-az(t)$ で与えられます．今，ある時刻 t_0 において，$z(t_0) > 0$ であったとしましょう．このとき $a > 0$ であるならば $\dot{z}$ が負 ($\dot{z}(t_0) = -az(t_0) < 0$) となるので z が 0(平衡状態) に向かうのに対して，$a < 0$ の場合 $\dot{z}$ が正になり，逆に z は大きくなる方向に向かうことが簡単にわかります (図 2.3 参照)．同様の議論は $z(t_0) < 0$ に対しても行えます．

つまり，

> $a < 0$ である制御対象が外乱を受け，初期状態が生じたとすると，それがどのような大きさであったとしても，時間の経過とともに z は $z = 0$ からどんどん離れていきます．一方，$a > 0$ である制御対象ならば，どのような初期状態に対しても，z は $z = 0$ に向かいます．

なお，z が横軸を横切ることはありません．なぜならば，式 (2.2) より，$z = 0$ のとき $\dot{z} = 0$ だからです．前者 ($a < 0$) を **不安定**，後者 ($a > 0$) を **漸近安定** といいます．また，これらの性質をまとめて **安定性** といいますが，制御対象の動特性の中で最も重要なものの一つです．これが a の符号により決まります．なお，安定性を議論する場合，任意の初期状態を対象とすることに注意してください．

2.2.2　解析解

微分方程式 (2.2) の特徴を正確に理解するためには，それを解析的に解いてみることが必要です．式 (2.2) において，左辺と右辺の時間関数が等しいということは，任意の時刻においてこれらの関数の値が等しいことを意味します．つまり，微分方程式 (2.2) を満たす時間関数は微分しても関数の形が変わらない必要があります．たとえば，$z = t^2$ とすると，$\dot{z} = 2t$ となります．これらは，明らかにその形が異なり，(任意の時刻において) 等しいと考えることはできません．

それでは解の資格をもつ時間関数は何なのでしょうか？

> それは $e^{\lambda t}$ なのです．

$e^{\lambda t}$ を微分すると $\lambda e^{\lambda t}$ となります．大きさは λ 倍されますが，時間関数としての形は微分しても変わりません．

この性質を利用して微分方程式 (2.2) を解いてみましょう．まず $z = e^{\lambda t}$ と仮定します．これを左辺 ($\dot{z}$) に代入すると $\lambda e^{\lambda t}$ となりますが，これが右辺 ($-az = -ae^{\lambda t}$) と (任意の時刻において) 等しくならなければならないことから，$\lambda = -a$，つまり $z = e^{-at}$ が解であることが簡単にわかります．ところで，C を任意の定数としたとき，

$$z = Ce^{-at} \tag{2.3}$$

も微分方程式 (2.2) の解であることを容易に示せます．

n 階微分方程式に対して n 個の独立な任意定数をもつ解を **一般解** といいます．したがって，式 (2.3) は微分方程式 (2.2) の一般解といえます．定数の C ですが，$e^{-at}\big|_{t=0} = 1$ であり，$z(0) = C$ となることから，初期状態を意味していることが容易にわかります．以上をまとめると，微分方程式 (2.2) の解は

$$z = z(0)e^{-at} \tag{2.4}$$

で与えられます．

例題 2.3

式 (2.2) の解が式 (2.4) で与えられることを Maxima で確かめるとともに，いくつかの a に対してそれを図示してみましょう (初期状態は $z(0) = 1$ とします)．

――――――――――――――――――――――――― Maxima 2.1

```
ode2('diff(z,t)=-a*z,z,t);   微分方程式 (2.2) の解の計算
    z = %c%e^{-at}
zsol:ic1(%,t=0,z=z0);   初期状態の設定　式 (2.4)
    z = %e^{-at}z0
diff(rhs(zsol),t)+a*rhs(zsol);   解であることの確認
    0
plot2d([exp(-t),exp(t),exp(-0.5*t),exp(0.5*t),
        exp(-2*t),exp(0*t)],[t,0,5],[y,0,2],
        [gnuplot_preamble,"set grid;"]);
```

`rhs` は方程式の右辺を返す関数．左辺に対しては `lhs`．

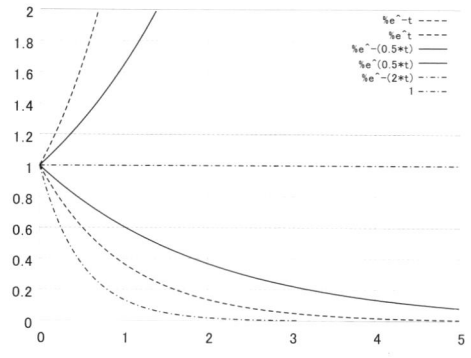

図 2.4　$z(0) = 1$ のときの式 (2.4) の応答 (Maxima)

なお，図は標準ではカラー表示されますが，付録 A-8 で説明されている方法で，線の色，太さなどを変更できます．各自でいろいろ試してみてください．

指数関数の性質から，$a > 0$ のときには時間の経過とともに z は 0 に向かいますが，$a < 0$ のときには z は無限大に向かいます．これは前項で述べたことと同じです．また，a の絶対値が大きくなると z はより早く 0 もしくは無限大に向かうこともわかりますね．

ところで，応答の表示であれば，Scilab を利用しても行えます．コマンド例を以下に示します．

```
Scilab 2.2
--> t=0:0.01:5;    時間の指定
--> plot(t,[exp(t);exp(0.5*t);exp(0*t)])    応答の表示 1
--> plot(t,[exp(-0.5*t);exp(-t);exp(-2*t)])    応答の表示 2
```

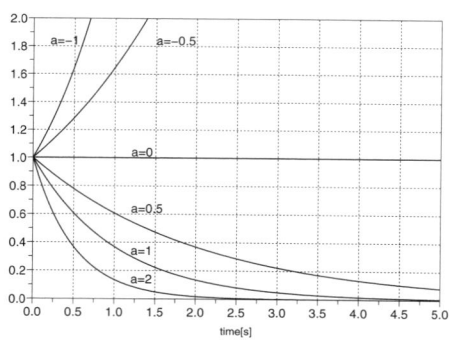

図 2.5　$z(0) = 1$ のときの式 (2.4) の応答 (Scilab)

このコマンド例では省略しましたが，グリッドの表示は関数 `xgrid` を利用して行えます．また，図中のテキストは，関数 `xstring` を利用することで表示できます．さらに，軸の目盛り，軸のラベル，線の太さ，色，文字の大きさなどのプロパティは，図中の `GED` ボタンを押して現れる `Figure Editor` を利用することで変更できます．各自でいろいろ試してください．

ところで，式 (2.4) を t で微分して，$t = 0$ における勾配を求めると

$$\dot{z}|_{t=0} = -az(0) \tag{2.5}$$

であることから，$t = 0$ における接線の方程式は

$$z = (-at + 1)z(0) \tag{2.6}$$

となります．漸近安定，すなわち $a > 0$ のとき，この接線が $z = 0$ と交わる時刻 T は，初期状態 $z(0)$ によらず $T = 1/a$ で与えられます．a が大きい (小さい) ほど T は小さく (大きく) なる，つまり，応答が速く (遅く) なります．このような意味で T は応答の速度に関係しているパラメータであり，**時定数** といいます．

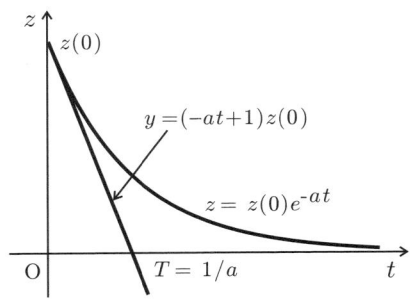

図 2.6 初期値応答と時定数

式 (2.4) は時定数 T を利用すると

$$z = z(0)e^{-t/T} \tag{2.7}$$

と書けます．これより，初期状態 $z(0)$ に対して，時刻が $t = iT \ (i = 1, 2, \cdots)$ だけ

表 2.1 初期値応答

t	T	$2T$	$3T$	$4T$	$5T$
$z/z(0)$	0.368	0.135	0.0498	0.0183	0.00674

経過したときの応答 $(z/z(0))$ は表 2.1 で与えられます．応答の評価は立場によって異なりますが，$4T$ 程度時間が経過すれば，その応答が定常状態に達した (このことを **整定した** といいます) と考えてもよさそうです．たとえば，図 2.4 や図 2.5 において，$a = 1$ に対して $t = 4\,\mathrm{s}$，$a = 2$ に対して $t = 2\,\mathrm{s}$ における z をみるとその妥当性が理解できると思います．この結果は，以降で応答の整定性を評価するための基準として利用します．

2.3 ● ステップ応答

前節では，初期値応答について調べましたが，零状態応答も調べておきましょう．この場合，どのような目標入力を与えるのかを定めなければなりません．目的に合わせて，様々な目標入力が制御対象に加えられますが，その中の代表的なものの一つが図 2.7 に示す **ステップ入力** です．

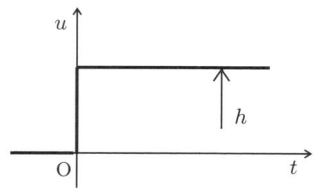

図 2.7 ステップ入力

これは，$t < 0$ のとき 0 で $t \geq 0$ のとき h(一定) となる時間関数です．制御では，$t \geq 0$ が議論の対象となるので，$u(t) = h$(一定) と考えて差し支えありません．

$$\dot{z} + az = bh \tag{2.8}$$

$u = 0$ のときの解が $z = Ce^{-at}$ で与えられることから，$z = Ce^{-at} + \alpha$ とおいて微分方程式 (2.8) に代入します．その結果，$\alpha = bh/a$ でなければならないことが容易にわかります．さらに，$t = 0$ において $z(0) = 0$ である (零状態応答) ことから，$C = -bh/a$ が得られます．以上から，ステップ入力に対する応答，いわゆる **ステップ応答** は次式で与えられます．

$$z = \frac{bh}{a}(1 - e^{-at}) \tag{2.9}$$

式 (2.9) から，ステップ幅 h と応答 z が比例関係にあることがわかります．つまり，ステップ幅 h が 2 倍になると応答 z も 2 倍となります．このことから，ステップ

応答を考える場合，$h=1$ とした **単位ステップ入力** に対する **単位ステップ応答** を議論すれば，その特性を解析する上で十分であることがわかります．このような性質は，本章で対象としている 1 階線形微分方程式に限らず，一般の線形微分方程式に対しても成り立ちます．そこで，以降でステップ入力を考える場合は，単位ステップ入力 $h=1$ を対象とします．

ところで，制御対象が漸近安定，すなわち $a>0$ のとき，式 (2.9) より，定常状態における単位ステップ応答は $\lim_{t\to\infty} z = z(\infty) = b/a$ であることがわかります．1 という入力に対して b/a という出力が生じるということから，b/a を **定常ゲイン** といいます．また，式 (2.9) から $t=0$ における応答の接線が $y=bt$ で与えられます．この接線が定常ゲインに到達するまでの時間が $1/a$，すなわち時定数 T となります．

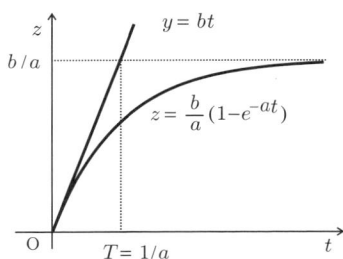

図 2.8　単位ステップ応答と時定数

例題 2.4

式 (2.8) の解を Maxima で求め，それに対する解析を行います．

―― Maxima 2.3

```
ode2('diff(z,t)+a*z=b*h,z,t);    式 (2.8) の解 (ステップ応答の計算)
```
$$z = \%e^{-at}\left(\frac{bh\%e^{at}}{a} + \%c\right)$$
```
z1step:ic1(%,t=0,z=0) $   初期状態の設定 z(0) = 0
expand(z1step);   得られた結果の展開 (簡単化)
```
$$z = \frac{bh}{a} - \frac{bh\%e^{-at}}{a}$$
```
z1step:subst(1,h,%) $    h = 1
assume(a>0,b>0) $    a, b を正と仮定
limit(rhs(z1step),t,inf);   定常ゲイン
```
$$\frac{b}{a}$$

```
subst(0,t,diff(rhs(z1step),t));    t = 0 における応答の勾配
    b
forget(a>0,b>0) $   仮定を解除
```

関数 subst は 3 番目の引数内の 2 番目の引数に 1 番目の引数を代入します．なお，subst(h=1,%); としても同様の結果が得られます．また，関数 assume を利用して a, b が正であることを仮定しています．仮定の解除は関数 forget で行えます．limit は，極限操作を行うための関数．inf は ∞，minf は $-\infty$ を意味します．

2.4 ● 制御対象の具体例

これまで 1 階線形微分方程式を対象として，その応答を調べてきました．それでは，この 1 階線形微分方程式で表現できる制御対象はどういったものがあるのでしょうか．いくつかをここで紹介しておきます．

2.4.1 水槽系

改めて，図 2.1 の水槽を考えます．

今，蛇口から入る流量を $q_{in}\,[\mathrm{m}^3/\mathrm{s}]$，穴から流れ出る流量を $q_{out}\,[\mathrm{m}^3/\mathrm{s}]$ であるとします．また，水槽の断面積 $C\,[\mathrm{m}^2]$ は高さ方向に一定であるとします．このとき，$\Delta t\,[\mathrm{s}]$ 内に水槽に流入した水の体積は $(q_{in} - q_{out})\Delta t\,[\mathrm{m}^3]$ となります．その結果として，液面が $\Delta h\,[\mathrm{m}]$ だけ上昇したとすると，

$$C\Delta h = (q_{in} - q_{out})\Delta t$$

が成り立ちます．両辺を Δt で割り算して，$\Delta t \to 0$ とすることで

$$C\dot{h} = q_{in} - q_{out} \tag{2.10}$$

という微分方程式を得ます．ここで q_{out} が液面の高さ h に依存することは直感的にも明らかだと思いますが，それが液面の高さに比例する ($q_{out} = \overline{\alpha}h$) 場合，

$$C\dot{h} = -\overline{\alpha}h + q_{in} \tag{2.11}$$

となり，液面の動特性は 1 階線形微分方程式で表されることがわかります．式 (2.1) と対応させると $a = \overline{\alpha}/C > 0$ より，水槽系は漸近安定であることがわかります．な

お，正確には q_{out} は液面の高さの平方根に比例する ($q_{out} = \alpha\sqrt{h}$) のですが，この場合でも近似的に液面の動特性は 1 階線形微分方程式で表すことができます．詳細については第 5 章で説明します．

2.4.2 モータ系

直流モータに電池をつなぐと，次第に軸の回転数が上昇して，しばらくすると一定の回転角速度 $\omega = \omega_0$ [rad/s] となります．また，直流モータに与える電圧を変えると回転角速度 $\omega(t)$ が変わります．このモータ系の動特性を微分方程式で表現してみましょう．

直流モータの等価回路を図 2.9 に示します．図中，L はコイルのインダクタンス，R はコイル抵抗を意味します．これより，次式を得ます．

$$L\dot{I} + RI + k_e\omega = v \tag{2.12}$$

なお，上式の左辺第 3 項目は，直流モータの回転角速度 ω に比例して生じる逆起電力項を表しています．この直流モータが慣性モーメント J，粘性抵抗係数 μ の負荷を回転させるとすると，直流モータが発生するトルク τ が電流 I に比例する ($\tau = k_t I$) ことから

$$J\dot{\omega} + \mu\omega = k_t I \tag{2.13}$$

が得られます．式 (2.12) と式 (2.13) がモータ系に対する基礎方程式となります．

もし，式 (2.12) において L が微小であり，それを含む項が他の項と比べて無視できると考えてよい場合，

$$I = \frac{v - k_e\omega}{R} \tag{2.14}$$

であり，これを式 (2.13) に代入することで，次式を得ます．

$$J\dot{\omega} + \left(\mu + \frac{k_e k_t}{R}\right)\omega = \frac{k_t}{R}v \tag{2.15}$$

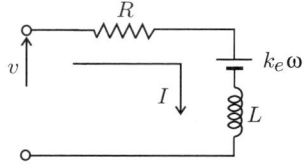

図 2.9　直流モータの等価回路

これより，(L が無視できる程度に小さいと仮定した) モータ系において，操作量である入力電圧 v から回転角速度 ω までの動特性は 1 階線形微分方程式で表されます．本系が漸近安定であることは明らかです．

2.5 ● フィードバック制御

> 水槽系とモータ系はずいぶん異なる対象のように思えるかもしれませんが，微分方程式の立場からいうと，類似した動特性を有するシステムなのです．したがって 1 階線形微分方程式に対する制御方策が確立されれば，それは水槽系，モータ系に限らず，1 階線形微分方程式でその動特性を表すことができるすべての制御対象に対して適用可能です．

今，与えられた制御対象に対して適切な解析を行い，その動特性が (本章で対象としている) 1 階線形微分方程式で記述されたとします．

$$\dot{z} = -az + bu \tag{2.16}$$

ただし，不幸にも $a < 0$ つまり不安定，あるいは ($a > 0$ であっても) a の値が小さく応答が遅いとしましょう．この場合，制御対象を漸近安定にすることや応答性を改善する (応答を速くする) ことが制御目的となります．そのための方法として，二つ考えることができます．一つは対象そのものの設計をやり直すことであり，もう一つはフィードバック制御を利用することです．ここでは後者について考えます．

不安定あるいは応答が遅い理由は，右辺の $-az$ にあります．ところが，式 (2.16) から操作量 u により右辺の値を自由に変えることができます．右辺は $\dot{z}$ と等しいことから，u を適切に選ぶことで勾配 $\dot{z}$ を自由に変えられることがわかります．それでは，どのように u を選べばよいのでしょうか．少なくとも言えることは，

> $\dot{z}$ を変えるためには z を知る必要がある

ということです．なぜならば $-az$ の値は a が固定でも z によって符号やその値が異なるからです．z を利用して u を決定する，これはまさしくフィードバック制御であり，今の場合，それが必要なのです．

次に u の具体的な与え方ですが，$-az$ を補償するという意味で

$$u = -kz \tag{2.17}$$

を一つの候補として考えます．上式中の k を **フィードバックゲイン**，また，上式を状態量 z を利用した制御という意味で **状態フィードバック制御** といいます．これを式 (2.16) に代入すると，簡単な計算から次式を得ます．これが状態フィードバック制御を施した閉ループシステムに対する微分方程式です．

$$\dot{z} = -(a+bk)z \tag{2.18}$$

状態フィードバック制御を施さない $(u=0)$ ときの制御対象 (いわゆる開ループシステム) の微分方程式 $\dot{z} = -az$ と比較することで，

$$\boxed{a \text{ が } a+bk \text{ に変わった}}$$

ことがわかります．k は設計者が自由に与えることができるので，$a+bk$ をどのような値にも変えることができます．つまり，制御対象が不安定であったり，応答が遅い場合でも，式 (2.17) に示す制御を施すことにより，その対象の応答を自由に変えることができるのです．

式 (2.18) に対する初期値応答は，式 (2.4) より

$$z = z(0)e^{-(a+bk)t} \tag{2.19}$$

で与えられます．この場合の時定数は $T = 1/(a+bk)$ です．したがって，初期状態 $z(0)$ に対して，$t_s[\mathrm{s}]$ 程度で応答を整定させたい，と考えるならば，2.2 節の議論から $a+bk = 4/t_s$ という関係を満たせばよいので，

$$k = \frac{1}{b}\left(\frac{4}{t_s} - a\right) \tag{2.20}$$

がフィードバックゲイン k の設計の目安となります．

例題 2.5

ある制御対象に対する微分方程式が次式で与えられたとします．

$$\dot{z} - z = 2u \tag{2.21}$$

式 (2.1) と比較すると $a = -1$，$b = 2$ なので，不安定な制御対象であることが容易にわかります．この制御対象に対して，初期値応答をおおよそ 1 s で整定させることを設計目標に定めます．そうすると，式 (2.20) から

$$k = \frac{1}{2}\left(\frac{4}{1} - (-1)\right) = 2.5$$

に選べばよいことがわかります．このとき，簡単な計算から，閉ループシステムは

$$\dot{z} + 4z = 0 \tag{2.22}$$

となります．

本例題の内容は，微分方程式の係数が数値として与えられています．そこで，Scilab を利用して応答を求め，それを図示してみましょう．

```
Scilab 2.4
--> function zdot=first(t,z,k),zdot=z-2*k*z,endfunction;  関数の定義
--> z0=1; t0=0; t=0:0.01:2;   初期状態，初期時刻，シミュレーション時間
--> z=ode(z0,t0,t,list(first,2.5));   初期値応答の計算
--> plot(t,z)   応答の表示
```

式 (2.21) に対して，ゲイン k の状態フィードバック制御を施した微分方程式に相当する関数 first を定義して，それを関数 ode に与えて数値的に解いています．定義の際に，ゲインを引数として与えることができるようにしています．他のゲインの値に対しても応答を調べてください．

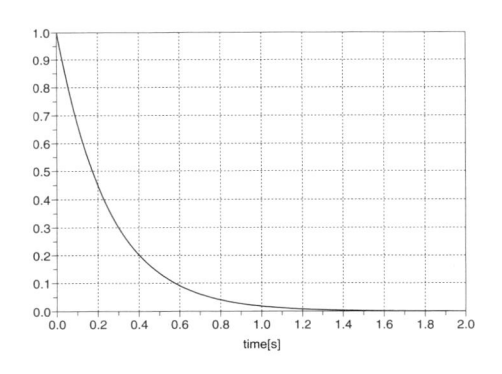

図 2.10 式 (2.22) に対する初期値応答

2.6 ● まとめ

本章では 1 階線形微分方程式 $\dot{z} + az = bu$ を対象として，その解の特徴とフィードバック制御方策を検討しました．要点を以下にまとめます．

(1) 初期値応答と零状態応答 (単位ステップ応答) の解析解

$$z = z(0)e^{-at}, \quad z = \frac{b}{a}(1 - e^{-at})$$

(2) 安定性

$a > 0$ のとき漸近安定であり，$a < 0$ のとき不安定．

(3) 時定数

漸近安定であるとき $T = 1/a$ を時定数といい，応答の速さや整定性を評価する際に使用される．目安として $t = 4T$ 時間が経過すると，初期値応答ならびに単位ステップ応答はほぼ整定したとみなしてよい．

(4) フィードバック制御

状態フィードバック制御 $u = -kz$ により，1 階線形微分方程式でその動特性が与えられるシステムの応答を自由に変えることができる．

>>本章のキーワード (登場順)<<
- ☐ 1 階線形微分方程式 ☐ 状態量 ☐ 初期状態 ☐ 初期値応答
- ☐ 零状態応答 ☐ 外乱 ☐ 過渡応答 ☐ 定常応答 ☐ 不安定 ☐ 漸近安定
- ☐ 安定性 ☐ 一般解 ☐ 時定数 ☐ 整定 ☐ (単位) ステップ入力
- ☐ (単位) ステップ応答 ☐ 定常ゲイン ☐ フィードバックゲイン
- ☐ 状態フィードバック制御

演習問題 2

1. その動特性が 1 階線形微分方程式で (近似的に) 表すことができるシステムの具体例を挙げよ．
2. 初期値応答が初期値 $z(0)$ の 0.1% 以内となる時刻 t を時定数 T を使って表せ．
3. 式 (2.1) において $a > 0$, $b > 0$ とする．このとき，そのステップ応答 $z(t)$ が定常値 $z(\infty)$ を超えることがないことを式 (2.9) を利用して証明せよ．
4. $\dot{z} = u$ に対する単位ステップ応答を求め，図示せよ．
5. $\dot{z} + z = u$ ならびに $\dot{z} = u$ に対して，図 2.11 に示す操作量を与えたときの応答を求め，それらを比較検討せよ．なお，初期状態は $z(0) = 0$ とする．
6. $u = t$ を単位ランプ入力という．式 (2.1) に対して単位ランプ入力を与えたときの応答を求めよ．
7. 次式に対して，初期値応答がおおよそ 2 s で整定するように状態フィードバック制御 $u = -kz$ における k を設計せよ．

    $$\dot{z} = 5z + u$$

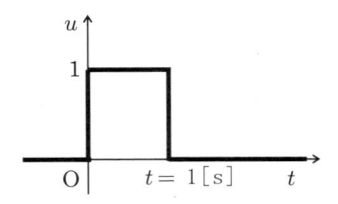

図 2.11　操作量

8. 1 階線形微分方程式 (2.1) に状態フィードバック制御 $u = -kz$ を施したときの操作量の絶対値の最大値 $|u|_{max}$ を求め，状態フィードバックゲイン k との関係を調べよ．ただし，k は $a + bk > 0$ となるように選ばれているとする．
9. 本文中で例題の一つとして取り上げた水槽系の動特性は 1 階線形微分方程式で (近似的に) 表すことができる．それに対して，状態フィードバック制御を施すためには，液面の高さを計測する必要がある．そのために利用可能なセンサを示せ．
10. ある制御対象に対して，単位ステップ応答を実験的に調べたところ，次図のような結果を得た．その動特性が 1 階線形微分方程式 (2.1) で与えられるとして，a, b を推定せよ．

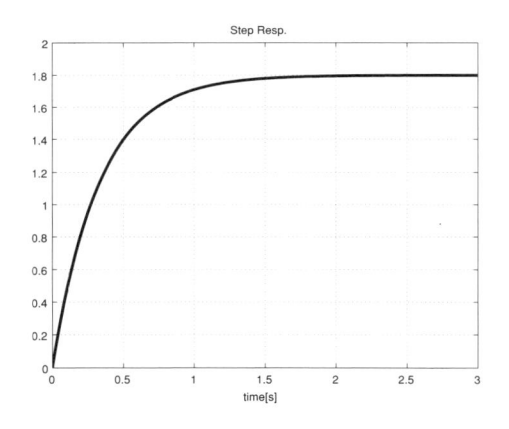

図 2.12　ある制御対象に対する単位ステップ応答

第3章

2階線形微分方程式

本章では，2階線形微分方程式を対象として，その解の特徴とそれに対するフィードバック制御方策を検討します．前章と本章で登場する線形微分方程式が一般の線形微分方程式に対する基本となります．

3.1 ● 2階線形微分方程式

本章で対象とする **2階線形微分方程式** を次式に示します．この場合，$z(0)$, $\dot{z}(0)$ が初期状態となります．

$$\ddot{z} + a_1 \dot{z} + a_2 z = b_1 u \tag{3.1}$$

例題 3.1

式 (3.1) の微分方程式で記述される動特性をもつ実システムの代表的な例が図 3.1 に示す **1自由度振動系** です．M が質点で外部固定点とバネ・ダンパーで接続されています．

静止している状態から (バネを伸ばす方向に) 質点を引いたあとで手を離すと，(バネやダンパーの特性によっても異なりますが) 一般的には振動的な動きをしながら元の状態に戻るであろうことはわかりますね．本系はその名が示すとおり，応答に振動が発生することが最大の特徴なのです．

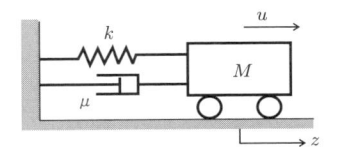

図 3.1　1自由度振動系

図 3.1 の 1 自由度振動系に対して，ニュートンの第 2 法則を適用して力の釣り合いから運動方程式を導出すると次式が得られます．ただし，質点は 1 自由度運動のみが許されており，バネは質点の変位 z に比例した力 kz を，ダンパーは質点の速度 $\dot{z}$ に比例した力 $\mu\dot{z}$ を発生できるものとします．また，u は質点に与える外力です．

$$M\ddot{z} + \mu\dot{z} + kz = u \tag{3.2}$$

上式の両辺を M で割り算すると，式 (3.1) が得られます．つまり，式 (3.1) 中の a_1 は 1 自由度振動系のダンピング定数に，a_2 はバネ定数に関係していることがわかります．また，初期状態は $t = 0$ における質点の位置と速度となります．このように微分方程式に対して物理的なイメージをもっておくと，応答を理解することが容易になります．

3.2 ● 初期値応答

3.2.1 パラメータ a_1, a_2 の役割

最初に初期値応答を対象として，微分方程式中に含まれるパラメータ a_1, a_2 の役割について検討します．

$$\ddot{z} + a_1\dot{z} + a_2 z = 0 \tag{3.3}$$

前章と同じ理由で，微分方程式 (3.3) に対する解 z は微分しても関数の形が変わらない時間関数である必要があります．そこで $z = e^{\lambda t}$ とおき，式 (3.3) に代入します．その結果として，λ が満たすべき次の代数方程式が得られます．

$$\lambda^2 + a_1\lambda + a_2 = 0 \tag{3.4}$$

この方程式は二つの根をもちます．

$$\lambda_{1,2} = \frac{-a_1 \pm \sqrt{a_1^2 - 4a_2}}{2} \tag{3.5}$$

これらに対して λ_1, λ_2 と名前をつけますが，以下では $\lambda_1 \neq \lambda_2$ とします．このとき $e^{\lambda_1 t}$ と $e^{\lambda_2 t}$ を線形結合 (定数倍して足し合わせる) した次式が微分方程式 (3.3) の一般解となります[*1]．

[*1] $\lambda_1 = \lambda_2 = \lambda$ すなわち $a_1^2 = 4a_2$ の場合の一般解は $z = (C_1 + C_2 t)e^{\lambda t}$ となりますが，本章ではこのような場合は対象としません．

$$z = C_1 e^{\lambda_1 t} + C_2 e^{\lambda_2 t} \tag{3.6}$$

λ_1, λ_2 は，式 (3.5) からも明らかなように $a_1^2 - 4a_2$ の符号に依存して，二つの実数もしくは 1 対の共役複素数となります．これによって，式 (3.6) の応答 z の性質が異なります．

例題 3.2

Maxima を利用して微分方程式 (3.3) の一般解を求めます．その際に，$4a_2 - a_1^2$ が positive(正)，negative(負)，zero(0) であるかどうかたずねてくるので，先頭の 1 文字 (p,n,z) を入力してそれぞれに対して得られる結果を確認してください．なお，$4a_2 - a_1^2$ が正のとき λ_1, λ_2 が 1 対の共役複素数となる点に注意してください．

Maxima 3.1

```
ode2('diff(z,t,2)+a1*'diff(z,t)+a2*z=0,z,t);
```

$$z = \%e^{-\frac{a1\,t}{2}} \left(\%k1 \sin\left(\frac{\sqrt{4a2 - a1^2}\,t}{2}\right) + \%k2 \cos\left(\frac{\sqrt{4a2 - a1^2}\,t}{2}\right) \right)$$

$$z = \%k1\,\%e^{\frac{(\sqrt{a1^2 - 4a2} - a1)\,t}{2}} + \%k2\,\%e^{\frac{(-\sqrt{a1^2 - 4a2} - a1)\,t}{2}}$$

$$z = (\%k2\,t + \%k1)\%e^{-\frac{a1\,t}{2}}$$

出力結果は，上から positive(正)，negative(負)，zero(0) に対応しています．また $\%k1$, $\%k2$ は初期状態から決定される定数です．

○ λ_1, λ_2 が実数の場合

これは前章で取り上げた 1 階線形微分方程式の解を足し合わせたものとなります．したがって，λ_1, λ_2 がともに負の実数でなければ初期値応答は $z = 0$ には漸近しません．

例題 3.3

たとえば $\lambda_1 > 0$, $\lambda_2 < 0$ であれば $e^{\lambda_1 t}$ が時間の経過とともに無限に大きくなります．したがって，式 (3.6) から $\lim_{t \to \infty} |z(t)| = \infty$ となります．なお，特定の初期状態に対しては $\lambda_1 > 0$ であっても，C_1 が 0 になる場合があります．式 (3.6) に含まれる C_1, C_2 は初期状態を $z(0) = z_0$, $\dot{z}(0) = v_0$ とすると

$$C_1 = \frac{1}{\lambda_1 - \lambda_2}(-\lambda_2 z_0 + v_0), \quad C_2 = \frac{1}{\lambda_1 - \lambda_2}(\lambda_1 z_0 - v_0) \tag{3.7}$$

で与えられます．したがって，初期状態が $\lambda_2 z_0 = v_0$ を満たす場合，$C_1 = 0$ となり，応答は $z = 0$ に漸近します (演習問題 3.6)．しかし，だからといって漸近安定であると考えてはいけません．なぜならば，漸近安定であるためには，任意の初期状態 (任意の C_1, C_2) に対して $\lim_{t \to \infty} z(t) = 0$ が成り立たなければならないためです．

つまり，

<u>$\lambda_1 < 0$ かつ $\lambda_2 < 0$ が微分方程式 (3.3) が漸近安定であるための条件</u>

となります．また，λ_1, λ_2 の絶対値が大きいほど速い応答となりますが，λ_1 の絶対値が大きくても λ_2 の絶対値が小さければ (逆についても同様)，全体としての応答は遅くなります．

例題 3.4

式 (3.3) において，$a_1 = 11$, $a_2 = 10$ とすると $\lambda_1 = -10$, $\lambda_2 = -1$ となります．このときの初期値応答は次式で与えられます．初期状態を $z(0) = 1$, $\dot{z}(0) = 0$ としました．

$$z = -\frac{1}{9} e^{-10t} + \frac{10}{9} e^{-t}$$

これを図示したのが図 3.2 の実線です．比較のために $z = e^{-t}$ を同図に点線で示しました．上式の第 1 項が第 2 項と比べてすぐに 0 に向かうので，両者がほぼ同じように 0 に向かうことがわかります．

Maxima 3.2

```
ode2('diff(z,t,2)+11*'diff(z,t)+10*z=0,z,t) $   微分方程式の解
zsol34:ic2(%,t=0,z=1,'diff(z,t)=0);   初期状態の指定
```
$$z = \frac{10\% e^{-t}}{9} - \frac{\% e^{-10t}}{9}$$
```
plot2d([rhs(zsol34),exp(-t)],[t,0,5],
            [gnuplot_preamble,"set grid;"]);   応答の表示
```

図 3.2　初期値応答 (実根)

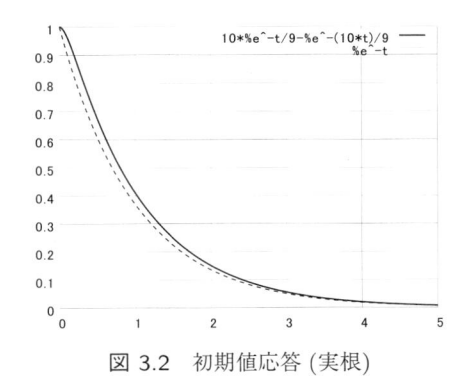

○ λ_1, λ_2 が 1 対の共役複素数の場合

$\lambda_{1,2} = \sigma \pm j\omega$ とおきます．ここで j は虚数単位 $(j = \sqrt{-1})$ です．このとき，式 (3.6) は次のようになります．

$$z = C_1 e^{(\sigma+j\omega)t} + C_2 e^{(\sigma-j\omega)t} = e^{\sigma t}(C_1 e^{j\omega t} + C_2 e^{-j\omega t}) \tag{3.8}$$

さらに **オイラーの公式**

$$e^{j\omega t} = \cos\omega t + j\sin\omega t \tag{3.9}$$

を利用して展開すると

$$\begin{aligned} z &= e^{\sigma t}((C_1 + C_2)\cos\omega t + j(C_1 - C_2)\sin\omega t) \\ &= e^{\sigma t}(\overline{C}_1 \cos\omega t + \overline{C}_2 \sin\omega t) \end{aligned} \tag{3.10}$$

を得ます．ここで $C_1 + C_2 \to \overline{C}_1$, $j(C_1 - C_2) \to \overline{C}_2$ としました．上式において重要なことは，

> $\lambda_{1,2}$ が共役複素数の場合，それらの虚部 ω に対応した sin, cos 項が応答中に現われる

という点です．これが 2 階線形微分方程式のもつ大きな特徴です．

> 式 (3.10) が漸近安定であるためには σ が負でなければならない

ことがわかります．また，σ の絶対値が大きいほどその応答は速くなります．ω は応答における振動の周波数に関連しているだけで，安定性には関与していません．$\lambda_{1,2}$ の実部 (σ) と虚部 (ω) の役割に注目してください．

32　第3章　2階線形微分方程式

コメント 3.1　　1自由度振動系において，$a_1^2 - 4a_2 \geq 0$ となるのは，バネ定数に対してダンピング定数が大きい場合に相当します．ダンパーはシステムのもつエネルギを消費する役割をもちますが，それが強い (ダンピング定数が大きい) と，初期状態で蓄えられたエネルギがすぐに消費されてしまうので，振動が発生する前に応答が静止します．つまり，振動的な応答は起こりません．逆に $a_1^2 - 4a_2 < 0$ となるのは，ダンピング定数が小さい場合に相当します．この場合は，エネルギ消費が緩やかであるため，振動しながら静止状態に向かいます．

例題 3.5

式 (3.3) において，$a_1 = 2$，$a_2 = 10$ とすると $\lambda_{1,2} = -1 \pm 3j$ となります．このときの初期値応答は次式で与えられます．初期状態を $z(0) = 1$，$\dot{z}(0) = 0$ としました．

$$z = e^{-t}\left(\frac{\sin(3t)}{3} + \cos(3t)\right) = \sqrt{\frac{10}{9}}e^{-t}\sin(3t + \tan^{-1} 3)$$

これを図示したのが図 3.3 の実線です．$z = \pm\sqrt{10/9}\,e^{-t}$ を同図に示してあります．

```
ode2('diff(z,t,2)+2*'diff(z,t)+10*z=0,z,t) $   微分方程式の解
zsol35:ic2(%,t=0,z=1,'diff(z,t)=0);   初期状態の指定
```
$$z = \%e^{-t}\left(\frac{\sin(3t)}{3} + \cos(3t)\right)$$
```
plot2d([rhs(zsol35),sqrt(10/9)*exp(-t),   応答の表示
    -sqrt(10/9)*exp(-t)],[t,0,5],[gnuplot_preamble,"set grid;"]);
```

Maxima 3.3

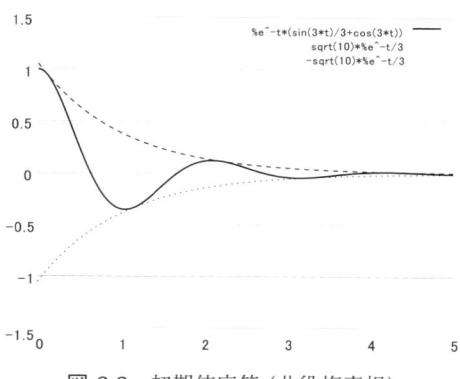

図 3.3　初期値応答 (共役複素根)

3.2.2 安定性

前項における解析結果から，

> 微分方程式 (3.3) が漸近安定であるための条件は，代数方程式 (3.4) の根の実部がともに負であることである

ことがわかります．これを微分方程式 (3.3) 中に含まれるパラメータ a_1, a_2 に対する条件に読み替えてみましょう．

代数方程式 (3.4) の根である式 (3.5) に対して，$a_1^2 - 4a_2 \leq 0$ である場合には，実部が負であるための条件は $a_1 > 0$ となります．一方，$a_1^2 > 4a_2$ の場合，$a_1 < 0$ と仮定すると $-a_1 + \sqrt{a_1^2 - 4a_2} > 0$ なので漸近安定にはなり得ません．したがって，$a_1 > 0$．このとき $-a_1 - \sqrt{a_1^2 - 4a_2} < 0$ であるので $-a_1 + \sqrt{a_1^2 - 4a_2} < 0$ となる条件を調べればよいことなります．これは $a_2 > 0$ のとき成り立ちます．したがって，漸近安定であるための条件は次式となります．

$$a_1 > 0 \quad \text{かつ} \quad a_2 > 0 \tag{3.11}$$

コメント 3.2 1自由度振動系において，$a_2 > 0$ というのは，バネ定数が正であることを意味します．負のバネ定数をもつバネがもし存在するとすれば，正のものとは全く逆の力の作用の仕方をします．つまり，質点が離れれば離れるほどより離れる方向に力が作用するわけです．その場合，元の状態 ($z = 0$) に戻ることはできません．つまり不安定です．一方，$a_1 > 0$ というのは，ダンピング定数が正であることを意味します．ダンパーはエネルギを消費することが大切な役割なのですが，それが負になるということはエネルギがどんどん投入されることになります．これも漸近安定ではありえない，つまり不安定となります．

3.3 ● 単位ステップ応答

3.3.1 単位ステップ応答

次に，微分方程式 (3.1) に対する単位ステップ応答について検討します．これは前章でも述べたように，初期状態を 0 ($z(0) = 0$, $\dot{z}(0) = 0$)，入力を $u = 1$ としたときの応答です．ここでは，解析を容易にする目的で $a_1 \to 2\zeta\omega_n$, $a_2 \to \omega_n^2$, $b_1 \to K\omega_n^2$ と置き換えます．なお，$\zeta > 0$, $\omega_n > 0$ とします．

$$\ddot{z} + 2\zeta\omega_n \dot{z} + \omega_n^2 z = K\omega_n^2 \tag{3.12}$$

a_1, a_2, b_1 と ζ, ω_n, K との間には次に示す関係があります．

$$\omega_n = \sqrt{a_2}, \quad K = \frac{b_1}{a_2}, \quad \zeta = \frac{a_1}{2\sqrt{a_2}}$$

このとき，式 (3.4) に相当する代数方程式を求めると，

$$\lambda^2 + 2\zeta\omega_n\lambda + \omega_n^2 = 0 \tag{3.13}$$

となり，その根は

$$\lambda_{1,2} = -\zeta\omega_n \pm \omega_n\sqrt{\zeta^2 - 1} \tag{3.14}$$

で与えられます．つまり，式 (3.12) のように係数を置きかえることで，$\lambda_{1,2}$ が共役複素数になるかどうかは ζ のみに関係することになります．

ところで，初期値応答のところでも述べたように，2 階線形微分方程式の特徴が現われるのは $\lambda_{1,2}$ が共役複素数のときです．そこで，以下では $1 > \zeta(> 0)$ と仮定します．このとき，$\lambda_{1,2}$ の原点からの距離 $|\lambda_{1,2}|$ と負の実軸からの角度 θ は簡単な計算から次式で与えられます．

$$|\lambda_{1,2}| = \omega_n, \quad \theta = \pm\tan^{-1}\frac{\sqrt{1-\zeta^2}}{\zeta} \tag{3.15}$$

$|\lambda_{1,2}|$ が ω_n のみ，θ が ζ のみに関係していること，$\lambda_{1,2}$ の実部が $\zeta\omega_n$ であることに注意してください．

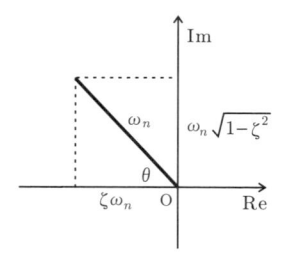

図 3.4 $\lambda^2 + 2\zeta\omega_n\lambda + \omega_n^2 = 0$ の根 (ただし，$\zeta < 1$)

例題 3.6

ζ と θ との関係を表にまとめます．これより，ζ が小さいほど θ [rad] が $\pi/2(= 1.571)$，すなわち根が虚軸に近づき，ζ が 1 に近いほど θ [rad] が 0，すなわち根が実軸に近づくことがわかります．

表 3.1 ζ と θ との関係

ζ	0.95	0.9	0.8	0.7	0.5	0.3	0.1
θ [rad]	0.318	0.451	0.644	0.795	1.047	1.266	1.471
θ [deg]	18.19	25.84	36.87	45.57	60	72.54	84.26

微分方程式 (3.12) の一般解は，単位ステップ入力を考慮すると

$$z = C_1 e^{\lambda_1 t} + C_2 e^{\lambda_2 t} + K \tag{3.16}$$

で与えられます (K は定数)．これに対して，初期状態 $z(0) = \dot{z}(0) = 0$ から C_1, C_2 を定め，$\zeta < 1$ であることを考慮して式 (3.14) を代入することで次式に示す解を得ます (演習問題 3.1)．

$$z = K\left(1 - e^{-\zeta\omega_n t}\cos\sqrt{1-\zeta^2}\omega_n t - \frac{\zeta}{\sqrt{1-\zeta^2}}e^{-\zeta\omega_n t}\sin\sqrt{1-\zeta^2}\omega_n t\right) \tag{3.17}$$

$\lim\limits_{t\to\infty} z = K$ であることから，K は定常ゲインを意味していることがわかります．

例題 3.7

微分方程式 (3.12) の解を Maxima を利用して求めます．また，得られた解に対して，$K = 1, \zeta = 0.2, \omega_n = 10$ としたときの応答を図示します．この場合，定常ゲインが 1 なので，応答の最終値 $z(\infty)$ が 1 に向かいます．また，ζ が 1 と比較して小さい値なので，振動的な応答が現れ，その応答の周期が $2\pi/(\sqrt{1-\zeta^2}\omega_n) \approx 2\pi/\omega_n = 0.628\,\mathrm{s}$ であることが予想できます．

Maxima 3.4

```
assume(om>0) $    om (ωn) が正であることを指定
assume(zz>0 and 1>zz) $    zz (ζ) が 1 >zz> 0 であることを指定
ode2('diff(z,t,2)+2*zz*om*'diff(z,t)+om*om*z=K*om*om,z,t)$  解の計算
z2step:ic2(%,t=0,z=0,'diff(z,t)=0);    初期状態の指定
    出力結果は省略するが，式 (3.17) と等価な結果が得られる．
subst([K=1,om=10,zz=0.2],z2step);    パラメータの指定
```

$$z = \%e^{-2.0t}(-0.2041\sin(9.798\,t) - \cos(9.798\,t)) + 1$$

```
plot2d(rhs(%),[t,0,2],[gnuplot_preamble,"set grid;"]);    応答の表示
forget(om>0) $
forget([zz>0,zz<1]) $
```

関数 subst に対して，リストを利用することで複数の代入を同時に指定することができます．

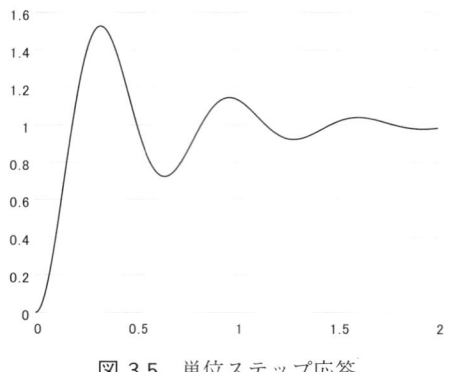

図 3.5　単位ステップ応答

　1 階線形微分方程式のときと同様に，Scilab 上で 2 階線形微分方程式 (3.12) を解くための関数 second を定義し，それを利用して応答を計算し，図示する例を紹介します．図 3.5 と同様の結果が得られます．

```
--> function xdot=second(t,x,om,zz,u),
--> xdot=[x(2);-om*om*x(1)-2*zz*om*x(2)]+[0;om*om]*u, endfunction
--> x0=[0;0]; t0=0; t=0:0.01:2; u=1;
--> y=ode(x0,t0,t,list(second,10,0.2,u));
--> plot(t,y(1,:))
```
Scilab 3.5

3.3.2　応答の評価

　得られた応答を評価する指標として，**オーバーシュート** ならびに **整定時間** を挙げることができます．

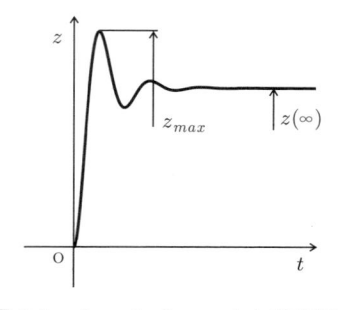

図 3.6　オーバーシュートと整定時間

○ オーバーシュート OS

OS は

$$OS = \frac{z_{max} - z(\infty)}{z(\infty)} \tag{3.18}$$

で定義されます．ここで z_{max} は応答の最大値で，$z(\infty)$ は十分に時間が経過したときの応答です．式 (3.17) から $z(\infty) = K$ であり z_{max} は

$$z_{max} = K\left(1 + e^{-\zeta\pi/\sqrt{1-\zeta^2}}\right) \tag{3.19}$$

で与えられる (演習問題 3.2) ので，

$$OS = e^{-\zeta\pi/\sqrt{1-\zeta^2}} \tag{3.20}$$

を得ます．OS が ζ のみの関数であることに注意してください．たとえば，$OS = 5\%$ とすると $\zeta = 0.69$ を得ます．また，式 (3.15) から，この ζ は $\theta = 46.4\,\mathrm{deg}$ に相当します．以降では，これを $\theta = 45\,\mathrm{deg}$ と近似します．これは共役複素数において，実部と虚部の絶対値が等しいことを意味します．

例題 3.8

OS と ζ と $\theta[\mathrm{deg}]$ との関係を表にまとめます．

表 3.2 OS と ζ と θ との関係

$OS[\%]$	1	3	5	10	20
ζ	0.826	0.745	0.690	0.591	0.456
$\theta\,[\mathrm{deg}]$	34.31	41.84	46.37	53.77	62.87

Maxima 3.6
```
find_root (0.01=exp(-zz*%pi/sqrt(1-zz*zz)),zz,0,0.99);
float(atan(sqrt(1-%*%)/%)*180/%pi);
```

`find_root` は指定した範囲内で方程式の解を求める関数．`float` は整数や有理数を浮動小数点数に変換する関数．

OS は過渡応答中に現われる振動性を評価する一つの基準となります．一般に，応答に振動が現れることは好ましいことではありません．しかし，OS を 0 とするよりも若干の OS を許した方が応答の立ち上がりが速くなる傾向にあります．どの程度

の OS を与えるかは制御目的によって異なりますが，$OS = 5\%$ は有力な目安となる値であり，その意味で，$\lambda_{1,2}$ が複素平面内で $\theta = \pm 45\,\mathrm{deg}$ よりも内側にある (言い換えると，$\lambda_{1,2}$ の実部の絶対値が虚部の絶対値よりも大きい) かどうかは，応答を評価する上で一つの基準となり得ると考えてよいでしょう．

例題 3.9

$K = 1$, $\omega_n = 10$ として $\zeta = 0.3 \sim 1.1$ に対する単位ステップ応答を Maxima を利用して求め，それらを図示したのが図 3.7 です．

```
assume(zz>0,zz<1) $
ode2('diff(z,t,2)+2*zz*10*'diff(z,t)+100*z=100,z,t) $   微分方程式の解
zresp:ic2(%,t=0,z=0,'diff(z,t)=0) $   初期状態の設定
zresp:rhs(zresp) $
zresp03:subst(zz=0.3,zresp) $    zz=0.3
zresp05:subst(zz=0.5,zresp) $    zz=0.5
zresp07:subst(zz=0.7,zresp) $    zz=0.7
zresp09:subst(zz=0.9,zresp) $    zz=0.9
zresp11:subst(zz=1.1,zresp) $    zz=1.1
plot2d([zresp03,zresp05,zresp07,zresp09,zresp11],[t,0,2],
       [gnuplot_preamble,"set grid;"]);   応答の表示
forget(zz>0,zz<1) $
```

Maxima 3.7

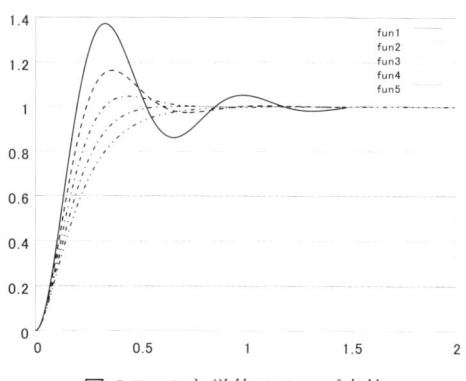

図 3.7　ζ と単位ステップ応答

コメント 3.3　$1 > \zeta > 0.7$ の場合，解析解には sin, cos が現われますが，応答には振動はほとんど現われません．これは応答が振動する前に振幅が減衰してしまうためです．

○ 整定時間 t_s

次に，整定時間 t_s を考えます．式 (3.17) より，sin ならびに cos に掛けられた $e^{-\zeta\omega_n t}$ が応答の収束性を表しています．第 2 章で述べた 1 階線形微分方程式の整定時間の判定基準より，$4/\zeta\omega_n$ 経過すると，応答の振幅は最終値の $\pm 2\%$ の範囲内に収まります．つまり，希望する整定時間を $t_s [\mathrm{s}]$ とすると

$$\zeta\omega_n \geq \frac{4}{t_s} \tag{3.21}$$

であればよいのです．式 (3.14) から，左辺は根の実部の絶対値を表しています．

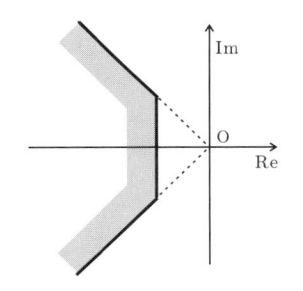

図 3.8　望ましい代数方程式の根

以上をまとめると，

> 2 階線形微分方程式 (3.1) に対応した代数方程式 (3.4) の根が図 3.8 に示す領域に含まれているならば，その微分方程式が (**OS** が 5% 以内で，希望する整定時間 t_s をもつという意味で) 望ましい応答をもつ

といえます．あるいは，希望する OS と整定時間 t_s が与えられると，前者から ζ，後者から ω_n を特定することができます．これらが与えられれば，望ましい応答をもつ 2 階線形微分方程式の係数を定めることができます．次節で具体例を示します．

3.4 ● フィードバック制御

本章で対象とした2階線形微分方程式に対してフィードバック制御方策を考えます.

$$\ddot{z} + a_1\dot{z} + a_2 z = b_1 u \tag{3.22}$$

初期値応答を支配しているのは代数方程式 (3.6) の根ですが，それらは係数 a_1, a_2 で決定されます．このことから a_1, a_2 が初期値応答を支配していると考えてもよいでしょう．したがって，これらを適切な値に変えることができれば，希望する応答をもたせることが可能となるはずです．

その目的を達成する (係数 a_1, a_2 を自由に変えることができる) 制御方策が

$$u = -k_2 z - k_1 \dot{z} \tag{3.23}$$

です．これを式 (3.22) に代入すると，簡単な計算から次式を得ます．

$$\ddot{z} + (a_1 + b_1 k_1)\dot{z} + (a_2 + b_1 k_2)z = 0 \tag{3.24}$$

式 (3.23) のフィードバック制御を施すことにより，a_1 が $a_1 + b_1 k_1$ に，a_2 が $a_2 + b_1 k_2$ に変わった ことがわかります．k_1, k_2 は設計者が自由に与えることができるものなので，$a_1 + b_1 k_1$ ならびに $a_2 + b_1 k_2$ はどのような値にも変えることができます．つまり，制御対象が不安定であったり，応答が遅い場合でも，式 (3.23) により，その応答を自由に変えることができるのです．なお，式 (3.23) を実現する場合，z と $\dot{z}$ の情報を必要とします．現実のシステムにおいてこれらが入手可能かどうかはフィードバック制御を実現する上で重要なことですが，ここではそのことに関する議論は行いません．

例題 3.10

例題 3.1 の 1 自由度振動系において $M = 1$, $\mu = 1$, $k = 16$ とします.

$$\ddot{z} + \dot{z} + 16z = u \tag{3.25}$$

式 (3.12) との対応から $\omega_n = 4$, $\zeta = 1/8$, $K = 1/16$ です．ζ の値から振動的な応答が生じること，$4/(\zeta\omega_n) = 8$ より，応答の整定時間が 8 s 程度であることが予想できます．そこで，初期値応答を対象として，目立だった振動が現われないこと ($\zeta = 0.7$)，整定時間を 2 s 程度とすることを制御目的とします．この場合，$4/(\zeta\omega_n) = 2 \to 2\zeta\omega_n = 4$, $\omega_n = 2/\zeta = 2/0.7$ より，目標とする微分方程式は

$$\ddot{z} + 4\dot{z} + 8.16z = 0 \tag{3.26}$$

3.4 フィードバック制御

となります．したがって，これを実現する望ましいフィードバック制御則は

$$u = 7.84z - 3\dot{z} \tag{3.27}$$

で与えられます．式 (3.25) と式 (3.26) に対する初期値応答 ($z(0) = 1$, $\dot{z}(0) = 0$) を図 3.9 に示します．前者が点線で後者が実線です．制御目的が達成されていることがわかります．

Maxima 3.8
```
ode2('diff(z,t,2)+'diff(z,t)+16*z=0,z,t) $   制御前の微分方程式の解
zsol3a1:ic2(%,t=0,z=1,'diff(z,t)=0) $   初期状態の指定
ode2('diff(z,t,2)+4*'diff(z,t)+8.16*z=0,z,t) $   制御後の微分方程式の解
zsol3a2:ic2(%,t=0,z=1,'diff(z,t)=0) $   初期状態の指定
plot2d([rhs(zsol3a1),rhs(zsol3a2)],[t,0,10],
              [gnuplot_preamble,"set grid;"]);   応答の表示
```

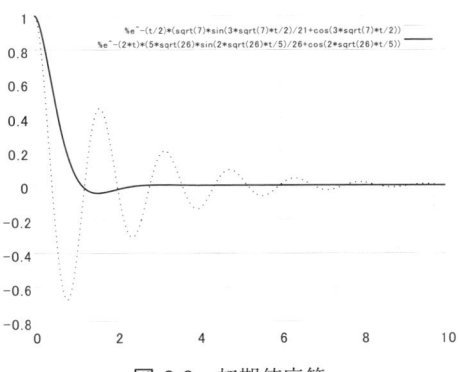

図 3.9　初期値応答

例題 3.7 で定義した関数 second を利用した Scilab の入力例を示します．これらのコマンドを実行することで，図 3.9 に相当する図が描かれます．

Scilab 3.9
```
--> x0=[1;0]; u=0;
--> t=0:0.01:10;
--> y=ode(x0,t0,t,list(second,4,1/8,u)); plot(t,y(1,:))
--> ycl=ode(x0,t0,t,list(second,2/0.7,0.7,u)); plot(t,ycl(1,:))
```

3.5 ● まとめ

本章では 2 階線形微分方程式 $\ddot{z}+a_1\dot{z}+a_2z=b_1u$ または $\ddot{z}+2\zeta\omega_n\dot{z}+\omega_n^2z=K\omega_n^2u$ を対象として，その解の特徴ならびにフィードバック制御方策を検討しました．要点を以下にまとめます．

(1) 安定性

微分方程式 (3.1) が漸近安定であるための条件は，方程式 $\lambda^2+a_1\lambda+a_2=0$ の根の実部がともに負である，ことである．この条件は $a_1>0$, $a_2>0$ と言い換えることができる．

(2) 応答性

1 階線形微分方程式と比べて 2 階線形微分方程式の解の特徴は方程式 $\lambda^2+a_1\lambda+a_2=0$ の根 $\lambda_{1,2}$ が共役複素数，または $\zeta<1$ のときに現われる．このとき，単位ステップ応答は

$$z = K\left(1 - e^{-\zeta\omega_n t}\cos\sqrt{1-\zeta^2}\omega_n t - \frac{\zeta}{\sqrt{1-\zeta^2}}e^{-\zeta\omega_n t}\sin\sqrt{1-\zeta^2}\omega_n t\right)$$

で与えられる．

(a) 解析解に sin, cos が含まれる．
(b) 単位ステップ応答のオーバーシュート OS は

$$OS = e^{-\zeta\pi/\sqrt{1-\zeta^2}}$$

で与えられる．また，整定時間の目安は $4/\zeta\omega_n$ である．
(c) 応答に振動が目立って現われない目安は $OS=5\%$．これは $\zeta=0.69$ もしくは 根の実部の絶対値 $\approx$ 根の虚部の絶対値 に対応している．

(3) フィードバック制御

$u=-k_2z-k_1\dot{z}$ というフィードバック制御方策により，2 階線形微分方程式でその動特性が与えられるシステムの応答を自由に変えることができる．

>>本章のキーワード (登場順)<<
- ☐ 2 階線形微分方程式   ☐ 1 自由度振動系   ☐ オイラーの公式
- ☐ オーバーシュート   ☐ 整定時間

演習問題 3

1. 式 (3.17) を導出せよ．
2. 式 (3.17) から応答の最大値 z_{max} が式 (3.19) で与えられることを示せ．また，その最大値が生じる時刻を $\zeta = 0, 0.2, 0.4, 0.6, 0.8, 1$ に対して求めよ．なお，$\omega = 1$ とする．
3. 式 (3.17) を利用して，定常状態を基準としたときの i 番目と $i+1$ 番目の応答の極大値の比を求めよ．
4. ある漸近安定なシステムに対して単位ステップ入力を与えたときの応答が図 3.10 のように得られたとする．このシステムの次数が 2 次であるとして，その動特性を表す微分方程式を求めよ．

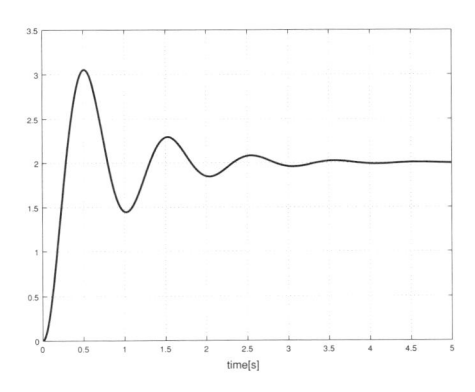

図 3.10 単位ステップ応答

5. $\ddot{z} + 4\dot{z} + 3z = u$ に対して単位ランプ応答 ($u = t$) を求めよ．
6. 次式に示す 2 階線形微分方程式に対して指定した初期状態の下で解を求めよ．

$$\ddot{z} - z = 0, \quad z(0) = 1 \quad \dot{z}(0) = -1$$

7. 次に示すシステムに対して，フィードバック制御 $u = -kz$ を施したとする．ゲイン k を 0 から次第に大きくしたときの初期値応答について検討せよ．

$$\ddot{z} + 4\dot{z} = u$$

8. 次に示すシステムに対して，オーバーシュートが 10%，整定時間が約 5 s となるようにフィードバック制御 $u = -k_1 z - k_2 \dot{z}$ におけるゲイン k_1, k_2 を設計せよ．

$$\ddot{z} + \dot{z} + 10z = 2u$$

9. 2 階線形微分方程式 (3.1) に対する単位ステップ応答の $t = 0$ における接線の方程式を求めよ．また，1 階線形微分方程式 $\dot{z} + az = bu$ のそれと比較せよ．
10. 例題 3.1 の 1 自由度振動系に対して，状態フィードバック制御 (3.23) を実現するためには，質点の位置 z と質点の速度 $\dot{z}$ が必要となる．これらを計測するために使用可能なセンサについて検討せよ．

第4章

n 階線形微分方程式

本章では，より一般的な n 階線形微分方程式を対象として，これまでに得られた結果の一般化を行います．また，線形微分方程式を解く別の手段としてラプラス変換を利用する方法について紹介します．さらに，フルヴィッツの安定判別法の紹介を行います．

4.1 ● n 階線形微分方程式

本章で議論の対象とする **n 階線形微分方程式** を次式に示します．

$$z^{(n)} + a_1 z^{(n-1)} + \cdots + a_{n-1}\dot{z} + a_n z = b_1 u \tag{4.1}$$

ここで，$z^{(i)}$ は z の t に関する i 階導関数 ($z^{(i)} = d^i z/dt^i$) を意味します．また，$z(0) \sim z^{(n-1)}(0)$ が初期状態となります．

4.1.1 初期値応答

本節では，初期値応答 ($u = 0$) を考えます．

$$z^{(n)} + a_1 z^{(n-1)} + \cdots + a_{n-1}\dot{z} + a_n z = 0 \tag{4.2}$$

これまでと同様の理由から，上式に対して $z = e^{\lambda t}$ とおくことによって得られる代数方程式

$$\lambda^n + a_1 \lambda^{n-1} + \cdots + a_{n-1}\lambda + a_n = 0 \tag{4.3}$$

の n 個の根 $\lambda_1 \sim \lambda_n$ を利用することで，次式のように初期値応答に対する一般解が与えられます．なお，議論を簡単にする目的で，これらの根には**重複するものはない**，と仮定します．

$$z = C_1 e^{\lambda_1 t} + C_2 e^{\lambda_2 t} + \cdots + C_{n-1} e^{\lambda_{n-1} t} + C_n e^{\lambda_n t} \tag{4.4}$$

ここで $C_1 \sim C_n$ は初期状態 $z(0) \sim z^{(n-1)}(0)$ から決定される定数です．式 (4.4) から，$\lambda_1 \sim \lambda_n$ が微分方程式 (4.2) の基本的な応答を支配していることは明らかです．以降，これらを **極** ということにします．また，極を計算するための代数方程式 (4.3) を **特性方程式**，左辺の多項式を **特性多項式** といいます．

例題 4.1

1 階線形微分方程式 $\dot{z} + az = 0$ ならびに 2 階線形微分方程式 $\ddot{z} + a_1 \dot{z} + a_2 z = 0$ に対する特性方程式と極はそれぞれ以下のように与えられます．

$$\lambda + a = 0 \qquad \lambda = -a$$

$$\lambda^2 + a_1 \lambda + a_2 = 0 \qquad \lambda_{1,2} = \frac{-a_1 \pm \sqrt{a_1^2 - 4a_2}}{2}$$

式 (4.3) の根である極は，必ず実数もしくは共役複素数となります．前者の極（たとえば λ_i）に対する応答 ($e^{\lambda_i t}$) については第 2 章で，後者の極（たとえば $\lambda_j = \sigma_j + j\omega_j, \overline{\lambda}_j = \sigma_j - j\omega_j$）に対する応答 ($e^{\lambda_j t}$) については第 3 章で説明しました．つまり，

> n **階線形微分方程式の解は 1 階もしくは 2 階線形微分方程式の解を結合することにより与えられる**

のです．このことから，n 階線形微分方程式で記述される動特性をもつシステムは，1 階もしくは 2 階線形微分方程式で記述される動特性をもつシステムから構成される，と考えることができます．

4.1.2 安定性と応答性

任意の初期状態，言い換えると任意の $C_1 \sim C_n$ に対して $\displaystyle\lim_{t \to \infty} z = 0$ となるためには，式 (4.4) に含まれるすべての時間関数 $e^{\lambda_i t}$ $(i = 1, \cdots, n)$ が 0 に向かう必要があります．λ_i が実数のときには負であること，共役複素数のときにはその実部が負であることが $\displaystyle\lim_{t \to \infty} e^{\lambda_i t} = 0$ となるための条件でした．したがって，微分方程式 (4.2) が漸近安定であるためには，

> **すべての極の実部が負でなければならない**

ことがわかります．

46 第 4 章 n 階線形微分方程式

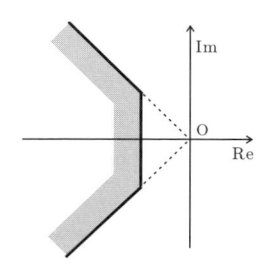

図 4.1 望ましい応答をもつ極の領域

次に微分方程式が漸近安定であるとしたうえで応答特性を考えます．n 個の極の中で最も虚軸に近い (その実部の絶対値が最も小さい) 極 λ_i に対する応答 $C_i e^{\lambda_i t}$ が最も遅いために，応答を支配しているという意味でその極を **支配極** といいます．初期値応答あるいは零状態応答の整定時間には極の実部の絶対値が強く関連しています．そこで，n 階線形微分方程式に対する整定時間 t_s の目安を次式のように考えます．

$$t_s = \frac{4}{\text{支配極の実部の絶対値}} \tag{4.5}$$

また，第 3 章でも述べたように，時間応答に振動的な応答が目立って生じないための条件として，共役複素極の負の実軸に対する角度 θ が $\pm 45\,\mathrm{deg}$ 以内を目安として挙げることができます．これらの領域をまとめると，図 4.1 が得られます．この領域にすべての極が含まれているかどうかが応答性を判定する際の一つの基準と考えることができます．

例題 4.2

図 4.2 に極 $\{-1,\,-5\pm10j\}$ をもつ 3 階線形微分方程式 (4.6) に対する初期値応答 $(z(0)=1,\,\dot{z}(0)=0,\,\ddot{z}(0)=0)$ を示します．参考までにその支配極である $\{-1\}$ を極としてもつ 1 階線形微分方程式 $(\dot{z}+z=0)$ に対する初期値応答 $(z(0)=1)$ を破線で示しました．図より，両システムが類似した初期値応答をもつことがわかります．

$$z^{(3)} + 11\ddot{z} + 135\dot{z} + 125z = 0 \tag{4.6}$$

```
                                                      Maxima 4.1
solve(s^3+11*s^2+135*s+125=0,s);   極の確認
     [ s = -10%i - 5,  s = 10%i - 5,  s = -1 ]

atvalue(z(t),t=0,1) $    z(0) = 1
atvalue(diff(z(t),t),t=0,0) $    ż(0) = 0
atvalue(diff(z(t),t,2),t=0,0) $   z̈(0) = 0
```

```
zsol42:desolve(diff(z(t),t,3)+11*diff(z(t),t,2)     微分方程式の解
              +135*diff(z(t),t)+125*z(t)=0,z(t));
```

$$z(t) = \%e^{-5t}\left(\frac{2\sin(10\,t)}{29} - \frac{9\cos(10\,t)}{116}\right) + \frac{125\%e^{-t}}{116}$$

```
plot2d([rhs(zsol42),exp(-t)],[t,0,6],
              [gnuplot_preamble,"set grid;"]);     応答の表示
```

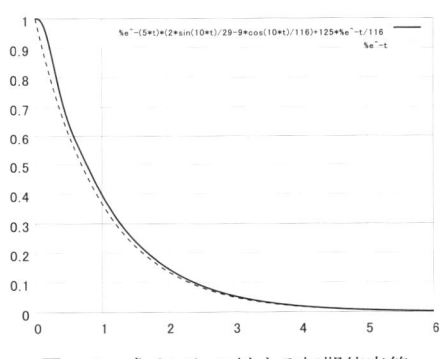

図 4.2 式 (4.6) に対する初期値応答

一方，図 4.3 は，極 $\{-1 \pm 10j, -5\}$ をもつ 3 階線形微分方程式 (4.7) に対する初期値応答 ($z(0) = 1$, $\dot{z}(0) = 0$, $\ddot{z}(0) = 0$) を示しており，点線は $\{-1 \pm 10j\}$ を極としてもつ 2 階線形微分方程式 ($\ddot{z} + 2\dot{z} + 101z = 0$) のそれ ($z(0) = 1$, $\dot{z}(0) = 0$) です．過渡応答には違いが見られますが，整定時間はほぼ同じです．

$$z^{(3)} + 7\ddot{z} + 111\dot{z} + 505z = 0 \tag{4.7}$$

Maxima 4.2

```
zsol421:desolve(diff(z(t),t,3)+7*diff(z(t),t,2)     微分方程式の解
               +111*diff(z(t),t)+505*z(t)=0,z(t));
```

$$z(t) = \%e^{-t}\left(\frac{13\sin(10t)}{29} + \frac{15\cos(10t)}{116}\right) + \frac{101\%e^{-5t}}{116}$$

```
ode2('diff(z,t,2)+2*'diff(z,t)+101*z=0,z,t)$     微分方程式の解
zsol422:ic2(%,t=0,z=1,'diff(z,t)=0);     初期状態の指定
```

$$z = \%e^{-t}\left(\frac{\sin(10t)}{10} + \cos(10t)\right)$$

```
plot2d([rhs(zsol421),rhs(zsol422)],[t,0,6],
              [gnuplot_preamble,"set grid;"]);     応答の表示
```

図 4.3 式 (4.7) に対する初期値応答

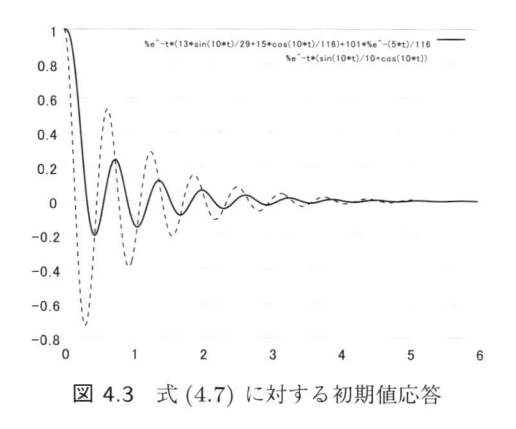

4.1.3 フィードバック制御

微分方程式が望ましい応答をもたないということは，望ましい極をもたないことが主な原因です．そこで，n 階線形微分方程式 (4.1) に対して，次式に示すフィードバック制御を適用してみます．

$$u = -(k_n z + k_{n-1}\dot{z} + \cdots + k_1 z^{(n-1)}) \tag{4.8}$$

その結果，次式に示す (閉ループシステムに対する) 微分方程式が得られます．

$$z^{(n)} + (a_1 + b_1 k_1)z^{(n-1)} + \cdots + (a_{n-1} + b_1 k_{n-1})\dot{z} + (a_n + b_1 k_n)z = 0 \tag{4.9}$$

上式に対する特性方程式の係数は $k_1 \sim k_n$ を利用することで自由に値を変えることができることは明らかです．このことは，極を自由に変えることができることを意味します．したがって，

> 式 (4.8) に示すフィードバック制御方策により，n 階線形微分方程式 (4.1) が希望する応答をもつ (希望する極をもつ，たとえば図 4.1 に示す領域内にすべての極をもつ) ようにできます．

例題 4.3

次に示す 3 階線形微分方程式を考えます．簡単な計算から，極が $\{1, -1 \pm 10j\}$ であることを示せるので，不安定であることがわかります．

$$z^{(3)} + \ddot{z} + 99\dot{z} - 101z = u \tag{4.10}$$

> **Maxima 4.3**
> ```
> solve(s^3+s^2+99*s-101=0,s);
> ```
> $[\,s = -10\%i - 1,\ s = 10\%i - 1,\ s = 1\,]$

そこで，フィードバック制御による安定化が必要になりますが，応答性も考慮して，$\{-4\pm 4j,\ -7\}$ に極を移動させることを考えます．整定時間が約 $1\,\mathrm{s}$，$OS = 5\%$ 程度となるように支配極を定め ($\{-4\pm 4j\}$)，それより安定側にもう一つの極 ($\{-7\}$) を定めました．この場合，望ましい (希望する極をもつ) 微分方程式は

> **Maxima 4.4**
> ```
> expand((s+4+4*%i)*(s+4-4*%i)*(s+7));
> ```
> $s^3 + 15s^2 + 88s + 224$

$$z^{(3)} + 15\ddot{z} + 88\dot{z} + 224z = 0 \tag{4.11}$$

で与えられます．したがって，両者の係数を比較することで

$$u = -325z + 11\dot{z} - 14\ddot{z} \tag{4.12}$$

を得ます．フィードバック制御を施した式 (4.11) に対する初期値応答 ($z(0) = 1$, $\dot{z}(0) = 0$, $\ddot{z}(0) = 0$) を図 4.4 に示します．

> **Maxima 4.5**
> ```
> desolve(diff(z(t),t,3)+diff(z(t),t,2)     制御前の微分方程式の解
>         +99*diff(z(t),t)-101*z(t)=0,z(t));
> ```
> $z(t) = \%e^{-t}\left(\dfrac{3\cos(10\,t)}{104} - \dfrac{49\sin(10\,t)}{520}\right) + \dfrac{101\%e^{t}}{104}$
> ```
> zsol43:desolve(diff(z(t),t,3)+15*diff(z(t),t,2)    制御後
>         +88*diff(z(t),t)+224*z(t)=0,z(t));
> ```
> $z(t) = \%e^{-4\,t}\left(\dfrac{49\sin(4\,t)}{25} - \dfrac{7\cos(4\,t)}{25}\right) + \dfrac{32\%e^{-7t}}{25}$
> ```
> plot2d(rhs(zsol43),[t,0,2],[gnuplot_preamble,"set grid;"]); 応答の表示
> remove(z,atvalue);    z(t) に関して設定した条件 (初期状態) の削除
> ```

例題 4.2 と 4.3 では同じ初期状態の下で微分方程式の解を関数 desolve を利用して求めましたが，以降の例題では異なる初期状態が必要となる可能性があります．そこで，関数 remove を利用して，設定した条件の削除を行っています．

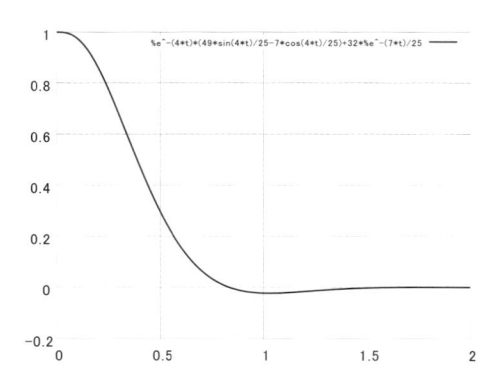

図 4.4　フィードバック制御を施した結果の初期値応答

4.2 ● ラプラス変換と逆ラプラス変換

これまで，$z = e^{\lambda t}$ というように，解の形を仮定した上で線形微分方程式の解析解を求めましたが，本節では，解を求めるもう一つの有力な方法として **ラプラス変換** ならびに **逆ラプラス変換** を利用した方法を紹介します．

4.2.1　ラプラス変換

ラプラス変換を行うための公式を次式に示します．なお，ラプラス変換を $\mathcal{L}[\ ]$ と表記しています．

$$Z(s) = \mathcal{L}[z(t)] = \int_0^\infty z(t)e^{-st}\,dt \tag{4.13}$$

つまり，時間関数 $z(t)$ を s に関する関数 $Z(s)$ に変換する操作がラプラス変換なのです．ここで登場する s を **ラプラス演算子** といいます．また，$z(t)$ が時刻 t に関する関数であるのに対して，$Z(s)$ が s に関する関数であることから，ラプラス変換は，時間領域から s 領域への変換である，ということもできます．

最初に，時間関数 $z(t)$ の微分に対するラプラス変換の公式を示します．部分積分

を利用することで簡単に証明できます．

$$
\begin{array}{rcl}
\mathcal{L}[\dot{z}] &=& sZ(s) - z(0) \\
\mathcal{L}[\ddot{z}] &=& s^2 Z(s) - \dot{z}(0) - sz(0) \\
\vdots & & \vdots \\
\mathcal{L}[z^{(n)}] &=& s^n Z(s) - s^{n-1}z(0) - s^{n-2}\dot{z}(0) - \cdots - z^{(n-1)}(0)
\end{array}
\tag{4.14}
$$

同様に，時間関数 $z(t)$ の積分に対するラプラス変換の公式を示します．

$$
\begin{array}{rcl}
\mathcal{L}[\int z\,dt] &=& \dfrac{1}{s} Z(s) \\
\vdots & & \vdots \\
\mathcal{L}[\int \cdots \int z\,(dt)^n] &=& \dfrac{1}{s^n} Z(s)
\end{array}
\tag{4.15}
$$

特に，初期値 $z(0), \dot{z}(0), \cdots$ が 0 のとき，1 回の微分・積分操作は s 領域上では，それぞれ $Z(s)$ を s 倍，$1/s$ 倍することに対応している点に注意してください．

式 (4.13) から，a, b を定数としたとき，次式が成り立つことを簡単に示せます．

$$
\mathcal{L}[ay(t) + bz(t)] = a\mathcal{L}[y(t)] + b\mathcal{L}[z(t)] = aY(s) + bZ(s) \tag{4.16}
$$

例題 4.4

式 (4.14) と式 (4.16) を利用すると，1 階線形微分方程式に対しては

$$
\mathcal{L}[\dot{z} + az = bu] \rightarrow sZ(s) - z(0) + aZ(s) = bU(s)
$$

であることから

$$
Z(s) = \frac{z(0)}{s+a} + \frac{b}{s+a} U(s) \tag{4.17}
$$

が得られます．なお，$U(s)$ は操作量 $u(t)$ をラプラス変換したものです（$\mathcal{L}[u(s)] = U(s)$）．微分操作が s に変わることにより，簡単な代数演算により $Z(s)$ を計算できます．

Maxima 4.6

```
laplace(diff(z(t),t)+a*z(t)=b*u(t),t,s);    ラプラス変換
```
$$s\,laplace(z(t), t, s) + a\,laplace(z(t), t, s) - z(0) = b\,laplace(u(t), t, s)$$

```
subst([laplace(z(t),t,s)=ZS,laplace(u(t),t,s)=US],%);    置き換え
```
$$s\,ZS + a\,ZS - z(0) = b\,US$$

```
solve(%,ZS);    Z(s)(= ℒ[z(t)] ) を求める
```

$$\left[ZS = \frac{b\,US + z(0)}{s+a} \right]$$

```
expand(%[1]);
```

$$ZS = \frac{b\,US}{s+a} + \frac{z(0)}{s+a}$$

同様に，2階線形微分方程式に対しては

$$\mathcal{L}[\ddot{z} + a_1\dot{z} + a_2 z = b_1 u] \rightarrow$$

$$(s^2 Z(s) - \dot{z}(0) - sz(0)) + a_1(sZ(s) - z(0)) + a_2 Z(s) = b_1 U(s)$$

であることから

$$Z(s) = \frac{\dot{z}(0) + (s+a_1)z(0)}{s^2 + a_1 s + a_2} + \frac{b_1}{s^2 + a_1 s + a_2} U(s) \tag{4.18}$$

が得られます．

Maxima 4.7

```
laplace(diff(z(t),t,2)+a1*diff(z(t),t)+a2*z(t)=b1*u(t),t,s) $
subst([laplace(z(t),t,s)=ZS,laplace(u(t),t,s)]=US,%) $
solve(%,ZS) $
%[1];
```

$$ZS = \frac{b1\,US + \left.\frac{d}{dt}z(t)\right|_{t=0} + z(0)\,s + z(0)\,a1}{s^2 + a1\,s + a2}$$

式 (4.17) と式 (4.18) において，

$\boxed{Z(s) \text{ が初期状態に関する項と操作量に関する項の和で与えられている}}$

ことに注意してください．初期値応答は前者が，零状態応答は後者が対象となります．特に，初期状態をすべて 0 としたときの (零状態応答における) $U(s)$ と $Z(s)$ との比を **伝達関数** といいます．

ところで，零状態応答を求める場合，操作量 $u(t)$ をラプラス変換した $U(s)$ が必要になります．制御において登場する代表的な操作量に関するラプラス変換の公式を表にまとめておきます．

表 4.1　ラプラス変換表 1

時間関数	ラプラス変換
$\delta(t)$：単位インパルス入力	1
$h(t) = 1$：単位ステップ入力	$1/s$
$r(t) = t$：単位ランプ入力	$1/s^2$
$\sin \omega t$：正弦波入力	$\dfrac{\omega}{s^2 + \omega^2}$
$\cos \omega t$：余弦波入力	$\dfrac{s}{s^2 + \omega^2}$

コメント 4.1　表 4.1 中の単位インパルス入力とは，図 4.5 に示す矩形入力において Δ を限りなく 0 に近づけたときの入力と考えることができます (演習問題 4.1). 単位というのは面積が 1 であることを意味しています. Δ が 0 に近づくにつれて，その高さが ∞ に近づくので，理想的な単位インパルスを実現することは困難です. でも，近似的なインパルス入力は身近に使用されています．たとえば，すいかが食べ頃かどうかを判断するために，軽く叩いてその音を調べますが，これは近似的なインパルス入力の使用例です．

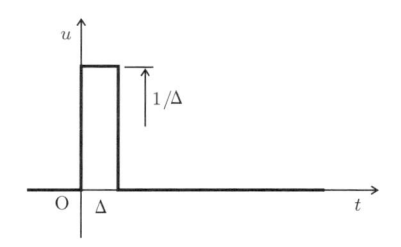

図 4.5　矩形入力

例題 4.5
表 4.1 を Maxima で確認します．

Maxima 4.8
```
laplace(delta(t),t,s);
    1

laplace(1,t,s);
    1
    ─
    s
```

```
laplace(t,t,s);
```
$$\frac{1}{s^2}$$
```
laplace(sin(om*t),t,s);
```
$$\frac{om}{s^2+om^2}$$
```
laplace(cos(om*t),t,s);
```
$$\frac{s}{s^2+om^2}$$

例題 4.6

式 (4.17) に対して，単位ステップ入力を与えたときの応答 (をラプラス変換した) $Z(s)$ は次式で与えられます．

$$Z(s) = \frac{z(0)}{s+a} + \frac{b}{s+a} \cdot \frac{1}{s} \tag{4.19}$$

また，式 (4.18) に対して，初期状態を 0 として単位ステップ入力を与えたときの応答 (をラプラス変換した) $Z(s)$ は次式で与えられます．

$$Z(s) = \frac{b_1}{s^2 + a_1 s + a_2} \cdot \frac{1}{s} \tag{4.20}$$

4.2.2 逆ラプラス変換

前項のようにして得られた $Z(s)$ を逆ラプラス変換することによって，$Z(s)$ から $z(t)$，すなわち微分方程式の解を得ることができます．逆ラプラス変換は，s 領域から時間領域への変換と考えることができます．

$$z(t) = \mathcal{L}^{-1} Z(s) \tag{4.21}$$

式 (4.13) に対応して，逆ラプラス変換を行うための公式があるのですが，式 (4.19) や式 (4.20) にみられるように，制御において登場する $Z(s)$ は s に関する有理関数で与えられることが多いため，それに限定した逆ラプラス変換法を紹介します．

手順を以下に示します．

(1) 分母を因数分解する．
(2) 部分分数展開する．
(3) ラプラス変換表 4.1 もしくは表 4.2 を使用して逆ラプラス変換を行う．それぞれの表は，左から右がラプラス変換で，右から左が逆ラプラス変換を意味している．

表 4.2　ラプラス変換表2

時間関数	ラプラス変換
e^{-at}	$\dfrac{1}{s+a}$
$e^{-at}\sin\omega t$	$\dfrac{\omega}{(s+a)^2+\omega^2}$
$e^{-at}\cos\omega t$	$\dfrac{s+a}{(s+a)^2+\omega^2}$

例題 4.7

式 (4.19) に対して逆ラプラス変換を行います．

(1) 因数分解

$$Z(s) = \frac{z(0)}{s+a} + \frac{b}{s(s+a)}$$

(2) 部分分数展開

$$Z(s) = \frac{z(0)}{s+a} + \frac{b}{a}\left(\frac{1}{s} - \frac{1}{s+a}\right)$$

(3) 逆ラプラス変換

$$z(t) = \mathcal{L}^{-1}Z(s) = z(0)e^{-at} + \frac{b}{a}(1-e^{-at})$$

第 2 章で求めた初期値応答と単位ステップ応答の和で $z(t)$ が与えられていることがわかります．

Maxima 4.9

```
ilt(z(0)/(s+a)+b/(s*(s+a)),s,t);   逆ラプラス変換
```

$$-\frac{b\%e^{-at}}{a} + z(0)\%e^{-at} + \frac{b}{a}$$

例題 4.8

同様に，式 (4.20) に対しても逆ラプラス変換を行います．なお，$s^2 + a_1 s + a_2 = (s - \lambda_1)(s - \lambda_2)$ と因数分解できるものとします．

(1) 因数分解

$$Z(s) = \frac{b_1}{s(s - \lambda_1)(s - \lambda_2)}$$

(2) 部分分数展開

$$Z(s) = \frac{b_1}{\lambda_1 \lambda_2} \cdot \frac{1}{s} + \frac{b_1}{\lambda_1(\lambda_1 - \lambda_2)} \cdot \frac{1}{s - \lambda_1} + \frac{b_1}{\lambda_2(\lambda_2 - \lambda_1)} \cdot \frac{1}{s - \lambda_2}$$

(3) 逆ラプラス変換

$$z(t) = \mathcal{L}^{-1} Z(s) = \frac{b_1}{\lambda_1 \lambda_2} + \frac{b_1}{\lambda_1(\lambda_1 - \lambda_2)} e^{\lambda_1 t} + \frac{b_1}{\lambda_2(\lambda_2 - \lambda_1)} e^{\lambda_2 t}$$

Maxima 4.10

```
ilt(b1/s/(s-l1)/(s-l2),s,t);    逆ラプラス変換
```

$$\frac{b1 \% e^{l2\,t}}{l2^2 - l1\,l2} - \frac{b1 \% e^{l1\,t}}{l1\,l2 - l1^2} + \frac{b1}{l1\,l2}$$

4.3 ● フルヴィッツの安定判別法

式 (4.1) に対してラプラス変換を行うと

$$Z(s) = \frac{n(s)}{s^n + a_1 s^{n-1} + \cdots + a_{n-1} s + a_n} + \frac{b_1}{s^n + a_1 s^{n-1} + \cdots + a_{n-1} s + a_n} U(s) \tag{4.22}$$

を得ます．ここで $n(s)$ は初期状態を係数としてもつ s に関する多項式です．右辺第1項ならびに第2項ともに分母多項式は共通で，特性多項式と一致している点に注意してください (式 (4.3) は λ に関する多項式ですが，式 (4.22) に登場する分母多項式は，式 (4.3) と同じ次数と係数をもつため，特性多項式といっても差し支えありません)．式 (4.1) の安定性は，極の実部の符号で定めることができました．

今，式 (4.1) が漸近安定である (初期値応答が 0 に漸近する) と仮定した上で，零状態応答 (初期状態がすべて 0) を考えます．

$$Z(s) = \frac{b_1}{s^n + a_1 s^{n-1} + \cdots + a_{n-1} s + a_n} U(s) \tag{4.23}$$

ここで
$$P(s)\left(=\frac{Z(s)}{U(s)}\right) = \frac{b_1}{s^n + a_1 s^{n-1} + \cdots + a_{n-1}s + a_n} \tag{4.24}$$
が伝達関数です．

このとき，もし操作量 $u(t)$ が **有界** である (任意の時刻 $t \geq 0$ に対して，$|u(t)| < M$ となる定数 M が存在する) ならば，それに対する時間応答 $z(t) = \mathcal{L}^{-1}[Z(s)]$ も有界となります．このような性質を **BIBO**(Bounded Input Bounded Output) **安定** といいます．逆に，BIBO 安定である，すなわち任意の有界な操作量に対する応答が有界である場合，その線形微分方程式が漸近安定であることを示すことができます．つまり，漸近安定性と BIBO 安定性は等価であり，それらに特性方程式 (あるいは極) が強く関係しているわけです．

ところで，特性方程式の係数のすべてが数値として与えられている場合には，その根である極を数値計算により得ることができます．

例題 4.9

次の代数方程式の根を Maxima と Scilab で求めてみましょう．

$$s^4 + 7s^3 + 22s^2 + 32s + 16 = 0$$

―― Maxima 4.11 ――
```
solve(s^4+7*s^3+22*s^2+32*s+16=0,s);
```
$[\,s=-2,\ s=-1,\ s=-2\%i-2,\ s=2\%i-2\,]$

Maxima における虚数単位 $(=\sqrt{-1})$ は `%i`.

―― Scilab 4.12 ――
```
--> roots([1,7,22,32,16])
ans =
 -1.
 -2.
 -2. + 2.i
 -2. - 2.i
```

Scilab では，多項式をその係数を要素としてもつ横ベクトルで表すことができます．それを関数 `roots` に与えることで数値的に多項式の根が得られます．あるいは以下のようにしても根を求めることができます．

```
--> s=poly(0,'s');
--> p=s^4+7*s^3+22*s^2+32*s+16;
--> roots(p)
```

Scilab 4.13

しかし，そうでない場合は，数値計算によって極を直接計算することはできません．また，式 (4.1) に対してあるゲインをもつフィードバック制御を施したときに，それが漸近安定となるためのゲインの範囲を決定したい場合も，極から判定しようとすると膨大な計算を行わなければならないことが起こり得ます．

例題 4.10

次に示す 3 階線形微分方程式を考えます．

$$z^{(3)} + a_1 \ddot{z} + a_2 \dot{z} + a_3 z = b_1 u \tag{4.25}$$

これに対して，$u = -(K_2 \dot{z} + K_3 z)/b_1$ というフィードバック制御を施した結果得られる微分方程式は次式となります．

$$z^{(3)} + a_1 \ddot{z} + (a_2 + K_2) \dot{z} + (a_3 + K_3) z = 0 \tag{4.26}$$

これが漸近安定となる K_2, K_3 の範囲はどのようにして調べればよいのでしょうか．

このようなときに，本節で述べる **フルヴィッツの安定判別法** が有効になります（なお，この判別法と等価なものとしてラウスの安定判別法があります．ここでは説明は省略しますが Scilab にはそのための関数 routh_t が用意されています）．以下では，n 階線形微分方程式から得られた特性多項式が次式で与えられるとします（s^n の係数を 1 としていることに注意してください．このように最高次の係数が 1 である多項式のことを **モニック** な多項式といいます）．

$$s^n + a_1 s^{n-1} + a_2 s^{n-2} + \cdots + a_{n-1} s + a_n \tag{4.27}$$

実は，特性多項式の係数 $a_1 \sim a_n$ がすべて存在して正でなければ，安定判別法を用いるまでもなく，その微分方程式が漸近安定ではないことを示すことができます．そこで，以下では，

> 特性多項式 (4.27) の係数がすべて存在し，正である

と仮定します．

4.3.1 フルヴィッツの安定判別法

まず，特性多項式 (4.27) の係数を利用して，次に示す n 次正方行列 H を作ります．

$$H = \begin{bmatrix} a_1 & a_3 & a_5 & \cdots \\ 1 & a_2 & a_4 & \cdots \\ 0 & a_1 & a_3 & \cdots \\ 0 & 1 & a_2 & \cdots \\ \vdots & \vdots & \vdots & \\ 0 & 0 & 0 & \cdots & a_n \end{bmatrix} \tag{4.28}$$

最初の 2 行を見ると，特性多項式の係数が順に並んでおり，それに続く 2 行は 1 列右にシフトした構造をもつことがわかります (空きスペースは 0 とします)．それを行数が n となるまで続けることで行列 H を作成できます．なお，右下の要素は必ず a_n となります．

これに対して $H_i (i = 1, \cdots, n)$ を，行列 H の $1 \sim i$ 行ならびに $1 \sim i$ 列要素からなる正方行列に関する行列式であるとします．たとえば，

$$H_1 = a_1, \quad H_2 = \begin{vmatrix} a_1 & a_3 \\ 1 & a_2 \end{vmatrix}, \quad H_3 = \begin{vmatrix} a_1 & a_3 & a_5 \\ 1 & a_2 & a_4 \\ 0 & a_1 & a_3 \end{vmatrix}, \cdots \tag{4.29}$$

です．このとき，

> **□ 定理 4.1** 線形微分方程式 (4.1) が漸近安定であるための必要十分条件は
> $$H_i > 0 \quad (i = 2, \cdots, n-1) \tag{4.30}$$

ここで，$H_1 > 0$, $H_n > 0$ は特性多項式の係数が正という条件から冗長な条件となるので，省略しています．これがフルヴィッツの安定判別法です．なお，漸近安定な (根をもつ) 多項式を **フルヴィッツ多項式** ということがあります．

例題 4.11

例題 4.8 の 3 階線形微分方程式 (4.26)

$$z^{(3)} + a_1 \ddot{z} + (a_2 + K_2)\dot{z} + (a_3 + K_3)z = 0$$

を考えます．この場合，特性多項式は $s^3 + a_1 s^2 + (a_2 + K_2)s + (a_3 + K_3)$ で与えられます．少なくとも $a_1 > 0$, $a_2 + K_2 > 0$, $a_3 + K_3 > 0$ でなければなりません．

つまり，$a_1 < 0$ であれば，$u = -(K_2\dot{z} + K_3 z)/b_1$ という制御方策では漸近安定にはできないことがわかります．これらの条件が満たされているとした上で行列 H は

$$H = \begin{bmatrix} a_1 & a_3 + K_3 & 0 \\ 1 & a_2 + K_2 & 0 \\ 0 & a_1 & a_3 + K_3 \end{bmatrix} \tag{4.31}$$

で与えられます．よって，$H_2 = a_1(a_2 + K_2) - (a_3 + K_3) > 0$ が漸近安定であるための必要十分条件となります．これより K_3 のみを大きくすると不安定となりますが，K_2 を大きくすることで K_3 の選択範囲が広がることがわかります．

―――――――――――――――――――――――――――――― Maxima 4.14

```
H:matrix([a1,a3+K3,0],[1,a2+K2,0],[0,a1,a3+K3])$
determinant(submatrix(3,H,3));
```
$\quad -K3 + a1(K2 + a2) - a3$

例題 4.12

例題 4.3 で対象とした式 (4.10) に対して，$u = -Kz$ というフィードバック制御を施した

$$z^{(3)} + \ddot{z} + 99\dot{z} + (K - 101)z = 0 \tag{4.32}$$

を考えます．これに対して行列 H を作成すると

$$H = \begin{bmatrix} 1 & K - 101 & 0 \\ 1 & 99 & 0 \\ 0 & 1 & K - 101 \end{bmatrix} \tag{4.33}$$

を得ます．よって，$200 > K > 101$ の範囲でゲイン K を選定すると安定化が可能であるといえます．

―――――――――――――――――――――――――――――― Maxima 4.15

```
H:matrix([1,K-101,0],[1,99,0],[0,1,K-101]);
determinant(submatrix(3,H,3));
```
$\quad 200 - K$

4.4 ● まとめ

本章では n 階線形微分方程式 $z^{(n)} + a_1 z^{(n-1)} + \cdots + a_{n-1}\dot{z} + a_n z = b_1 u$ を対象として,解の特徴,フィードバック制御方策,安定性などを検討しました.要点を以下にまとめます.

(1) 安定性
微分方程式から得られる特性方程式の根であるすべての極の実部が負のとき漸近安定である.つまり,任意の初期状態に対する初期値応答は必ず原点 ($z = 0$) に向かう.また,このとき,有界な入力に対して,その出力も有界となる.

(2) 微分方程式の解法
線形微分方程式は $z = e^{\lambda t}$ というように解の構造を仮定して解く方法とラプラス変換ならびに逆変換を利用して解く方法がある.

(3) 応答性
漸近安定な微分方程式に対して,もっとも虚軸に近い (その実部の絶対値がもっとも小さい) 極を支配極という.応答の目安は,この支配極により得ることができる.

(4) フィードバック制御
次式に示すフィードバック制御を施すことで,閉ループシステムの極を自由に移動させることができる.

$$u = -(k_n z + k_{n-1} \dot{z} + \cdots + k_1 z^{(n-1)})$$

(5) 安定判別
フルヴィッツの安定判別法により,線形微分方程式が漸近安定であるかどうかを判別できる.

>>本章のキーワード (登場順)<<
- ☐ n 階線形微分方程式 ☐ 極 ☐ 特性方程式 ☐ 特性多項式 ☐ 支配極
- ☐ ラプラス変換 ☐ 逆ラプラス変換 ☐ ラプラス演算子 ☐ 伝達関数
- ☐ 有界 ☐ **BIBO** 安定 ☐ フルヴィッツの安定判別法 ☐ モニック
- ☐ フルヴィッツ多項式

演習問題 4

1. 図 4.5 の矩形入力 $u(t)$ に対して式 (4.13) を適用してラプラス変換を行い $U_\Delta(s)$ を計算せよ．また，得られた結果に対して $\lim_{\Delta \to 0} U_\Delta(s) = 1$ となることを示せ．

2. 次の微分方程式の解をラプラス変換を利用して求めよ．
$$z^{(3)} + 6\ddot{z} + 11\dot{z} + 6z = 1, \quad z(0) = 0,\ \dot{z}(0) = 1,\ \ddot{z}(0) = 0$$

3. 次の微分方程式の解をラプラス変換を利用して求めよ．また，$a > 0$ のとき，定常状態における z を求めよ．
$$\dot{z} + az = \sin(\omega t), \quad z(0) = 0$$

4. 伝達関数が次式で与えられる微分方程式を求めよ．
$$P(s) = \frac{10}{s^3 + s^2 + 2s + 3}$$

5. 次の微分方程式にフィードバック制御 $u = -Kz$ を施したシステムが漸近安定となるためのゲイン K に対する条件を示せ．
$$z^{(3)} + 2\ddot{z} + 4\dot{z} = u$$
また，安定限界 $K_{max} > 0$ のときの極ならびに単位ステップ応答を求め，図示せよ．

6. 次の微分方程式を安定化するフィードバック制御について検討せよ．
$$z^{(3)} + 5\ddot{z} - 2\dot{z} - z = u$$

7. 特性方程式 (4.3) の極を $\lambda_1 \sim \lambda_n$ とする．このとき，係数 $a_1,\ a_n$ と極との関係を示せ．

8. 次の特性多項式の安定判別を行え．
    (a) $s^3 + s^2 + s + 10$
    (b) $s^4 + 2s^3 + 3s^2 + 4s + 1$
    (c) $s^4 + 3s^3 + 3s^2 + 3s + 2$
    (d) $s^5 + 9s^4 + 31s^3 + 51s^2 + 40s + 12$

9. フルヴィッツの安定判別を行うプログラムを Maxima 上で作成せよ．

第5章

線形化

これまでは，線形微分方程式に対して，それのもつ動特性(応答)を明らかにするとともに，フィードバック制御方策について検討してきました．ところで，微分方程式は制御対象の動特性を表現する方法ですが，ほとんどの制御対象は非線形特性をもつため，その動特性を正しく表現する微分方程式は非線形となります．そうであれば，これまで検討してきたことは実際の制御対象に対しては役にたたないことなのでしょうか．本章では，第2章で述べた水槽系，磁気浮上系，倒立振子系を例として取り上げ，このことについて考えてみたいと思います．

5.1 ● 線形微分方程式

n 階微分方程式が $z, \dot{z}, \cdots, z^{(n)}$ について線形であるとき，それを **線形微分方程式** といいます．

$$z^{(n)} + p_1(t)z^{(n-1)} + \cdots + p_{n-1}(t)\dot{z} + p_n(t)z = q(t) \tag{5.1}$$

上式中に含まれる $p_1(t), \cdots, p_n(t)$ はシステムのもつ動特性を表すパラメータです．これらが定数であるとき，システムの動特性は時間とともに変動しません．たとえば，第3章で登場した1自由度振動系において，質量，ダンピング定数，ばね定数が一定の場合です．このようなシステムを **時不変システム** といいます．一方，これらのパラメータが時間に依存して変わり得る場合，**時変システム** といいます．本書では，時不変システムのみが対象です．

5.2 ● 水槽系

線形微分方程式でないものを **非線形微分方程式** といいますが，ここではその一例として，第 2 章で紹介した水槽系を取り上げます．最初に，水槽系の液面の高さ h に対する微分方程式として次式を導出したことを思い出してください．

$$C\dot{h} = q_{in} - q_{out} \tag{5.2}$$

ここで，$q_{in}[\mathrm{m}^3/\mathrm{s}]$ は流入流量，$q_{out}[\mathrm{m}^3/\mathrm{s}]$ は流出流量です．もし q_{out} が液面の高さに比例する ($q_{out} = \overline{\alpha}h$) ならば，上式は 1 階線形微分方程式になるのですが，正確には液面の高さではなくその平方根に比例する ($q_{out} = \alpha\sqrt{h}$) ので，水槽系に対する (より正確な) 微分方程式は次式で与えられます．

$$C\dot{h} = -\alpha\sqrt{h} + q_{in} \tag{5.3}$$

ここで，α は出口の断面積などで定められる正の定数 (流量係数) です．液面の高さに対する微分方程式は明らかに線形ではありません．

このような非線形微分方程式を近似する線形微分方程式を求めることが本章の目的です．そのために必要な数学の道具である **テイラー展開** を次節で紹介します．

5.3 ● テイラー展開と非線形関数の線形化

関数 $f(x)$ に対するテイラー展開は次式で与えられます．ここで $f^{(i)}(x)$ は $f(x)$ の x に関する i 階導関数です．

$$f(x_0+\Delta x) = f(x_0)+f^{(1)}(x_0)\Delta x+\frac{f^{(2)}(x_0)}{2!}(\Delta x)^2+\frac{f^{(3)}(x_0)}{3!}(\Delta x)^3+\cdots \tag{5.4}$$

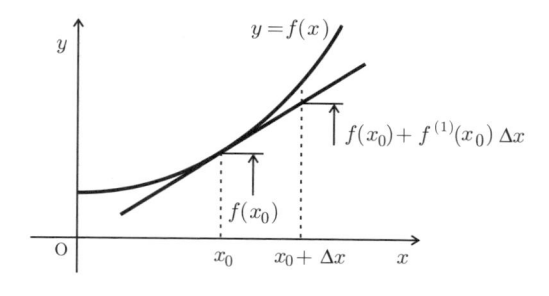

図 5.1　関数の線形化近似

上式において，$(\Delta x)^2$, $(\Delta x)^3, \cdots$ (を含む項) が Δx (を含む項) に比べて無視してもよい程度に Δx が微小であるとすると，次に示す近似式を得ることができます．

$$f(x_0 + \Delta x) \approx f(x_0) + f^{(1)}(x_0)\Delta x \tag{5.5}$$

これは，図 5.1 に示すように，$f(x_0 + \Delta x)$ の値を x_0 地点における接線を利用して近似的に求めていることにほかなりません．式 (5.5) の右辺は，Δx に関する 1 次式 (直線) であるという意味で，**非線形関数の線形化近似** といいます．

例題 5.1

$\sin(x)$ を $x = 0$ でテイラー展開します．

$$\sin(0) = 0, \left.\frac{d(\sin(x))}{dx}\right|_{x=0} = 1, \left.\frac{d^2(\sin(x))}{dx^2}\right|_{x=0} = 0, \left.\frac{d^3(\sin(x))}{dx^3}\right|_{x=0} = -1, \cdots$$

であることから，

$$\sin(x) = x - \frac{x^3}{3!} + \frac{x^5}{5!} - \frac{x^7}{7!} + \cdots = \sum_{i=1}^{\infty}(-1)^{(i+1)}\frac{x^{(2i-1)}}{(2i-1)!} \tag{5.6}$$

を得ます．上式において，x に比べて x^3 以降の項が微小であると仮定することで $\sin(x)$ に対する線形化近似が

$$\sin(x) \approx x \tag{5.7}$$

で与えられます．

それでは Maxima を利用して $\sin(x)$ をテイラー展開するとともに，$\sin(x)$ とそれを線形化近似した x を図示します．

Maxima 5.1

```
taylor(sin(x),x,0,7);    sin(x) をテイラー展開
```
$$x - \frac{x^3}{6} + \frac{x^5}{120} - \frac{x^7}{5040} + \cdots$$
```
taylor(sin(x),x,0,2) $
expand(%);    sin(x) を線形化近似
```
$$x$$
```
plot2d([sin(x),x],[x,-2,2],[gnuplot_preamble,"set grid;"]);
```

関数 `taylor` は，引数として与えた関数に対して，指定した点，指定した項数でテイラー展開した結果を戻り値として返します．また，その結果を関数 `expand` に与えることで多項式近似します．

第 5 章 線形化

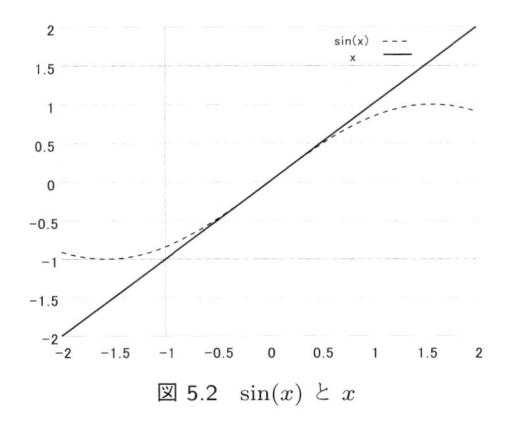

図 5.2 $\sin(x)$ と x

図より，$x = 0$ 近傍では $\sin(x) \approx x$ であることがわかります．次に，近似誤差 e を

$$e = \left| \frac{\sin(x) - x}{\sin(x)} \right| \tag{5.8}$$

と定義したときの x と誤差 e との関係を図 5.3 に示します．$-0.6\,\mathrm{rad} < x < 0.6\,\mathrm{rad}$ の範囲であれば近似誤差がおおよそ 5% 以内であることがわかります．

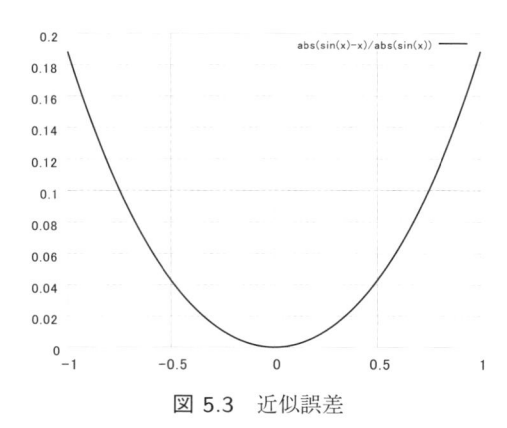

Maxima 5.2
```
plot2d(abs((sin(x)-x)/sin(x)),[x,-1,1],
               [gnuplot_preamble,"set grid;"]);
```

図 5.3 近似誤差

5.4 ● 非線形微分方程式の線形化

テイラー展開を利用することで，非線形関数を線形化近似できます．この結果を利用して，非線形微分方程式を線形微分方程式で近似することを考えます．ただし，その場合，どの地点でテイラー展開を行うかを明確にする必要があることに注意しなければなりません．

5.4.1 平衡状態

漸近安定であるということは，$t = 0$ において生じた初期状態や一定入力に対して，時間の経過とともにシステムが静止の状態に向かうことが保証されていることを意味しています．静止するとは，時間に関する微分が 0 になることです．たとえば，水槽系の場合，式 (5.2) と式 (5.3) から，$\dot{h} = 0$ となるのは

$$q_{in} = q_{out} = \alpha\sqrt{h} \tag{5.9}$$

が成り立つときです．このように，与えられた微分方程式に対して微分項をすべて 0 にすることで得られる状態 (システムが静止している状態) を **平衡状態** といいます．

> 非線形微分方程式を線形化近似する場合，必ずこの平衡状態を基準にしなければなりません．なぜならば，制御の基本はシステムを静止状態に向かわせることであり，平衡状態だけがシステムが静止することを許されている状態だからです．

5.4.2 水槽系に対する線形化近似

それでは水槽系に対して，非線形微分方程式 (5.3) を線形微分方程式で近似してみましょう．式 (5.9) は平衡状態という特別な状態であることから，そのときの流入流量に Q_{equ}，液面の高さに H_{equ} と名前を付けることにします．式 (5.9) より $Q_{equ} = \alpha\sqrt{H_{equ}}$ が成り立ちます．今，流入流量が Q_{equ} から $Q_{equ} + \Delta q(t)$ に変化し，液面の高さも H_{equ} から $H_{equ} + \Delta h(t)$ に変化したとします．式 (5.3) は (どのような流量や液面の高さに対しても) 必ず成立する微分方程式ですから，

$$C\frac{d}{dt}(H_{equ} + \Delta h) = -\alpha\sqrt{H_{equ} + \Delta h} + Q_{equ} + \Delta q \tag{5.10}$$

であるはずです．式 (5.10) の右辺第 1 項に対してテイラー展開を行います．

$$\sqrt{H_{equ}+\Delta h} = \sqrt{H_{equ}}\left(\sqrt{1+\frac{\Delta h}{H_{equ}}}\right) = \sqrt{H_{equ}}\left(1+\frac{\Delta h}{2H_{equ}}-\frac{1}{8}\frac{\Delta h^2}{H_{equ}^2}+\cdots\right) \tag{5.11}$$

> **Maxima 5.3**
> ```
> taylor(sqrt(Hequ+dh),dh,0,2);
> ```
> 水槽系の非線形関数を線形化
> $$\sqrt{H_{equ}} + \frac{\sqrt{H_{equ}}\,dh}{2H_{equ}} - \frac{dh^2}{8\sqrt{H_{equ}}H_{equ}} + \cdots$$

Δh が微小であると仮定すると

$$\sqrt{H_{equ}+\Delta h} \approx \sqrt{H_{equ}} + \frac{\Delta h}{2\sqrt{H_{equ}}} \tag{5.12}$$

と近似できるので，これを式 (5.10) に代入することで次の線形微分方程式を得ます．

$$C\dot{\Delta h} = -\frac{\alpha}{2\sqrt{H_{equ}}}\Delta h + \Delta q \tag{5.13}$$

上式において，$2\sqrt{H_{equ}}/\alpha$ を管路抵抗といい，以降では R と記述します．このとき，

$$C\dot{\Delta h} = -\frac{1}{R}\Delta h + \Delta q \tag{5.14}$$

となります．さらに，

$$\Delta h \to z,\ \Delta q \to u,\ \frac{1}{CR} \to a,\ \frac{1}{C} \to b$$

とおくことにより，式 (5.14) は第 2 章で議論した 1 階線形微分方程式

$$\dot{z} + az = bu \tag{5.15}$$

と同じであることがわかります．$a = 1/CR > 0$ であることから水槽系は漸近安定です．

ここで，式 (5.15) は Δh が (Δh^2 以上の高次の項が無視できるという意味で) 微小のときに成り立つ近似式であることに注意してください．そのため Δh が大きくなるとともに近似精度が悪くなります．ある値を境に急激に悪くなるというわけではありませんが，平衡状態から大きく変動する量を扱う場合には，線形化した微分方程式ではなく，非線形微分方程式を前提に議論する必要があります．逆に，平衡状態からの変動が大きくないのであれば，線形化近似した微分方程式は十分にシステムの動特性を表していると考えることができます．

5.5 ● 磁気浮上系

それでは，もう一つの例として，**磁気浮上系**を取り上げます．

電磁石に電流を流すことで鉄球を引きつけることができます．これは重力に勝る力を電磁石が発生しているからです．もし，重力にちょうど一致する力を電磁石が発生できたとすれば，鉄球を空中に浮上させることが可能となるはずです．このことを実現するのが磁気浮上系です．

5.5.1 非線形微分方程式

最初に，磁気浮上系の動特性を支配する微分方程式を求めます．その際に，本質を損なうことなく簡単な微分方程式を得るために，以下の仮定を設けます．

(1) 鉄球の鉛直方向の運動のみを対象とする．
(2) 空気の粘性抵抗は無視できる程度に微小であるとする．
(3) 電磁石に与える電流を操作量とする．

図 5.4 が磁気浮上系の概念図ですが，鉄球に作用する力の釣り合いより次式を得ます．

$$M\ddot{\bar{z}} = Mg - f \tag{5.16}$$

ここで，M は鉄球の質量，$\bar{z}$ は鉛直下方を正としたときの電磁石に対する鉄球の位置，g は重力加速度を意味します．また，電磁石に電流 i を流したときに発生する磁力 f は次式で与えられるとします．ここで Q, Z_0 は物理定数です．

$$f = \frac{Q}{2}\frac{i^2}{(\bar{z}+Z_0)^2} \tag{5.17}$$

以上より，磁気浮上系に対する微分方程式は，

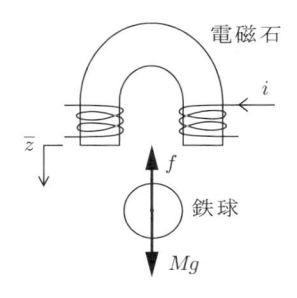

図 5.4 磁気浮上系

$$\ddot{\bar{z}} = g - \frac{Q}{2M}\frac{i^2}{(\bar{z}+Z_0)^2} \tag{5.18}$$

となります. これは非線形微分方程式です.

5.5.2 線形化近似

それでは，水槽系で説明した手続きを施して，式 (5.18) を線形微分方程式で近似します.

式 (5.18) の左辺を 0 とすることで平衡状態が得られます. その結果，平衡位置 $\bar{z} = Z_{equ}$ に対する平衡電流 $i = I_{equ}$ の関係が次式で与えられます.

$$I_{equ} = \sqrt{\frac{2Mg}{Q}}(Z_{equ}+Z_0) \tag{5.19}$$

次に，電流 i が平衡電流 I_{equ} からわずかに変動 (Δ_i) することで，鉄球が平衡位置 Z_{equ} からわずかに変動 (Δ_z) した状態を考えます.

$$i = I_{equ} + \Delta_i, \quad \bar{z} = Z_{equ} + \Delta_z$$

これらを式 (5.18) に代入すると

$$\frac{d^2}{dt^2}(Z_{equ}+\Delta_z) = g - \frac{Q}{2M}\frac{(I_{equ}+\Delta_i)^2}{(Z_{equ}+\Delta_z+Z_0)^2} \tag{5.20}$$

を得ます. 上式の右辺第 2 項に対してテイラー展開を適用します.

$$\frac{Q}{2M}\frac{(I_{equ}+\Delta_i)^2}{(Z_{equ}+\Delta_z+Z_0)^2}$$
$$= \frac{Q}{2M(Z_{equ}+Z_0)^2}\left(I_{equ}^2 - \frac{2I_{equ}^2}{Z_{equ}+Z_0}\Delta_z + 2I_{equ}\Delta_i + \cdots\right) \tag{5.21}$$

> Maxima 5.4
>
> ```
> taylor(Q/(2*M)*((Iequ+di)/(Zequ+dz+Z0))^2,[di,dz],[0,0],1);
> ```
>
> $$\frac{I_{equ}^2 Q}{2MZ_0^2 + 4Z_{equ}MZ_0 + 2Z_{equ}^2 M}$$
> $$+ \frac{(I_{equ}QZ_0 + I_{equ}Z_{equ}Q)\,di - I_{equ}^2 Q\,dz}{MZ_0^3 + 3Z_{equ}MZ_0^2 + 3Z_{equ}^2 MZ_0 + Z_{equ}^3 M} + \cdots$$

上式中，$\cdots$ の部分は，Δ_z, Δ_i に関する 2 次以上の高次のべき項を表しています. ここで，$\cdots$ の部分が無視できる程度に平衡状態からの変動 Δ_z, Δ_i が微小であると仮定することで，次式の線形化近似を得ます.

$$\frac{Q}{2M}\frac{(I_{equ}+\Delta_i)^2}{(Z_{equ}+\Delta_z+Z_0)^2} \approx \frac{Q}{2M(Z_{equ}+Z_0)^2}\left(I_{equ}^2 - \frac{2I_{equ}^2}{Z_{equ}+Z_0}\Delta_z + 2I_{equ}\Delta_i\right) \tag{5.22}$$

式 (5.22) を式 (5.20) に代入した後，Z_{equ} が定数であることと式 (5.19) の関係を利用すると次の線形微分方程式を得ます．

$$\ddot{z} - \alpha z = \beta u \tag{5.23}$$

ここで，$z = \Delta_z (= \bar{z} - Z_{equ})$，$u = \Delta_i (= i - I_{equ})$ であり，

$$\alpha = \frac{QI_{equ}^2}{M(Z_{equ}+Z_0)^3}, \quad \beta = -\frac{QI_{equ}}{M(Z_{equ}+Z_0)^2} \tag{5.24}$$

です．希望する位置 Z_{equ} に鉄球が浮上するという制御目的は，微分方程式 (5.23) において $z = 0$ となることを保証する制御器により達成できることになります．

例題 3.1 で紹介した 1 自由度振動系に対する微分方程式と式 (5.23) を比較したときに，$\alpha > 0$ であることから，磁気浮上系は等価的に負のバネ定数をもつ系であり，不安定であることが簡単にわかります．したがって，鉄球を安定に空中の希望する位置に浮上させるためには適切なフィードバック制御が必要となります．

5.6 ● 倒立振子系

倒立振子系 は，手の上に棒 (以下，振子) を立てる子供の遊びに対する物理モデルと考えることができます．図 5.5 がその概念図です．図中，台車が手に相当し，それを DC サーボモータで駆動します．また，台車上の振子の角度と台車の位置が角度センサにより直接計測できるとします．なお，振子を立てるという本質をなくすことなく本制御問題を簡単化するために，振子は台車上で軸まわりに 1 自由度の回転運動だけできるように制約されているとします．この倒立振子系に対する制御目的は，**振子を安定に倒立させること** です．

5.6.1　非線形微分方程式

図 5.5 中の記号を使用してラグランジュ法などにより倒立振子系に対する (非線形) 微分方程式を求めると次式が得られます (導出過程については章末の付録参照)．

$$\begin{cases} (M+m)\ddot{z} + mL\cos\theta\,\ddot{\theta} - mL\dot{\theta}^2\sin\theta + \mu_z\dot{z} = f \\ mL\cos\theta\,\ddot{z} + (J+mL^2)\ddot{\theta} - mgL\sin\theta + \mu_\theta\dot{\theta} = 0 \end{cases} \tag{5.25}$$

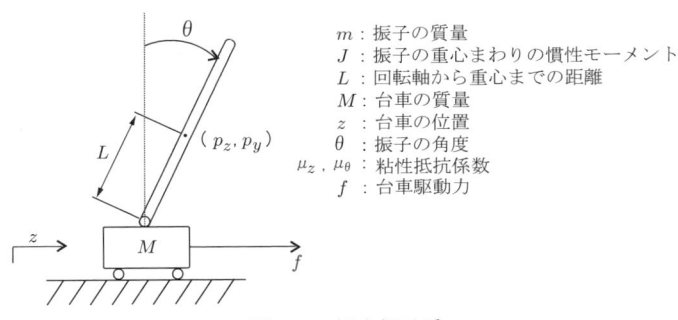

m : 振子の質量
J : 振子の重心まわりの慣性モーメント
L : 回転軸から重心までの距離
M : 台車の質量
z : 台車の位置
θ : 振子の角度
μ_z, μ_θ : 粘性抵抗係数
f : 台車駆動力

図 5.5 倒立振子系

倒立振子系の場合には，振子の傾き角 θ に依存して微分方程式中に非線形特性 ($\dot{\theta}^2$, $\sin\theta$, $\cos\theta$) が現れます．

5.6.2 線形化近似

得られた非線形微分方程式 (5.25) を線形化します．まず，平衡状態を求めるために，台車の位置 z ならびに振子の角度 θ に関する微分項をすべて 0 とおきます．その結果，

$$\sin\theta = 0, \quad f = 0 \tag{5.26}$$

を得ます．これより，倒立振子系の平衡状態は，台車に力が作用していない ($f=0$) 状態で振子が直立している場合 ($\theta = 0$) と真下にぶら下がっている場合 ($\theta = \pi$) であることがわかります．しかし，制御目的が振子を直立させることなので，議論の対象となる平衡状態は $\theta = 0$ です．

次に，平衡状態 ($\theta=0$, $f=0$) からの微小変動を考えます．つまり，

$$\theta = \Delta_\theta, \quad f = \Delta_f$$

$\sin\theta$ ならびに $\cos\theta$ のテイラー展開が

$$\sin\theta = \theta - \frac{\theta^3}{3!} + \cdots, \quad \cos\theta = 1 - \frac{\theta^2}{2!} + \cdots$$

であることから，$\theta = \Delta_\theta$ が微小である場合，

$$\sin\Delta_\theta \approx \Delta_\theta, \quad \cos\Delta_\theta \approx 1$$

と近似できます (例題 5.1, 演習問題 5.1)．また，振子の角度 θ が微小なだけではなく，その角速度 $\dot{\theta}$ も微小であると仮定すると $\dot{\theta}^2$ の項を無視できます．これらを式 (5.25) に代入した後，改めて $\Delta_\theta \to \theta$, $\Delta_f \to f$ とおくと，次に示す線形微分方程

式を得ます.

$$\begin{cases} (M+m)\ddot{z} + mL\ddot{\theta} + \mu_z \dot{z} = f \\ mL\ddot{z} + (J+mL^2)\ddot{\theta} - mgL\theta + \mu_\theta \dot{\theta} = 0 \end{cases} \tag{5.27}$$

ところで,台車が速度制御系を構成したサーボモジュールによって駆動されるとすると,台車系に対する微分方程式は

$$\ddot{z} + \zeta \dot{z} = \xi u \tag{5.28}$$

となります.式中 u はサーボモジュールに与える電圧指令です.そこで,式 (5.27) の第 1 式を式 (5.28) で置き換えた次式を倒立振子系に対する線形微分方程式であるとします.

$$\begin{cases} \ddot{z} + \zeta \dot{z} = \xi u \\ mL\ddot{z} + (J+mL^2)\ddot{\theta} - mgL\theta + \mu_\theta \dot{\theta} = 0 \end{cases} \tag{5.29}$$

5.7 フィードバック制御方策

本章では,線形化の具体例として水槽系,磁気浮上系,倒立振子系を取り上げましたが,他の非線形微分方程式についても,基本的には同様の手続きにより線形微分方程式で近似できます.ところで,本書では制御器を設計する場合,(ほとんどの制御対象はなんらかの非線形特性を持つので) 平衡点まわりで線形化近似した線形微分方程式を対象とします.その際に,重要な注意すべき点があります.

水槽系に対して導出した線形微分方程式 (5.15) は $a > 0$ なので漸近安定であり,(線形範囲内で) 任意の初期状態に対する応答は $\lim_{t \to \infty} z = 0$ となります.初期値応答では $u = 0$ としますが,水槽系に対しては $\Delta q (= q_{in} - Q_{equ}) = 0$ であるという点に注意してください.つまり,

> $u = 0$ は水槽への流入流量が 0 ではなく,$q_{in} = Q_{equ}$ という一定の流量の水を流している

ことを意味しています.同様に,

> $z = 0$ は $\Delta h (= h - H_{equ}) = 0$ であり,液面の高さが 0 を意味しているのではなく,H_{equ} となっている状態を表している

のです.

1階線形微分方程式 ($\dot{z}+az=bu$) に対するフィードバック制御方策として $u=-kz$ が有効であることは第2章で説明しました．したがって，水槽系に対してもその制御方策で応答を改善できるはずです．フィードバックゲイン k は設計仕様から適切に定めればよいでしょう．ところで，この制御方策を利用して実際に制御を行う場合，上述したように z と u は実際の液面の高さ h と流入流量 q_{in} ではない，ことに注意を払う必要があります．つまり，$u=-kz$ という制御方策は，

$$q_{in} = Q_{equ} - k(h - H_{equ}) \tag{5.30}$$

であり，上式に基づいて実際の水槽に与える流入流量 q_{in} を決定しなければなりません．$q_{in}=-kh$ ではないのです．

以上のことは磁気浮上系に対してもいえます．2階線形微分方程式で近似した磁気浮上系 (5.23) に対しては，第3章の議論から，フィードバック制御

$$u = -k_2 z - k_1 \dot{z} \tag{5.31}$$

により安定化や応答特性の改善が可能です．しかし，上記の z は平衡位置 Z_{equ} を基準とした鉄球の変位であり，u は平衡電流 I_{equ} を基準としたときの操作量なのです．

5.8 ● まとめ

本章では非線形微分方程式を線形微分方程式で近似する線形化について紹介しました．そのための手順を以下にまとめます．

(1) 微分方程式中の微分に関する項をすべて 0 とすることで平衡状態を求める．

(2) 平衡状態からの微小変動を考え，非線形関数に対してテイラー展開を施し，その微小変動の 2 次以上の高次項を消去する．

一般に，平衡状態からの大きな状態量の変動を考えない限り，システムの動特性は線形微分方程式で近似できます．また，その変動範囲内であれば，線形微分方程式を対象とする線形制御理論に基づいて設計された制御器は有効にシステムを制御できます．ただし，得られた線形微分方程式は平衡状態を基準としていることに注意する必要があります．

```
>>本章のキーワード (登場順)<<
□線形微分方程式   □時不変システム    □時変システム
□非線形微分方程式  □テイラー展開     □非線形関数の線形化
□平衡状態      □磁気浮上系      □倒立振子系
```

演習問題 5

1. 次に示す非線形関数の $x=0$ におけるテイラー展開を求めよ．
   (a) e^x, (b) $\sin(x+x_0)$, (c) $\cos(x)$, (d) $\dfrac{1}{1+x}$, (e) $\sqrt{1+x}$

2. $f(x)$ を非線形関数，$f_{lin}(x,x_0)$ を $x=x_0$ において線形化した関数とする．線形化に基づく誤差 e を
$$e = \left| \frac{f(x) - f_{lin}(x,x_0)}{f(x)} \right|$$
と定義したとき $\cos(x)$ に対する誤差を評価せよ．なお $x_0 = 0$ とする．

3. 図 5.6 に示すように，固定した軸まわりに回転可能なリンクに対する非線形微分方程式は次式で与えられる．
$$J\ddot{\theta} - mgL\sin(\theta) = \tau$$
ここで，θ は鉛直上方を基準として時計回りを正方向としたときのリンクの角度，J, m, L はそれぞれ回転軸まわりの慣性モーメント，リンクの質量，回転軸から重心までの距離，g は重力加速度である．また，τ は操作量を表す軸まわりのトルクである．上式を $\theta = \theta_0$ で線形化せよ．

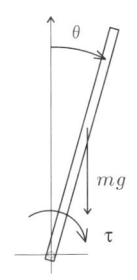

図 5.6 リンク　　　図 5.7 2 水槽系

4. 3. で得られた結果に対して $\theta_0 = 0$ とおく．このときの線形微分方程式に対する初期値応答を求め，図示せよ．また，実際に起こるであろう物理現象 (すなわち，リンクを少し傾けた状態から手を離したときの運動) と比較せよ．

5. 図 5.7 に示す水槽系に対して，非線形微分方程式を導出し，それを線形化せよ．なお，各水槽の断面積ならびに流量係数を C_i, α_i ($i=1,2$) とする．

第5章付録 ● 倒立振子系に対する非線形微分方程式の導出

図 5.5 中の記号を利用すると，振子の重心位置 (p_z, p_y) は

$$p_z = z + L\sin\theta, \quad p_y = L\cos\theta \tag{5.32}$$

で与えられます．これより，振子のもつ運動エネルギは

$$\frac{m}{2}(\dot{p}_z^2 + \dot{p}_y^2) + \frac{J}{2}\dot{\theta}^2 \tag{5.33}$$

となります．これに台車の運動エネルギ $M\dot{z}^2/2$ を加えることで系全体の運動エネルギ T が得られます．

$$T = \frac{M}{2}\dot{z}^2 + \frac{m}{2}((\dot{z} + L\dot{\theta}\cos\theta)^2 + (-L\dot{\theta}\sin\theta)^2) + \frac{J}{2}\dot{\theta}^2 \tag{5.34}$$

また，位置エネルギ U は

$$U = mgL\cos\theta \tag{5.35}$$

であり，台車と振子の運動に対する粘性による散逸エネルギ F は

$$F = \frac{\mu_z}{2}\dot{z}^2 + \frac{\mu_\theta}{2}\dot{\theta}^2 \tag{5.36}$$

で与えられます．μ_z, μ_θ は，台車ならびに振子の運動に対する等価粘性抵抗係数です．

ラグランジュ法は，これらの系内のエネルギに対して，

$$\frac{d}{dt}\left[\frac{\partial T}{\partial \dot{q}_i}\right] - \frac{\partial T}{\partial q_i} + \frac{\partial F}{\partial \dot{q}_i} + \frac{\partial U}{\partial q_i} = \tau_i \quad (i = 1, \cdots, m) \tag{5.37}$$

により微分方程式を導出する方法です．倒立振子系に対しては $m = 2$ であり，一般化座標 q_i と一般化力 τ_i を

$$q_1 = z, \quad q_2 = \theta, \quad \tau_1 = f, \quad \tau_2 = 0$$

とします．そして，式 (5.34) 〜 (5.36) を式 (5.37) に代入することで

$$\begin{cases} (M+m)\ddot{z} + mL\cos\theta\,\ddot{\theta} - mL\dot{\theta}^2\sin\theta + \mu_z\dot{z} = f \\ mL\cos\theta\,\ddot{z} + (J + mL^2)\ddot{\theta} - mgL\sin\theta + \mu_\theta\dot{\theta} = 0 \end{cases} \tag{5.38}$$

を得ます．

第1式は台車の運動に関する微分方程式ですが，台車に力 f が作用することにより加速度 $\ddot{z}$ が生じます．それが第2式の左辺第1項目 $mL\cos\theta\ddot{z}$ を通して振子に回転トルクとして伝達されます．このとき $\cos\theta$ が関係していることに注意してください．もし振子が水平の状態にあるとき，すなわち $\theta = \pm\pi/2$ のときこの項は 0 となるので，台車がどのように動いても振子には回転トルクは伝わりません．これは直感的にも理解できることです．このように，倒立振子系は振子の傾き角 θ によって台車からのトルクの伝達特性が大きく変化するという特性をもちます．また，振子が倒れるという特性は，第2式の $-mgL\sin\theta$ に現れています．したがって，台車を動かすことによって生じた加速度 $\ddot{z}$ を利用していかにこの $-mgL\sin\theta$ を補償するかが安定化を行う際の鍵となります．

第6章
線形微分方程式と状態空間モデル

1本の線形微分方程式でその動特性が表されるシステムに対するフィードバック制御方策については第2章から第4章で紹介しました．しかし，通常，システムの動特性は，複数本の線形微分方程式により表されるのが一般的です．この場合は，どのように考えたらよいのでしょうか．本章では，そのような一般論を議論するための準備として，状態空間モデルを導入します．

6.1 ● 2水槽系

図 6.1 に示す二つの水槽を並列に結合したシステムを考えます．水槽系自身は非線形特性をもちますが，平衡点周りで線形化することにより，その動特性を線形微分方程式で近似できることは前章で述べました．今，第1水槽と第2水槽をつなぐ管路と第2水槽の出口の管路の管路抵抗をそれぞれ R_1, R_2 とします．このとき，平衡点まわりでの微小な液面の高さの変動 z_1, z_2 に対する線形微分方程式は次式で与えられます．なお，u は第1水槽に与える操作量(流入流量に対応)です．

$$\begin{cases} C_1 \dot{z}_1 = -(z_1 - z_2)/R_1 + u \\ C_2 \dot{z}_2 = (z_1 - z_2)/R_1 - z_2/R_2 \end{cases} \tag{6.1}$$

水槽が並列に結合されているために，各水槽が互いに影響を及ぼし合う(干渉している)ことに注意してください．各微分方程式の右辺第1項がこの干渉を意味していま

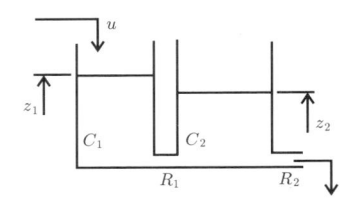

図 6.1 2水槽系

す．上式を整理することで

$$\begin{cases} \dot{z}_1 = a_{11}z_1 + a_{12}z_2 + b_1 u \\ \dot{z}_2 = a_{21}z_1 + a_{22}z_2 \end{cases} \tag{6.2}$$

が得られます．ここで，

$$\begin{aligned} & a_{11} = -\frac{1}{C_1 R_1}, \quad a_{12} = \frac{1}{C_1 R_1}, \quad a_{21} = \frac{1}{C_2 R_1}, \\ & a_{22} = -\left(\frac{1}{C_2 R_1} + \frac{1}{C_2 R_2}\right), \quad b_1 = \frac{1}{C_1} \end{aligned} \tag{6.3}$$

ところで，直感的にも明らかなように，水槽系は漸近安定です．つまり任意の初期状態が発生しても必ず元の平衡状態に戻ります．式 (6.2) の係数が水槽系の動特性を表しているはずですが，これらが安定性とどのように関係しているのでしょうか (式 (6.3) から，微分方程式中には正負の係数が含まれていることがわかります)．また，漸近安定であっても応答がよくない場合には操作量である u を適切に選ぶことにより，その改善を図る必要が生じますが，具体的にはどのようにすればよいのでしょうか．これらのことを考えるために本章で状態空間モデルを導入します．

6.2 ● 状態空間モデル

6.2.1 状態方程式

第 2 章で登場した 1 階線形微分方程式

$$\dot{z} = -az + bu \tag{6.4}$$

において $a < 0$ であれば不安定でした．つまり，何らかの理由で発生した初期状態に対して，何もしなければ $(u = 0)$ 平衡状態 $(z = 0)$ から離れていく方向にシステムが行動します．これに対して，$u = -kz$ というフィードバック制御を施すことにより，勾配 $\dot{z}$ の値を自由に変えることができます．このことは，システムが行動する方向を $(-az$ から $-(a+bk)z$ に) 強制的に変えることができることを意味しています．システムを思うがままに操ることが制御の目的でしたが，

> システムがもつ固有の運動する方向を強制的に変えることがフィードバック制御である

ということができます．そうであるならば，

> 制御方策を考える際に，システムのもつ勾配を表現する方程式を与えることが大切である

ことは容易に理解できます．式 (6.2) には二つの水槽の液面の高さを表す z_1, z_2 に関する勾配 $\dot{z}_1$, $\dot{z}_2$ が含まれており，複数の勾配をシステムがもつことになります．そこで，これらをまとめるためにベクトルを利用します．

$$x = \begin{bmatrix} z_1 \\ z_2 \end{bmatrix} \tag{6.5}$$

このように定義したベクトル x に関する導関数 $\dot{x}$ は，式 (6.2) より次式で与えられます．

$$\dot{x} = \begin{bmatrix} \dot{z}_1 \\ \dot{z}_2 \end{bmatrix} = \begin{bmatrix} a_{11}z_1 + a_{12}z_2 + b_1 u \\ a_{21}z_1 + a_{22}z_2 \end{bmatrix}$$

右辺は，状態量である z_1, z_2 と操作量 u という異なる種類の時間関数を含むので，それらを分離します．

$$\dot{x} = \begin{bmatrix} a_{11}z_1 + a_{12}z_2 \\ a_{21}z_1 + a_{22}z_2 \end{bmatrix} + \begin{bmatrix} b_1 u \\ 0 \end{bmatrix}$$

さらに，右辺の各ベクトルには定数と時間関数が混在しているので，これらを行列 (ベクトル) を利用して分離します．

$$\dot{x} = \begin{bmatrix} a_{11} & a_{12} \\ a_{21} & a_{22} \end{bmatrix} \begin{bmatrix} z_1 \\ z_2 \end{bmatrix} + \begin{bmatrix} b_1 \\ 0 \end{bmatrix} u \tag{6.6}$$

ここで，

$$A = \begin{bmatrix} a_{11} & a_{12} \\ a_{21} & a_{22} \end{bmatrix}, \quad b = \begin{bmatrix} b_1 \\ 0 \end{bmatrix}$$

というように定数行列 (ベクトル) に名前を付けると，次式が得られます．

$$\dot{x} = Ax + bu \tag{6.7}$$

式 (6.2) に対しては，行列とベクトルを利用することで，式 (6.7) のように変形できることがわかりました．それでは，勾配という立場に立つと，第 3 章で登場した 2 階線形微分方程式

$$\ddot{z} + a_1 \dot{z} + a_2 z = b_1 u \tag{6.8}$$

に対してはどのように考えればよいのでしょうか．鍵となるのは $\ddot{z}$ の扱いですが，これは

のように，$\dot{z}$ の勾配を意味していると考えます．そうすると，式 (6.8) 中には z の勾配を表す $\dot{z}$ と $\dot{z}$ の勾配を表す $\ddot{z}$ が含まれると考えるのが自然でしょう．そこで，上述の水槽系と同様に，ベクトル x を次式のように定め，

$$x = \begin{bmatrix} z \\ \dot{z} \end{bmatrix} \tag{6.9}$$

このベクトルの導関数 $\dot{x}$ を式 (6.8) を利用して求めると，

$$\dot{x} = \begin{bmatrix} \dot{z} \\ \ddot{z} \end{bmatrix} = \begin{bmatrix} 0 & 1 \\ -a_2 & -a_1 \end{bmatrix} x + \begin{bmatrix} 0 \\ b_1 \end{bmatrix} u = Ax + bu \tag{6.10}$$

を得ます (途中の式変形は各自で行ってください)．行列 A, b 内の要素は異なりますが，式 (6.7) と同じ形の微分方程式となります．なお，2 階線形微分方程式を (勾配を表現するために) 1 階線形微分方程式に変形している関係で，微分方程式の本数が 2 本に増えている (連立している) ことに注意してください．

例題 6.1

3 階線形微分方程式

$$z^{(3)} + a_1 \ddot{z} + a_2 \dot{z} + a_3 z = b_1 u \tag{6.11}$$

に対して，ベクトル x を

$$x = \begin{bmatrix} z \\ \dot{z} \\ \ddot{z} \end{bmatrix} \tag{6.12}$$

と定めると次式が得られます．

$$\dot{x} = \begin{bmatrix} \dot{z} \\ \ddot{z} \\ z^{(3)} \end{bmatrix} = \begin{bmatrix} 0 & 1 & 0 \\ 0 & 0 & 1 \\ -a_3 & -a_2 & -a_1 \end{bmatrix} x + \begin{bmatrix} 0 \\ 0 \\ b_1 \end{bmatrix} u = Ax + bu \tag{6.13}$$

Maxima 上で上式中の A, b を作成するコマンド例を示します．

Maxima 6.1

```
Ac3:matrix([0,1,0],[0,0,1],[-a3,-a2,-a1]);
```

$$\begin{bmatrix} 0 & 1 & 0 \\ 0 & 0 & 1 \\ -a3 & -a2 & -a1 \end{bmatrix}$$

```
Bc3:matrix([0],[0],[b1]);
```
$$\begin{bmatrix} 0 \\ 0 \\ b1 \end{bmatrix}$$

実は，どのような階数あるいは本数の線形微分方程式が与えられても，適切にベクトル x ならびに u を定めることにより，必ず

$$\dot{x} = Ax + Bu \tag{6.14}$$

という形の1階連立微分方程式に変形することができます (一般的にはシステムは複数の操作量をもつので行列 B を使用しています (下記のコメント参照))．

> **コメント 6.1** 本書では，行列を大文字のアルファベットで記述し，ベクトルを小文字のアルファベットで記述します．なお，スカラーも小文字のアルファベットを使用しますが，ベクトルとの区別は文脈から行えます．式 (6.7), (6.10), (6.13) では小文字の b を使用しているのに対して，式 (6.14) では大文字の B を使用しているのは，これが理由です．なお，Scilab や Maxima 内で使用する変数については，必ずしもこの規則は適用しません．

前章までは，微分方程式中に含まれる時間関数 $z(t)$ を状態量といいましたが，以降ではベクトル x を改めて **状態量** ということにします (なお，ベクトルの要素に対しても状態量という表現を用います)．式 (6.14) はこの状態量 x に関する微分方程式であることから **状態方程式** といいます．状態方程式 (6.14) は，その左辺が，システムが動く方向に対応した勾配を表しており，それが右辺で与えられると考えることができる，という点に注意してください．

6.2.2 観測方程式

状態方程式は，システムの動特性を記述する微分方程式から得られるものなので，制御を考える上で重要な役割をもつことは疑う余地もありませんが，これだけでは不十分です．なぜならば，フィードバック制御を行う際に，センサ等を利用してシステムの物理量 (状態量に対応) の計測を行いますが，一般的には，状態量すべてではなく一部のみが計測可能なため，何が計測できるのかを明示する必要があるからです．

たとえば，図 6.1 の水槽系において，第2水槽の液面の高さ z_2 のみが直接計測できるとします．この場合，

のように，状態量 x に定数 (横) ベクトル c を掛け算したものとしてシステムからの観測量 y を表すことができます．液面の高さの差 $z_1 - z_2$ が計測できるのであれば，

$$y = z_1 - z_2 = \begin{bmatrix} 1 & -1 \end{bmatrix} x$$

となることはわかりますね．両水槽の液面の高さが計測できる場合も同様に表すことができます．

$$y = \begin{bmatrix} z_1 \\ z_2 \end{bmatrix} = \begin{bmatrix} 1 & 0 \\ 0 & 1 \end{bmatrix} x$$

このように，計測できる物理量 (観測量) を表現する代数方程式を **観測方程式** といいます．観測量は，一般的には複数個あり，また状態量 x だけではなく操作量 u も関係することがあります．そのため，次式が一般的な観測方程式の表現となります．

$$y = Cx + Du \tag{6.15}$$

例題 6.2

例題 6.1 の 3 階線形微分方程式に対して，観測量を $y = z$ とします．このとき，式 (6.12) の状態量 x に対して観測方程式は

$$y = z = \begin{bmatrix} 1 & 0 & 0 \end{bmatrix} x \tag{6.16}$$

で与えられます．

Maxima 6.2
```
Cc3:matrix([1,0,0])$
Dc3:matrix([0])$
```

6.2.3 状態空間モデル

状態方程式 (6.14) と観測方程式 (6.15) をまとめた

$$\begin{cases} \dot{x} = Ax + Bu \\ y = Cx + Du \end{cases} \tag{6.17}$$

を **状態空間モデル** といいます．システムのもつ固有の動特性は微分方程式中にパラメータとして登場します．これらは，状態空間モデル (6.17) においては，行列

A, B, C, D 中に含まれることになります．したがって，これらの行列を解析することがそのシステムを解析することになります．その際に，行列に関する演算を行う必要がでてきます．そこで，式 (6.17) に登場するベクトルならびに行列のサイズを明確にしておきます．

以降では，状態量，操作量，観測量を意味するベクトル x, u, y はそれぞれ n 次元，m 次元，r 次元とします．なお，n 次元実ベクトルの集合を意味する R^n を利用して，$x \in R^n, u \in R^m, y \in R^r$ と標記する場合があります．このとき，A, B, C, D はそれぞれ $n \times n, n \times m, r \times n, r \times m$ 次元行列となることはわかりますね．この場合も，$n_1 \times n_2$ 次元実行列の集合を意味する $R^{n_1 \times n_2}$ を利用して $A \in R^{n \times n}, B \in R^{n \times m}, C \in R^{r \times n}, D \in R^{r \times m}$ と標記する場合があります．

特に，状態空間モデルにおいて，操作量が一つの場合を **1 入力系 (SI 系)**(Single-Input system)，観測量が一つの場合を **1 出力系 (SO 系)**(Single-Output system) といい，複数の場合の **多入力系 (MI 系)**(Multi-Input system)，**多出力系 (MO 系)**(Multi-Output system) と区別します．SI 系あるいは SO 系の場合，B, C はそれぞれ縦ベクトルと横ベクトルになります．このことを明示する場合，b, c のように小文字を利用します（コメント 6.1 参照）．また，状態量 x の次元を **システムの次数**，次数 n のシステムを **n 次システム** といいます．システムの動特性を表現する微分方程式の階数の総和が次数と一致します．

例題 6.3

磁気浮上系 (5.23) に対する状態空間モデルは次式で与えられます．

$$\begin{cases} \dot{x} = \begin{bmatrix} 0 & 1 \\ \alpha & 0 \end{bmatrix} x + \begin{bmatrix} 0 \\ \beta \end{bmatrix} u \\ y = \begin{bmatrix} 1 & 0 \end{bmatrix} x \end{cases} \quad (6.18)$$

ここで，$x = [z \; \dot{z}]^T$ であり，鉄球の位置 z を観測量としています．

Maxima 6.3
```
Amag:matrix([0,1],[alpha,0])$
Bmag:matrix([0],[beta])$
Cmag:matrix([1,0])$
Dmag:matrix([0])$
```

例題 6.4

状態量を $x = [z \ \theta \ \dot{z} \ \dot{\theta}]^T$ としたとき、倒立振子系 (5.29) に対する状態空間モデルは次式で与えられます (導出は各自で行ってください). なお, 台車の位置 z と振子の角度 θ を観測量としています.

$$\begin{cases} \dot{x} = \begin{bmatrix} 0 & 0 & 1 & 0 \\ 0 & 0 & 0 & 1 \\ 0 & 0 & -\zeta & 0 \\ 0 & p_1 g & p_1 \zeta & -p_2 \end{bmatrix} x + \begin{bmatrix} 0 \\ 0 \\ \xi \\ -p_1 \xi \end{bmatrix} u \\ y = \begin{bmatrix} 1 & 0 & 0 & 0 \\ 0 & 1 & 0 & 0 \end{bmatrix} x \end{cases} \tag{6.19}$$

ここで,

$$p_1 = \frac{mL}{J + mL^2}, \quad p_2 = \frac{\mu_\theta}{J + mL^2}$$

Maxima 6.4

```
p1:m*L/(J+m*L*L) $ p2:mus/(J+m*L*L) $
Apen:matrix([0,0,1,0],[0,0,0,1],[0,0,-zz,0],[0,p1*g,p1*zz,-p2]) $
Bpen:matrix([0],[0],[xi],[-p1*xi]) $
Cpen:matrix([1,0,0,0],[0,1,0,0]) $
Dpen:matrix([0],[0]) $
```

6.2.4 正則変換

磁気浮上系に対して, 状態量を $\hat{x} = [\dot{z} \ z]^T$ としたときの状態空間モデルは次式で与えられます.

$$\begin{cases} \dot{\hat{x}} = \begin{bmatrix} 0 & \alpha \\ 1 & 0 \end{bmatrix} \hat{x} + \begin{bmatrix} \beta \\ 0 \end{bmatrix} u \\ y = \begin{bmatrix} 0 & 1 \end{bmatrix} \hat{x} \end{cases} \tag{6.20}$$

式 (6.18) と式 (6.20) は状態量の定め方が異なるだけで元は同じ微分方程式です. ここで x と $\hat{x}$ には

$$x = \begin{bmatrix} 0 & 1 \\ 1 & 0 \end{bmatrix} \hat{x} \tag{6.21}$$

の関係があるので，上式中の行列を T と置き，
$$x = T\hat{x} \tag{6.22}$$
を，行列 T が正則である (すなわち逆行列が存在する) 点に注意して式 (6.18) に代入すると

$$\begin{cases} \dot{\hat{x}} = T^{-1}\begin{bmatrix} 0 & 1 \\ \alpha & 0 \end{bmatrix} T\hat{x} + T^{-1}\begin{bmatrix} 0 \\ \beta \end{bmatrix} u \\ y = \begin{bmatrix} 1 & 0 \end{bmatrix} T\hat{x} \end{cases} \tag{6.23}$$

を得ます．これより，式 (6.20) が得られることを確かめることができます．

一般に，状態空間モデル (6.17) に対して，正則行列 T を利用して $x = T\hat{x}$ と置くことで，

$$\begin{cases} \dot{\hat{x}} = T^{-1}AT\hat{x} + T^{-1}Bu \\ y = CT\hat{x} + Du \end{cases} \tag{6.24}$$

のようにする変換を **正則変換** といいます．このような変換を行う利点は，行列 T を適切に選ぶことで，$T^{-1}AT$, $T^{-1}B$, CT を特殊な構造をもつように変換することができる点にあります (演習問題 6.4)．

例題 6.5

式 (6.23) から式 (6.20) が得られることを Maxima で調べてみます．

Maxima 6.5

```
T:matrix([0,1],[1,0])$    正則変換行列
invert(T).Amag.T;
```
$$\begin{bmatrix} 0 & alpha \\ 1 & 0 \end{bmatrix}$$
```
invert(T).Bmag;
```
$$\begin{bmatrix} beta \\ 0 \end{bmatrix}$$
```
Cmag.T;
```
$$\begin{bmatrix} 0 & 1 \end{bmatrix}$$

6.3 ● 状態空間モデルと安定性

2階線形微分方程式

$$\ddot{z} + a_1\dot{z} + a_2 z = 0 \tag{6.25}$$

に対しては，上式から導かれる特性方程式

$$s^2 + a_1 s + a_2 = 0 \tag{6.26}$$

の根である極の実部の正負で安定性を判定することができました．この2階線形微分方程式に対応した状態方程式

$$\dot{x} = \begin{bmatrix} 0 & 1 \\ -a_2 & -a_1 \end{bmatrix} x \tag{6.27}$$

は，単に表現方法が異なるだけなので，ここでも特性方程式 (6.26) は重要な役割を果たすはずです．実は，特性方程式は，状態方程式中に登場する行列 A の固有値を計算するための方程式 $|sI - A| = 0$ と一致するのです ($|sI - A|$ が特性多項式と一致します)．

例題 6.6

3階線形微分方程式 (6.11) に対する特性多項式は

$$s^3 + a_1 s^2 + a_2 s + a_3 \tag{6.28}$$

で与えられます．一方，状態方程式 (6.13) 中の行列 A に対して $|sI - A|$ を計算すると，

$$|sI - A| = \begin{vmatrix} s & -1 & 0 \\ 0 & s & -1 \\ a_3 & a_2 & s + a_1 \end{vmatrix} = s^3 + a_1 s^2 + a_2 s + a_3 \tag{6.29}$$

であり，両者は一致します．

Maxima 6.6

```
cp3:expand(charpoly(Ac3,s))$   特性多項式の計算
cp3/coeff(cp3,s,hipow(cp3,s));   モニック化
```
$\quad s^3 + a1\, s^2 + a2\, s + a3$

関数 charpoly を利用して特性多項式を計算すると，行列のサイズが偶数と奇数により符号が反対になります．上のコマンドのモニック化では，関数 hipow を利用して多項式の次数を求めた後，関数 coeff により最高次の係数を求め，それで割り算することでモニックな多項式 (最高次の係数が 1 の多項式) を得ています．なお，これは一般的な方法です．今の場合，-1 で割り算するだけで同じ結果が得られます．

このことから，行列 A の固有値が極と一致することがいえます．したがって，状態方程式中の行列 A の固有値により安定性を判定できるのです．

> **☐ 定理 6.1** 状態空間モデル (6.17) が漸近安定であるための必要十分条件は，行列 A の固有値の実部がすべて負であることである．

行列 A の固有値は，1 階線形微分方程式 $\dot{z} = -az + bu$ の $-a$ に対応しており，その実部が負であることがシステムが原点 (平衡点) に向かって動くことを保証しています．なお，状態空間モデルが漸近安定であることを，状態方程式やそのシステムが漸近安定であるということがあります．

2 階線形微分方程式 (6.25) が漸近安定であるとは，任意の初期状態に対して $\lim_{t \to \infty} z = 0$ を満足することであることを第 3 章で述べました．実は，$z = 0$ は平衡状態を意味しており，そこでは $\dot{z}$ も 0 となります．つまり，式 (6.25) が漸近安定であれば，状態方程式 (6.27) において，$\lim_{t \to \infty} x = 0$ となります．したがって，状態方程式に対する安定性は，任意の初期状態 $x(0)$ に対して，状態量 x が時間の経過とともに $x = 0$ に向かうかどうかという性質を意味します．この場合，対象とするのは $u = 0$ とした状態方程式

$$\dot{x} = Ax \tag{6.30}$$

です．

例題 6.7

図 6.1 の水槽系に対する状態方程式は式 (6.6) で与えられます．これに対する特性多項式は

$$\begin{vmatrix} s - a_{11} & -a_{12} \\ -a_{21} & s - a_{22} \end{vmatrix} = s^2 - (a_{11} + a_{22})s + a_{11}a_{22} - a_{12}a_{21} \tag{6.31}$$

で与えられ，式 (6.3) を代入すると

$$s^2 + \left(\frac{1}{C_1 R_1} + \frac{1/R_1 + 1/R_2}{C_2}\right)s + \frac{1}{C_1 C_2 R_1 R_2}$$

となります．係数がすべて正なので，水槽系は漸近安定です．

Maxima 6.7

```
a11:-1/(C1*R1) $
a12:1/(C1*R1) $
a21:1/(C2*R1) $
a22:-(1/(C2*R1)+1/(C2*R2)) $
Atank2:matrix([a11,a12],[a21,a22]) $
expand(charpoly(Atank2,s));
```

$$\frac{1}{C_1\,C_2\,R_1\,R_2} + \frac{s}{C_2\,R_2} + \frac{s}{C_2\,R_1} + \frac{s}{C_1\,R_1} + s^2$$

例題 6.8

磁気浮上系と倒立振子系の安定性を Maxima で調べます．なお，後者に対しては，簡単のために $\mu_\theta = 0$ とします．

磁気浮上系の極は $\pm\sqrt{\alpha}$ であり，実部が正の極をもつことから不安定です．同様に，倒立振子系も実部が正の極を一つもちます．なお，固有値のリスト中の最初の二つは振子に関する極で，残りは台車系に関する極です．

Maxima 6.8

```
eigenvalues(Amag);    磁気浮上系の極
```
$$[[-\sqrt{alpha},\ \sqrt{alpha}],\ [1,1]]$$

```
eigenvalues(subst(mus=0,Apen));    倒立振子系の極
```
$$\left[\left[-\sqrt{\frac{gmL}{mL^2+J}},\ \sqrt{\frac{gmL}{mL^2+J}},\ -zz,\ 0\right],\ [1,1,1,1]\right]$$

関数 eigenvalues の戻り値の第 1 要素が固有値のリスト，第 2 要素が各固有値の重複度を表しています．

6.4 ● 状態方程式の解

微分方程式の動特性を理解するためには，その解を求めることが必要でした．そこで，微分方程式から導かれる状態方程式 (6.14) に対して，その解 x を求めます．

6.4.1 状態方程式の解

線形微分方程式の解を求める際に，$e^{\lambda t}$ が重要な役割を果たしました．ところが，状態方程式は行列とベクトルを用いて表現されているため，スカラーである $e^{\lambda t}$ をそのまま使用することはできません．そこで，$e^{\lambda t}$ を拡張した**状態遷移行列**を定義します．

$$e^{At} = I + At + \frac{(At)^2}{2!} + \frac{(At)^3}{3!} + \cdots \tag{6.32}$$

上式は $e^{\lambda t}$ のテイラー展開に対応していることがわかります (演習問題 5.1(a))．なお，式 (6.32) において $A^0 = I$ (I は単位行列) であること，$e^{At} \in R^{n \times n}$ であることに注意してください．

状態遷移行列は以下に示す性質をもちます (演習問題 6.5)．

(1) $\quad \dfrac{d}{dt} e^{At} = A e^{At}$

(2) $\quad e^{At}|_{t=0} = I$

(3) $\quad e^{At} e^{A\tau} = e^{A(t+\tau)}$

(4) $\quad (e^{At})^{-1} = e^{-At}$

性質 (1) を利用すると，$x = e^{At} v$ が微分方程式 $\dot{x} = Ax$ の一般解であることを容易に確かめることができます．

$$\dot{x} = A e^{At} v = Ax$$

また，初期状態を $x(0)$ としたとき，性質 (2) から $v = x(0)$ であり，

$$x = e^{At} x(0) \tag{6.33}$$

が $u = 0$ とした状態方程式 $\dot{x} = Ax$ の解です ($x(0)$ は縦ベクトルなので，$x = x(0) e^{At}$ はまちがいです)．次に，$u \neq 0$ のときの状態方程式の解を求めるために $x = e^{At} w(t)$ と置きます．このとき

$$\dot{x} = A e^{At} w + e^{At} \dot{w} = A e^{At} w + Bu$$

でなければならないので，性質 (4) を利用することでより
$$\dot{w} = e^{-At} Bu$$
より
$$w = \int_0^t e^{-A\tau} Bu(\tau)\, d\tau$$
を得ます．以上から，状態方程式 $\dot{x} = Ax + Bu$ の解は
$$\begin{aligned}
x &= e^{At}x(0) + e^{At}w(t) = e^{At}x(0) + e^{At}\int_0^t e^{-A\tau}Bu\, d\tau \\
&= e^{At}x(0) + \int_0^t e^{A(t-\tau)}Bu\, d\tau
\end{aligned} \tag{6.34}$$
で与えられます．また，この結果を利用すると観測量 y は
$$y = Ce^{At}x(0) + \int_0^t Ce^{A(t-\tau)}Bu\, d\tau + Du \tag{6.35}$$
で与えられます．

6.4.2 状態遷移行列

線形微分方程式に対して $e^{\lambda t}$ が重要な役割を果たしたのと同様に，状態方程式に対しては状態遷移行列 e^{At} が重要な役割をもちます．この状態遷移行列は定義式 (6.32) から求めることもできますが，ラプラス変換を利用して求めることもできます．$\dot{x} = Ax$ に対して，初期状態 $x(0)$ を考慮してラプラス変換を行うと次式を得ます．
$$\mathcal{L}[\,\dot{x} = Ax\,] \quad \rightarrow \quad sX(s) - x(0) = AX(s)$$
ここで $\mathcal{L}[x(t)] = X(s)$ です．上式を $X(s)$ についてまとめると
$$X(s) = (sI - A)^{-1}x(0)$$
となるので，これを逆ラプラス変換することで解 $x(t)$ が得られます．
$$x(t) = \mathcal{L}^{-1}[X(s)] = \mathcal{L}^{-1}[(sI - A)^{-1}]x(0) \tag{6.36}$$
これが任意の初期状態 $x(0)$ に対して式 (6.33) と一致しなければならないことから
$$e^{At} = \mathcal{L}^{-1}[(sI - A)^{-1}] \tag{6.37}$$
を得ます．

例題 6.9
磁気浮上系 (6.18) に対して状態遷移行列 e^{At} を求めてみます．

$$e^{At} = \mathcal{L}^{-1}\left[\begin{bmatrix} s & -1 \\ -\alpha & s \end{bmatrix}^{-1}\right] = \mathcal{L}^{-1}\left[\begin{bmatrix} s & 1 \\ \alpha & s \end{bmatrix}\bigg/(s^2 - \alpha)\right]$$

$$= \frac{1}{2}\begin{bmatrix} 1 & 1/\sqrt{\alpha} \\ \sqrt{\alpha} & 1 \end{bmatrix}\bigg/(s - \sqrt{\alpha}) - \frac{1}{2}\begin{bmatrix} -1 & 1/\sqrt{\alpha} \\ \sqrt{\alpha} & -1 \end{bmatrix}\bigg/(s + \sqrt{\alpha})$$

$$= \begin{bmatrix} (e^{\sqrt{\alpha}t} + e^{-\sqrt{\alpha}t})/2 & (e^{\sqrt{\alpha}t} - e^{-\sqrt{\alpha}t})/(2\sqrt{\alpha}) \\ \sqrt{\alpha}(e^{\sqrt{\alpha}t} - e^{-\sqrt{\alpha}t})/2 & (e^{\sqrt{\alpha}t} + e^{-\sqrt{\alpha}t})/2 \end{bmatrix}$$

磁気浮上系の特性多項式は $s^2 - \alpha$ であり，極は $\pm\sqrt{\alpha}$ です．状態遷移行列に含まれる時間関数が $e^{\sqrt{\alpha}t}$, $e^{-\sqrt{\alpha}t}$ であることに注意してください．状態遷移行列を求める関数が Maxima に用意されています．

Maxima 6.9

```
load("diag");     パッケージ diag のロード
mat_function(exp,Amag*t);     状態遷移行列の計算
```

$$\begin{bmatrix} \dfrac{\%e^{\sqrt{alpha}\,t}}{2} + \dfrac{\%e^{-\sqrt{alpha}\,t}}{2} & \dfrac{\%e^{\sqrt{alpha}\,t}}{2\sqrt{alpha}} - \dfrac{\%e^{-\sqrt{alpha}\,t}}{2\sqrt{alpha}} \\ \dfrac{\sqrt{alpha}\,\%e^{\sqrt{alpha}\,t}}{2} - \dfrac{\sqrt{alpha}\,\%e^{-\sqrt{alpha}\,t}}{2} & \dfrac{\%e^{\sqrt{alpha}\,t}}{2} + \dfrac{\%e^{-\sqrt{alpha}\,t}}{2} \end{bmatrix}$$

```
exp(Amag*t);      このコマンドで状態遷移行列は計算できません
```

$$\begin{bmatrix} 1 & \%e^{t} \\ \%e^{alpha\,t} & 1 \end{bmatrix}$$

6.5 ● 伝達行列

6.5.1 伝達行列

状態空間モデル (6.17) をラプラス変換します．

$$\begin{cases} sX(s) - x(0) = AX(s) + BU(s) \\ Y(s) = CX(s) + DU(s) \end{cases} \tag{6.38}$$

第1式を $X(s)$ についてまとめ，第2式に代入します．

$$Y(s) = C(sI - A)^{-1}x(0) + (C(sI - A)^{-1}B + D)U(s) \tag{6.39}$$

右辺第 1 項目が初期値応答，第 2 項目が零状態応答を表しています．ここで，後者の零状態応答において，操作量 $U(s)$ と観測量 $Y(s)$ の関係を表す

$$P(s) = C(sI - A)^{-1}B + D \tag{6.40}$$

を **伝達行列** といいます．特に，対象としているシステムが SISO 系の場合，**伝達関数** といいます．いずれも，初期状態を 0 としたときの入出力間の関係を表しています．

例題 6.10

磁気浮上系に対する伝達関数 $P(s)$ は

$$P(s) = c(sI - A)^{-1}b = \begin{bmatrix} 1 & 0 \end{bmatrix} \begin{bmatrix} s & -1 \\ -\alpha & s \end{bmatrix}^{-1} \begin{bmatrix} 0 \\ \beta \end{bmatrix} = \frac{\beta}{s^2 - \alpha} \tag{6.41}$$

で与えられます．

Maxima 6.10

```
Pmag:Cmag.invert(s*ident(2)-Amag).Bmag+Dmag;    磁気浮上系の伝達関数
```

$$\begin{bmatrix} \dfrac{beta}{s^2 - alpha} \end{bmatrix}$$

6.5.2 ブロック線図

伝達行列が $P(s)$ で与えられるシステムに操作量 $U(s)$ を加えたときの制御量 $Y(s)$ は

$$Y(s) = P(s)U(s) \tag{6.42}$$

で与えられます．これを **ブロック線図** で表したのが図 6.2(a) です．これに **加え合せ点** (b) と **引き出し点** (c) を加えたものがブロック線図を描く際の基本構成要素となります．ブロック線図は，システム内の信号の流れを表現する際によく使用されます．

これらの基本構成要素を利用すると，初期状態 $x(0)$ を 0 としたときの式 (6.38) が図 6.3 で与えられます．なお，これは s 領域におけるシステムをブロック線図で表現したものですが，時間領域においても $1/s$ を $\int$ に置き換えて同様の表現方法を使用する場合があります．

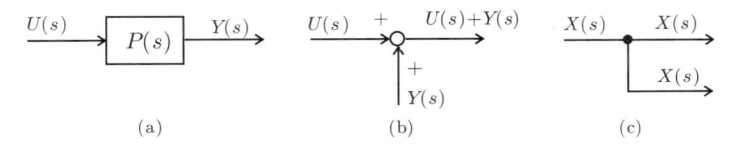

図 6.2 ブロック線図の基本構成要素

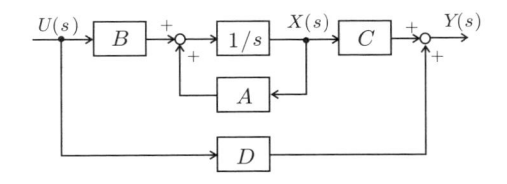

図 6.3 状態空間モデルに対するブロック線図

図 6.3 において，操作量 $U(s)$ から観測量 $Y(s)$ までを考えたとき，二つの経路があることに注意してください．一つは状態量 $X(s)$ を通る経路，すなわち $U(s) \to X(s) \to Y(s)$，もう一つは行列 D を介して直接 $U(s)$ から $Y(s)$ に到達する経路です．この意味で観測方程式 $y = Cx + Du$ に含まれる Du を **直達項** といいます．

例題 6.11

図 6.4 のブロック線図に対し，$R(s)$ から $Y(s)$ までの伝達行列 $P_{yr}(s)$ を求めます．

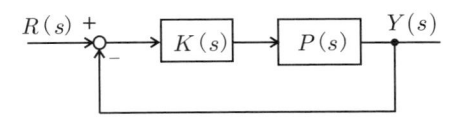

図 6.4 ブロック線図

$P(s)$ への操作量を $U(s)$ と置くと

$$U(s) = K(s)(R(s) - Y(s)), \quad Y(s) = P(s)U(s)$$

という関係式を得ます．これらから $U(s)$ を消去すると

$$Y(s) = (I + P(s)K(s))^{-1}P(s)K(s)R(s)$$

が得られます．よって，伝達行列 P_{yr} は次式で与えられます．

$$P_{yr}(s) = (I + P(s)K(s))^{-1}P(s)K(s) \tag{6.43}$$

なお，$P(s)$，$K(s)$ がともに SISO 系のときは

$$P_{yr}(s) = \frac{P(s)K(s)}{1 + P(s)K(s)} \tag{6.44}$$

6.5.3 極と零点

SISO系に対する伝達関数 $P(s)$ は s に関する有理関数であり，分母多項式 $D(s)$ と分子多項式 $N(s)$ の比率として表されます．ここで，式 (6.40) より $D(s) = |sI - A|$ であるので，伝達関数の分母多項式は特性多項式であり，その根が極となります．したがって，極は伝達関数を ∞ とするものと考えることができます．それに対して，分子多項式 $N(s)$ の根は伝達関数を 0 とします．その意味で，その根を **零点** といいます．この零点は，状態空間モデル中の行列 A, b, c, d を用いて次の方程式より得ることができます．

$$\begin{vmatrix} A - sI & b \\ c & d \end{vmatrix} = 0 \tag{6.45}$$

零点はそのシステムの安定性には関係ありませんが，虚軸よりも左側にあるかどうかによってシステムの動特性が影響を受けるので，便宜上，虚軸よりも左側にある零点を **安定な零点**，右側にある零点を **不安定な零点** といいます．零点が応答に与える影響について例題で考えてみます．

例題 6.12

次式に示す伝達関数を考えます．

$$P(s) = \frac{2 + \gamma s}{s^2 + 3s + 2}$$

極が $-2, -1$ であることから，漸近安定です．一方，零点は $-2/\gamma$ です．つまり，$\gamma > 0$ のときシステムは安定な零点を，$\gamma < 0$ のとき不安定な零点をもつことになります．$P(s)$ に対する単位ステップ応答は次式で与えられます．

$$y = \mathcal{L}^{-1}\left[P(s)\frac{1}{s}\right] = 1 + (\gamma - 2)e^{-t} - (\gamma - 1)e^{-2t}$$

Maxima 6.11

```
P612:(2+gam*s)/(s*s+3*s+2)  $   伝達関数
solve(denom(P612),s);   極
    [s = -2, s = -1]
y612:ilt(P612/s,s,t);   単位ステップ応答
    (gam - 2)%e^{-t} + (1 - gam)%e^{-2t} + 1
```

関数 `denom` は有理関数の分母を返します．伝達関数に対しては特性多項式となります．

この応答の $t=0$ における勾配を計算すると

$$\dot{y}(0) = \gamma$$

となります．つまり，不安定な零点をもつ場合，この勾配が負になります．

Maxima 6.12
```
subst(t=0,diff(y612,t))$   t=0 における勾配
expand(%);
      gam
```

$\gamma = 3, -3$ のときの単位ステップ応答を図示します．前者が破線で後者が実線です．$\gamma = -3$ のとき，いったん最終値とは逆方向に動く応答が生じていることがわかります．これを **逆応答** といいます．不安定な零点による典型的な現象の一つです．

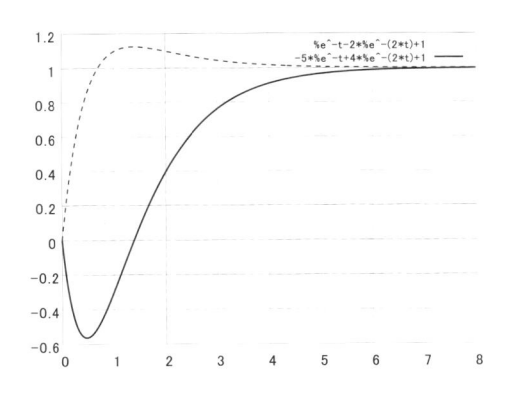

Maxima 6.13
```
plot2d([subst(gam=3,y612),subst(gam=-3,y612)],[t,0,8],
            [gnuplot_preamble,"set grid;"]);
```

図 6.5　単位ステップ応答

6.6 ● 数値例

磁気浮上系と倒立振子系に対する数値例ならびにそれらの数値を用いた状態空間モデルを作成する Scilab のプログラム例を示します．テキストエディタ等で作成後，適当な名前 (拡張子は .sce) を付けて作業用ディレクトリに保存してください．本書で

は，これらを `model.sce` という名前の一つのファイルにまとめて保存したとします．本プログラムは第 7 章以降で使用しますが，その際に，コマンド `getf("model.sce")` を実行してそれを読み込んでおくことが必要であることを覚えておいてください．

6.6.1 磁気浮上系

式 (6.18) に対するパラメータ値の一例を表 6.1 に示します．

表 6.1 磁気浮上系の物理パラメータ値

M	0.36	[kg]	鉄球の質量
Z_{equ}	0.005	[m]	平衡位置
I_{equ}	2.03	[A]	平衡電流
Q	1.19×10^{-4}	[Hm]	定数
Z_0	3.32×10^{-3}	[m]	定数

これらを用いて状態空間モデルを計算すると，

$$\begin{cases} \dot{x} = \begin{bmatrix} 0 & 1 \\ 2365 & 0 \end{bmatrix} x + \begin{bmatrix} 0 \\ -9.694 \end{bmatrix} u \\ y = \begin{bmatrix} 1 & 0 \end{bmatrix} x \end{cases} \tag{6.46}$$

を得ます．磁気浮上系に対する状態空間モデルを作成するプログラム例を以下に示します．

```
                                                        Scilab 6.14
function mm=mmodel()

   M=0.36;        // 鉄球の質量 [kg]
   Q=1.19e-4;     // 物理定数 [Hm]
   Z0=3.32e-3;    // 物理定数 [m]
   Zequ=0.005;    // 平衡位置 [m]
   Iequ=2.03;     // 平衡電流 [A]

   aa=Q*Iequ^2/(M*(Zequ+Z0)^3);
   bb=Q*Iequ/(M*(Zequ+Z0)^2);
   A=[0 1;aa 0]; B=[0;-bb];
   C=[1 0];      D=0;
   mm=syslin('c',A,B,C,D);

endfunction     // end of mmodel
```

関数 syslin は状態空間モデルに含まれる行列 A, B, C, D を一つのオブジェクトとして取り扱うことを可能とするものです．なお $D = 0$ の場合，引数を省略することが可能です．Scilab では，syslin の戻り値である mm を状態空間モデルといいます．

6.6.2 倒立振子系

式 (6.19) に対するパラメータ値の一例を表 6.2 に示します．

表 6.2 倒立振子系の物理パラメータ値

m	0.023	[kg]	振子の質量
J	3.20×10^{-4}	[kgm^2]	重心まわりの慣性モーメント
L	0.2	[m]	重心までの距離
μ_θ	2.74×10^{-5}	[Ns/m]	粘性抵抗係数
ζ	240		台車系の物理定数
ξ	90		台車系の物理定数

これらを状態空間モデル (6.19) に代入すると，

$$\begin{cases} \dot{x} = \begin{bmatrix} 0 & 0 & 1 & 0 \\ 0 & 0 & 0 & 1 \\ 0 & 0 & -240 & 0 \\ 0 & 36.69 & 897.6 & -0.02236 \end{bmatrix} x + \begin{bmatrix} 0 \\ 0 \\ 90 \\ -336.6 \end{bmatrix} u \\ y = \begin{bmatrix} 1 & 0 & 0 & 0 \\ 0 & 1 & 0 & 0 \end{bmatrix} x \end{cases} \quad (6.47)$$

を得ます．倒立振子系に対する状態空間モデルを作成するプログラム例を以下に示します．

Scilab 6.15
```
function pm=pmodel()

   m=0.023;          // 振子の質量 [kg]
   Jhat=1.23e-3;     // 回転軸まわりの慣性モーメント [kgm^2]
   L=0.2;            // 重心までの距離 [m]
   myu=2.75e-5;      // 等価粘性抵抗係数 [Ns/m]
   zeta=240;         // 台車系の物理定数
   xi=90;            // 台車系の物理定数

   p1 = m*L/Jhat; p2 = myu/Jhat; g = 9.81;
```

```
    A = [0 0 1 0; 0 0 0 1; 0 0 -zeta 0;
         0 p1*g p1*zeta -p2];
    B = [0;0;xi;-p1*xi];
    C = [1 0 0 0; 0 1 0 0];
    pm = syslin('c',A,B,C);

endfunction      // end of pmodel
```

6.7 ● 状態空間モデルに関する Maxima のプログラム

次章以降では，制御器の設計など数値計算が主体となりますが，解析を目的として Maxima も使用します．そこで，本章で登場したいくつかの状態空間モデルを戻り値として返すプログラムを演習問題 6.11 で作成します．ところで，Scilab には syslin で作成した状態空間モデルに対する制御系解析・設計用関数が数多く標準で用意されていますが，Maxima にはありません．そこで，本書で使用する必要最小限のプログラム例をここで紹介しておきます (前章で紹介したフルヴィッツの安定判別法に関するプログラムや次章以降で紹介する内容に関するプログラムも含んでいます)．

Scilab の syslin に相当するのが ss でリストを利用して A, B, C, D をまとめています．本プログラムを理解することは難しくはありません．必要に応じて拡張や改良を試みてください．テキストエディタ等でプログラムを作成後，適当な名前 (拡張子は .mac) を付けて作業用ディレクトリに保存してください．本書では control.mac とします．このプログラムを Maxima で使用するためには，ツールバーの File をクリックすることで表示されるプルダウンメニューから Load package を選択し，あらかじめそれをロードする必要があります．

```
/* 線形制御ライブラリ control.mac  by R.Kawatani */
/* 状態空間モデルの作成 */
ss(A,B,C,D):=block(return([A,B,C,D]));
/* 状態空間モデルから指定した行列を取り出す */
sysa(sys):=block(return(sys[1]));
sysb(sys):=block(return(sys[2]));
sysc(sys):=block(return(sys[3]));
sysd(sys):=block(return(sys[4]));
substa(sys,a):=block(sys[1]:a,return(sys));   /* sysa(sys) を a で置換 */
/* 行列のサイズ (linearalgebra)matrix_size と同じ結果 */
msize(mat):=block(return([length(mat),length(transpose(mat))]));
/* 状態空間モデルの次数，入出力数 からなるリストを返す */
```

6.7 状態空間モデルに関する Maxima のプログラム

```
ssize(sys):=
   block(
      [dsize],
      dsize:msize(transpose(sysd(sys))),
      return(cons(length(sysa(sys)),dsize))
   );
/* 状態空間モデルに対する相似変換 */
similar(sys,T):=
   block(
      [A,B,C,D,Tinv],
      A:sysa(sys), B:sysb(sys), C:sysc(sys), D:sysd(sys),
      Tinv:invert(T),
      return(ss(Tinv.A.T, Tinv.B, C.T, D))
   );
/* 状態空間モデルから伝達行列の計算 */
/* SISO 系の場合，伝達関数を返す    */
transfer(sys):=
   block(
      [buf,n,m,r,transg],
      buf:ssize(sys), n:buf[1], m:buf[2], r:buf[3],
      transg:sysc(sys).invert(s*ident(n)-sysa(sys)).sysb(sys)+sysd(sys),
      transg:ratsimp(transg),
      if m=1 and r=1 then
         return((transg[1])[1])
      else
         return(transg)
   );

/* 可制御行列 V=[B,AB,...,A^(n-1)B] の計算 */
ctrb(A,B):=
   block(
      [V:B,icnt,ndeg:length(A),dum:B],
      for icnt:1 while icnt<ndeg
         do(
            dum:A.dum,
            V:addcol(V,dum)
         ),
      return(V)
   );
/* 可観測行列 W=[C;CA;,...,CA^(n-1)] の計算 */
obsv(A,C):=
   block(
      return(transpose(ctrb(transpose(A),transpose(C))))
   );
/* x に関する（モニックな）特性多項式 */
cpoly(A,x):=
   block(
      [cp,buf],
      cp:expand(charpoly(A,x)),
      buf:coeff(cp,x,hipow(cp,x)),
      return(cp/buf)
   );
```

```
/* x に関する多項式の係数をベクトルとして取り出す */
coeffs(p,x):=
    block(
        [icnt,ppp,cfs:[],ndeg],
        ppp:expand(p), ndeg:hipow(ppp,x),
        for icnt:0 thru ndeg
            do(
                cfs:cons(coeff(ppp,x,icnt),cfs)
            ),
        return(cfs)
    );
/* フルヴィッツ安定判別法 */
hurwitz_criterion(p):=
    block(
        return(hurwitz(hurwitz_mat(p)))
    );

/* フルヴィッツ行列から首座小行列式を計算 */
hurwitz(hmat):=
    block(
        [icnt,nnn,hlist,buf],
        hlist:[determinant(hmat)>0], nnn:length(hmat),
        for icnt:1 thru nnn-1    /* while icnt<nnn */
            do(
                hmat:submatrix(nnn-icnt+1,hmat,nnn-icnt+1),
                hlist:cons(determinant(hmat)>0,hlist)
            ),
        return(hlist)
    );
/* フルヴィッツ行列の作成 */
hurwitz_mat(p):=
    block(
        [icnt,jcnt,kcnt,ndeg,nnn,nnn2,hmat,pcfs,flag],
        p:expand(p), ndeg:hipow(p,s), pcfs:coeffs(p,s),
        if evenp(ndeg) then
            block(
                pcfs:append(pcfs,[0]), nnn:length(pcfs),
                nnn2:nnn/2-1,
                hmat:zeromatrix(nnn2*2,nnn2*2),
                flag:1
            )
        else
            block(
                nnn:length(pcfs), nnn2:nnn/2,
                hmat:zeromatrix(nnn,nnn),
                flag:0
            ),
        for kcnt:1 thru nnn2
            do(
                jcnt:1,
                for icnt:1 thru nnn/2
                    do(
```

```
                              hmat[2*kcnt,icnt+(kcnt-1)]:pcfs[jcnt], jcnt:jcnt+1,
                              hmat[2*kcnt-1,icnt+(kcnt-1)]:pcfs[jcnt], jcnt:jcnt+1
                          )
                  ),
          if flag=1 then return(hmat) else return(submatrix(nnn,hmat,nnn))
      );
/* 極配置法 (SI 系) */
place(A,B,P):=
   block(
      [V,W,cfs,n,icnt,jcnt,dd,dcfs],
      V:ctrb(A,B),
      cfs:coeffs(cpoly(A,s),s), n:length(cfs)-1, dd:1,
      for icnt:1 while icnt<=n
         do( dd:dd*(s-P[icnt]) ),
      dcfs:coeffs(expand(dd),s),
      W:zeromatrix(n,n), dd:zeromatrix(1,n),
      for icnt:1 while icnt<=n
         do(
            for jcnt:1 while jcnt<=icnt
               do(
                   W[icnt-jcnt+1,jcnt]:cfs[n-icnt+1]
               ),
            dd[1,icnt]:dcfs[n-icnt+2]-cfs[n-icnt+2]
         ),
      return(dd.invert(V.W))
   );
```

6.8 ● まとめ

　本章では，システムの動特性を表す線形微分方程式に対して，状態量 x を適切に定めることで状態空間モデルを導入しました．

$$\begin{cases} \dot{x} = Ax + Bu \\ y = Cx + Du \end{cases}$$

要点を以下にまとめます．

(1) 状態方程式の解は状態遷移行列を利用することで次式で与えられる．

$$x = e^{At}x(0) + \int_0^t e^{A(t-\tau)}Bu(\tau)\,d\tau$$

(2) 状態空間モデル中の行列 A の固有値は極と一致し，その実部の正負で安定性を判定できる

(3) 状態空間モデルに対して，正則行列 T を用いて

$$\begin{cases} \dot{\hat{x}} = T^{-1}AT\hat{x} + T^{-1}Bu \\ y = CT\hat{x} + Du \end{cases}$$

と変換することを正則変換という.

(4) s 領域で操作量 $U(s)$ と制御量 $Y(s)$ の関係を表すのが伝達行列である.

$$P(s) = C(sI - A)^{-1}B + D$$

(5) SISO 系に対して，伝達関数を 0 とする点を零点という．零点は次の方程式の根として与えられる．

$$\begin{vmatrix} A - sI & b \\ c & d \end{vmatrix} = 0$$

>>本章のキーワード (登場順)<<
- □ 状態量　□ 状態方程式　□ 観測方程式　□ 状態空間モデル　□ **SI(MI) 系**
- □ **SO(MO) 系**　□ システムの次数　□ n 次システム　□ 正則変換
- □ 状態遷移行列　□ 伝達行列 (関数)　□ ブロック線図　□ 加え合わせ点
- □ 引き出し点　□ 直達項　□ 零点　□ (不) 安定な零点　□ 逆応答

演習問題 6

1. 次に示す微分方程式に対して，状態量 x を定義して，状態空間モデルを導出せよ．なお，観測量は $y = z_1 - z_2$ とする．また，その極から安定性を調べよ．

$$\begin{cases} \ddot{z}_1 + 3\dot{z}_1 + 2z_1 = 2u_1 \\ \dot{z}_2 = -2\dot{z}_1 + z_2 + u_2 \end{cases}$$

2. 正則変換により，極ならびに伝達行列が不変であることを示せ．

3. 次に示す行列 T の逆行列を計算せよ．なお，X, Y, Z はいずれも n 次正方行列である．また，X, Y は正則行列であるとする．

$$T = \begin{bmatrix} X & Z \\ 0 & Y \end{bmatrix}$$

4. 磁気浮上系の行列 A に対する固有ベクトルを v_1, v_2 とする．このとき，行列 $T = [v_1 \ v_2]$ を利用して磁気浮上系に対する状態空間モデルを正則変換せよ (変換後の状態空間モデルを **対角正準形** という).

5. 状態遷移行列がもつ性質 (1) 〜 (4) を証明せよ．

6. 次に示す状態空間モデルに対して，状態遷移行列を計算せよ．また，その結果と式 (6.35) を利用して，単位ステップ応答を計算せよ．なお，初期状態は $x(0) = 0$ とする．

$$\begin{cases} \dot{x} = \begin{bmatrix} 0 & 1 \\ 0 & -\alpha \end{bmatrix} x + \begin{bmatrix} 0 \\ \gamma \end{bmatrix} u \\ y = \begin{bmatrix} 1 & 0 \end{bmatrix} x \end{cases}$$

7. 図 6.6 に示すブロック線図に対して，$R(s)$ から $Y(s)$ までの伝達関数を計算せよ．なお，$P(s)$ は SISO 系であるとする．

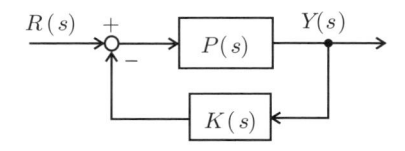

図 6.6 ブロック線図

8. 図 6.1 において $C_1 = C_2 = 1$, $R_1 = R_2 = 0.5$ とする．観測量を $y = z_1 - z_2$ として，伝達関数を計算せよ．また，その零点と方程式 (6.45) の根が一致することを示せ．

9. 図 6.4 において

$$P(s) = \frac{2 + \alpha s}{(s+1)(s+2)}$$

とし，$K(s) = k($ 正の定数$)$ とする．$\alpha < 0$ のとき，k を大きくすることで $P_{yr}(s)$ が不安定となることを示せ．

10. 次式の状態空間モデルをもつ二つのシステムを図 6.7 のように直列結合したときの状態空間モデルを求めよ．

$$\begin{cases} \dot{x}_1 = A_1 x_1 + B_1 u_1 \\ y_1 = C_1 x_1 + D_1 u_1 \end{cases} \quad \begin{cases} \dot{x}_2 = A_2 x_2 + B_2 u_2 \\ y_2 = C_2 x_2 + D_2 u_2 \end{cases}$$

図 6.7 二つのシステムの直列結合

11. 図 6.1 の水槽系，磁気浮上系，倒立振子系ならびに式 (6.13), (6.16) に対する状態空間モデルを戻り値として返す Maxima のプログラムを作成せよ．ただし，水槽系は第 2 水槽の液面が計測できるものとする．

第7章

可制御性と状態フィードバック制御

　状態方程式中の行列 A の固有値である極が安定性やシステムの応答に強く関係しています．何らかの手段でそれらの極を移動させることができるならば，希望する応答をもつシステムに変えることができるかもしれません．ここで二つの疑問が生じます．(1) 極を移動させることができるためのシステムに課せられた条件はなにか，(2) 極を移動させるための制御方策はなにか，です．本章ではこれらの疑問点に対して答えを見つけたいと思います．

7.1 ● いくつかの例

　あるシステムに対する状態方程式が次式のように与えられたとします．

$$\dot{x} = \begin{bmatrix} 1 & 0 \\ 1 & 2 \end{bmatrix} x + \begin{bmatrix} 1 \\ 0 \end{bmatrix} u \tag{7.1}$$

このシステムの極は $\{1, 2\}$ であり，不安定です．制御方策を決定すること自体が本章の大きな目的の一つですが，ここでは状態方程式 (7.1) に対して，次式に示す状態フィードバック制御 (状態量 x を利用したフィードバック制御)

$$u = -\begin{bmatrix} k_1 & k_2 \end{bmatrix} x \tag{7.2}$$

を適用してみます．式 (7.2) を状態方程式 (7.1) に代入することで閉ループシステム

$$\dot{x} = \begin{bmatrix} 1 & 0 \\ 1 & 2 \end{bmatrix} x - \begin{bmatrix} 1 \\ 0 \end{bmatrix} \begin{bmatrix} k_1 & k_2 \end{bmatrix} x = \begin{bmatrix} 1-k_1 & -k_2 \\ 1 & 2 \end{bmatrix} x \tag{7.3}$$

を得ます．これに対する特性多項式は

$$\left| sI - \begin{bmatrix} 1-k_1 & -k_2 \\ 1 & 2 \end{bmatrix} \right| = s^2 + (k_1 - 3)s + (2 - 2k_1 + k_2) \tag{7.4}$$

であり，(s^1 と s^0 の) 係数が k_1, k_2 によって任意の値にできることがわかります．

このことは閉ループシステム (7.3) の極を k_1, k_2 によって自由に与えることができることを意味しています．たとえば，漸近安定にしたければ $k_1 > 3$, $k_2 > 2k_1 - 2$ と選べばよいし，それらを $\{\lambda_1, \lambda_2\}$ にしたければ

$$s^2 + (k_1 - 3)s + 2 - 2k_1 + k_2 = (s - \lambda_1)(s - \lambda_2) = s^2 - (\lambda_1 + \lambda_2)s + \lambda_1\lambda_2$$

を満たすように k_1, k_2 を定めればよいわけです．

$$k_1 = 3 - \lambda_1 - \lambda_2, \quad k_2 = (\lambda_1 - 2)(\lambda_2 - 2) \tag{7.5}$$

したがって，状態方程式 (7.1) に対しては，それがもつ極を自由に指定できるという意味で，式 (7.2) が一つの望ましい制御方策であるといえます．

それでは，状態方程式 (7.1) と少しだけ異なる行列 A をもつ次のシステムはどうでしょうか．極は状態方程式 (7.1) と同じ $\{1, 2\}$ です．

$$\dot{x} = \begin{bmatrix} 1 & 1 \\ 0 & 2 \end{bmatrix} x + \begin{bmatrix} 1 \\ 0 \end{bmatrix} u \tag{7.6}$$

これに対して，状態フィードバック制御 (7.2) を施したときの閉ループシステムに対する特性多項式は次式で与えられます．

$$s^2 + (k_1 - 3)s + 2 - 2k_1 = (s - 2)(s + k_1 - 1) \tag{7.7}$$

式 (7.7) には k_2 が現れません．また，k_1 をどのように選んでも不安定な極である 2 を移動させることはできません．

制御という立場で考えたときに，状態方程式 (7.1) と (7.6) との違いはどこにあるのでしょうか．$x = [x_1 \ x_2]^T$ としてそれぞれの状態方程式を分解表現してみます．

$$\begin{cases} \dot{x}_1 = x_1 + u \\ \dot{x}_2 = x_1 + 2x_2 \end{cases} \tag{7.8}$$

$$\begin{cases} \dot{x}_1 = x_1 + x_2 + u \\ \dot{x}_2 = 2x_2 \end{cases} \tag{7.9}$$

両方とも第 1 式において，操作量 u を利用することで右辺の値，すなわち勾配 $\dot{x}_1$ を自由に変えることができます．一方，第 2 式には操作量 u の項がないので，操作量 u を利用して勾配 $\dot{x}_2$ を直接変えることはできません．しかし，式 (7.8) には x_1 が含まれています．微分方程式でその動特性が表されるいわゆる動的システムは，過去に入力された操作量の効果をその内部の状態量に蓄積しています．したがって，式 (7.8) の場合，x_1 を経由することで操作量の影響を勾配 $\dot{x}_2$ に対しても与えることができます．しかし，式 (7.9) の場合，第 2 式にはその x_1 もありません．したがって，

第2式はシステムが本来もっている固有の不安定な動作しかできません．このことは，制御方策には依存しません．

それでは，次式のようなベクトル b をもつシステムの場合はどうでしょうか．

$$\dot{x} = \begin{bmatrix} 1 & 1 \\ 0 & 2 \end{bmatrix} x + \begin{bmatrix} 1 \\ 1 \end{bmatrix} u \tag{7.10}$$

式 (7.8), (7.9) と同様に分解表現すると

$$\begin{cases} \dot{x}_1 = x_1 + x_2 + u \\ \dot{x}_2 = 2x_2 + u \end{cases} \tag{7.11}$$

となります．両方の式の右辺に操作量 u が含まれているので，それによって右辺の値を自由に変えることができるように思うかもしれません．しかし，状態フィードバック制御 (7.2) を施した閉ループシステムの特性多項式を求めると

$$s^2 + (k_1 + k_2 - 3)s + 2 - (k_1 + k_2) = (s-1)(s + k_1 + k_2 - 2) \tag{7.12}$$

となるので，この場合も二つの極を自由に変えることができません．

例題 7.1

式 (7.1), (7.6), (7.10) の各システムに状態フィードバック制御 (7.2) を施したときの特性多項式を Maxima で計算します．

```
                                                           Maxima 7.1
K:matrix([k1,k2]) $   状態フィードバックゲイン
A71:matrix([1,0],[1,2]) $
B71:matrix([1],[0]) $
expand(charpoly(A71-B71.K,s)) $   特性多項式 (7.4)
ratsimp(%);
```
$$s^2 + (k1 - 3)s + k2 - 2k1 + 2$$
```
A76:matrix([1,1],[0,2]) $
B76:matrix([1],[0]) $
expand(charpoly(A76-B76.K,s)) $   特性多項式 (7.7)
factor(%);   因数分解
```
$$(s - 2)(s + k1 - 1)$$
```
A710:matrix([1,1],[0,2]) $
B710:matrix([1],[1]) $
expand(charpoly(A710-B710.K,s)) $   特性多項式 (7.12)
```

```
factor(%);    因数分解
```
$$(s-1)(s+k2+k1-2)$$

関数 factor は，引数で与えた多項式を因数分解するものです．

例題 7.2

図 7.1 に示す水槽系を考えます．二つの水槽がまったく同じ動特性をもつとき，このシステムに対する線形微分方程式は次式で与えられます (演習問題 5.5)．

$$\begin{cases} \dot{x}_1 = -ax_1 + bu_1 \\ \dot{x}_2 = ax_1 - ax_2 + bu_2 \end{cases} \tag{7.13}$$

第 1 水槽のみに操作量を与える ($u_1 = u$, $u_2 = 0$) ことで液面の高さを制御することを考えた場合，その状態方程式は次式となります．

$$\begin{bmatrix} \dot{x}_1 \\ \dot{x}_2 \end{bmatrix} = \begin{bmatrix} -a & 0 \\ a & -a \end{bmatrix} \begin{bmatrix} x_1 \\ x_2 \end{bmatrix} + \begin{bmatrix} b \\ 0 \end{bmatrix} u \tag{7.14}$$

これは，係数が異なりますが，式 (7.1) に類似した構造をもちます．したがって，状態フィードバック制御 (7.2) により閉ループシステムの極を自由に与えることができます．

一方，第 2 水槽のみに操作量を与える ($u_2 = u$, $u_1 = 0$) 場合，その状態方程式は

$$\begin{bmatrix} \dot{x}_2 \\ \dot{x}_1 \end{bmatrix} = \begin{bmatrix} -a & a \\ 0 & -a \end{bmatrix} \begin{bmatrix} x_2 \\ x_1 \end{bmatrix} + \begin{bmatrix} b \\ 0 \end{bmatrix} u \tag{7.15}$$

となり，式 (7.6) に類似した構造をもつことがわかります (状態量のとり方に注意)．u_2 のみを利用して第 1 水槽の液面を制御できると考える人はいないでしょう．

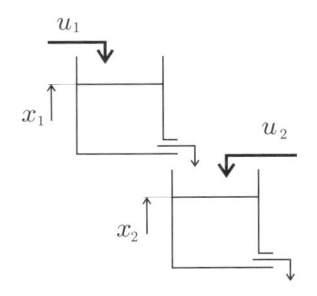

図 7.1 2 水槽系

7.2 ● 可制御性

前節では特定の 2 次システムに対して，操作量 u によって勾配 $\dot{x}$ を変えることができるかどうか，を調べました．このことを一般の状態方程式

$$\dot{x} = Ax + Bu \tag{7.16}$$

に拡張します．そのために **可制御** という概念を定義します．

> **□ 定義 7.1**　任意の初期状態 $x(0)$ に対して，有限時間 t_f で状態量 $x(t_f)$ を 0 にする操作量 $u(t)$ $(0 \leq t \leq t_f)$ が存在するとき，状態方程式 (7.16) もしくはそのシステムを可制御であるという．

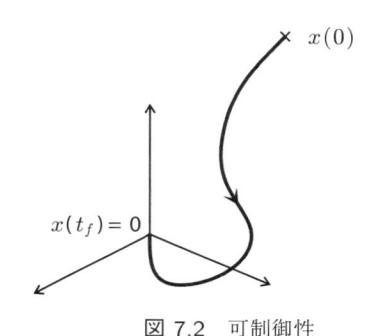

図 7.2　可制御性

なお，定義 7.1 は状態方程式を対象としており，状態方程式は行列 A, B で与えられることから，システムが可制御であることを 対 (A, B) が可制御である ということもあります．一方，システムが可制御でない場合，**不可制御** であるといいます (不可制御というのは，すべてではなく一部の状態量が制御できないことを意味している点に注意してください)．

> **コメント 7.1**　操作量 u が勾配 $\dot{x}$ のすべてに影響を及ぼすことができ，それを変えることができるならば，任意の初期状態に対して，状態量 x を 0 に向かわせることが可能であることは容易に理解できると思います．

ところで，定義自体では，与えられたシステムが可制御であるかどうか，いわゆる **可制御性** を判定するには不便なので，それに関連した重要な定理を紹介します．

> **定理 7.1**　対 (A, B) が可制御であるための必要十分条件は，可制御行列
> $$V = [B \ AB \ A^2B \ \cdots \ A^{n-1}B] \tag{7.17}$$
> がフル (行) ランクをもつ，すなわち $\mathrm{rank}(V) = n$ であることである．

つまり，状態方程式が与えられたとき，可制御行列 $V \in R^{n \times nm}$ を計算し，そのランクを調べることでそれが可制御かどうかを判定できます．特に，SI 系を対象としている場合，B は縦ベクトル b となる $(m = 1)$ ので，可制御行列 V は正方行列となります．このとき，V の行列式 $|V|$ が非零であることが可制御であるための必要十分条件となります．

通常のシステムでは，状態量の数に比べて操作量の数が少ないので，操作量 u がすべての勾配 $\dot{x}$ に適切な影響を与えることができるためには，状態量間の干渉を利用する必要があります．状態方程式 (7.16) の右辺より，操作量 u は行列 B を通して勾配 $\dot{x}$ の一部を直接操作できます．これが可制御行列の第 1 要素です．直接操作できない勾配に対しては過去の操作量の影響を含んだ状態量 x を利用することになりますが，状態量 x は行列 A を通してしか勾配 $\dot{x}$ に影響を与えることができません．可制御行列の第 2 要素以降には，行列 A が含まれていますが，それはこの理由からです．ところで，可制御性の判定の際に，可制御行列 V のランクを調べていますが，これは操作量 u を直接あるいは間接的に利用して変えることができる勾配の数を意味しています．したがって，$\mathrm{rank}(V) = n$ は n 個あるすべての勾配を変えることができる，すなわち可制御であることになります．

例題 7.3

前節で登場したシステムに対して可制御性の判定を行います．

式 (7.1)
$$V = \begin{bmatrix} b & Ab \end{bmatrix} = \begin{bmatrix} 1 & 1 \\ 0 & 1 \end{bmatrix}$$

$\mathrm{rank}(V) = 2$ より，本システムは可制御．

式 (7.6)
$$V = \begin{bmatrix} b & Ab \end{bmatrix} = \begin{bmatrix} 1 & 1 \\ 0 & 0 \end{bmatrix}$$

$\mathrm{rank}(V) = 1$ より，本システムは不可制御．

式 (7.10)
$$V = \begin{bmatrix} b & Ab \end{bmatrix} = \begin{bmatrix} 1 & 2 \\ 1 & 2 \end{bmatrix}$$

$\mathrm{rank}(V) = 1$ より，本システムは不可制御．

本例題では数値行列が対象なので，Maxima と Scilab の両方で式 (7.1) に対する可制御性を調べます (残りのシステムについても確認してください)．なお，前者に対しては，第 6 章で紹介した `control.mac` 内の関数 `ctrb` を使います．また，後者に対しては標準で用意されている `cont_mat()` を使います．

Maxima 7.2
```
ctrb(A71,B71);    可制御行列の作成
```
$$\begin{bmatrix} 1 & 1 \\ 0 & 1 \end{bmatrix}$$
```
rank(%);    可制御性の判定
    2
```

関数 `ctrb` に対する引数は状態方程式中の行列 A, B で，戻り値が可制御行列です．

Scilab 7.3
```
--> cont_mat([1,0;1,2],[1;0]);    可制御行列の作成
--> rank(ans)    式 (7.1) の可制御性の判定
 ans =
    2.
```

この例では，関数 `cont_mat` に対して状態方程式中の行列 A, B を引数として与えていますが，以降の例で示すように，状態空間モデルを与えることもできます．

例題 7.4

式 (6.13) の状態方程式

$$\dot{x} = \begin{bmatrix} 0 & 1 & 0 \\ 0 & 0 & 1 \\ -a_3 & -a_2 & -a_1 \end{bmatrix} x + \begin{bmatrix} 0 \\ 0 \\ b_1 \end{bmatrix} u \tag{7.18}$$

に対する可制御行列 V は次式で与えられます.

$$V = \begin{bmatrix} 0 & 0 & b_1 \\ 0 & b_1 & -b_1 a_1 \\ b_1 & -b_1 a_1 & b_1(a_1^2 - a_2) \end{bmatrix} \tag{7.19}$$

$|V| = -b_1^3$ なので $b_1 \neq 0$ であるならば可制御であることがいえます.

Maxima 7.4

```
sys3:comp3()$    状態空間モデルの作成
V:ctrb(sysa(sys3),sysb(sys3));    可制御行列の作成
```
$$\begin{bmatrix} 0 & 0 & b1 \\ 0 & b1 & -a1\,b1 \\ b1 & -a1\,b1 & a1^2 b1 - a2\,b1 \end{bmatrix}$$

```
determinant(V);    可制御性の判定
```
$$-b1^3$$

関数 `comp3` は `model.mac`(p.252) 内に含まれる関数です.

コメント 7.2 この例題において,可制御性の判定に状態方程式中のパラメータ a_1, a_2, a_3 が全く関係していないことに注意して下さい.つまり,これらがどのような値であっても $b_1 \neq 0$ であるならば必ず可制御なのです.このことについては,状態方程式 (7.18) 中の行列 A の 2 行目の第 3 要素と 1 行目の第 2 要素の 1 が重要な役割を果たしています.$x = [\,x_1\ x_2\ x_3\,]^T$ としたとき,操作量 u は 3 番目の勾配 ($\dot{x}_3$) に直接影響を与えますが,これらの 1 を通して,2 番目の勾配 ($\dot{x}_2$),1 番目の勾配 ($\dot{x}_1$) に操作量の影響が順に届きます.そのため,行列 A の最下行の要素が何であれ,状態方程式 (7.18) は可制御となります.このような構造 (行列 A の対角要素の一つ上の要素がすべて 1 で,最下行を除く残りの要素がすべて 0,また b は最下行のみが非零) をもつシステムを特に **可制御正準形** といいます (MI 系に対する可制御正準形は複雑な構造となるので,ここでは説明は省略します).

可制御性の判定に関して注意すべきことを一つ挙げておきます.たとえば,次に示す 2 次システムを考えます.

$$\dot{x} = \begin{bmatrix} 1 & 0 \\ \epsilon & 2 \end{bmatrix} x + \begin{bmatrix} 1 \\ 0 \end{bmatrix} u \tag{7.20}$$

これに対する可制御行列 V は

$$V = \begin{bmatrix} 1 & 1 \\ 0 & \epsilon \end{bmatrix} \tag{7.21}$$

であり，$\epsilon \neq 0$ である限り $\mathrm{rank}(V) = 2$ であるので，可制御であるといえます．ここで，状態方程式 (7.20) を分解表現すると

$$\begin{cases} \dot{x}_1 = x_1 + u \\ \dot{x}_2 = \epsilon x_1 + 2x_2 \end{cases} \tag{7.22}$$

となります．勾配 $\dot{x}_2$ には ϵx_1 を介して操作量 u の影響が届きます．ところが $|\epsilon|$ が小さい場合，x_1 がそれに対応して大きな値をもたないと，十分な影響力を $\dot{x}_2$ に対して与えることができません．そのため，x_1 が大きく動く必要があり，希望する制御性能が出せない可能性がでてきます (状態量が大きな値となる領域の動特性は，線形化近似した状態方程式では正しく表せません)．これに対して，ランクではなく行列式で判定を行った場合，$|V| = \epsilon$ となるので，その大きさから問題を含んでいることがわかるかもしれません．

例題 7.5

状態方程式 (7.20) に対して，状態フィードバック制御 $u = -[k_1 \; k_2]x$ を施した閉ループシステムの特性多項式は

$$\left| \begin{bmatrix} s-1+k_1 & k_2 \\ -\epsilon & s-2 \end{bmatrix} \right| = s^2 + (k_1 - 3)s + k_2\epsilon - 2(k_1 - 1)$$

で与えられます．この特性多項式の根が $\{\lambda_1, \lambda_2\}$ となるように k_1, k_2 を定めると次式を得ます．

$$[k_1 \;\; k_2] = \left[3 - \lambda_1 - \lambda_2 \;\; \dfrac{(\lambda_1 - 2)(\lambda_2 - 2)}{\epsilon} \right]$$

ϵ が小さくなるとともにゲイン k_2 が大きくなることがわかります．また，状態方程式 (7.20) に対して，上述の状態フィードバック制御 $u = -[k_1 \; k_2]x$ を施した閉ループシステムに対する初期値応答を求めた結果を次式に示します．なお，初期状態は $x(0) = [0 \; x_{02}]^T$ とし，観測量 y は x_1 としました．

$$y = \mathcal{L}^{-1}[1 \; 0](sI - (A - b[k_1 \; k_2]))^{-1} \begin{bmatrix} 0 \\ x_{02} \end{bmatrix} = \dfrac{(\lambda_1 - 2)(\lambda_2 - 2)}{\epsilon(\lambda_2 - \lambda_1)} (e^{\lambda_1 t} - e^{\lambda_2 t}) x_{02}$$

上式より，ϵ の値に依存して x_1 が大きな値をとることがわかります．

> Maxima 7.5
```
A722:matrix([1,0],[ee,2]) $
B722:matrix([1],[0]) $
K722:matrix([3-l1-l2,(l1-2)*(l2-2)/ee]) $
C722:matrix([1,0]) $
C722.invert(s*ident(2)-(A722-B722.K722)).matrix([0],[x02]) $
ilt(%,s,t);
```
$$\frac{((l1-2)l2-2l1+4)\%e^{l1\,t}\,x02}{ee\,l2-ee\,l1} - \frac{((l1-2)l2-2l1+4)\%e^{l2\,t}\,x02}{ee\,l2-ee\,l1}$$

7.3 ● 状態フィードバック制御

もう一つの重要な定理を紹介します．

> **定理 7.2** 対 (A, B) が可制御であるならば，行列 $A - BK$ の固有値を任意に指定できる行列 K が存在する．

状態方程式 $\dot{x} = Ax + Bu$ に対して，状態フィードバック制御 $u = -Kx$ を施したときの閉ループシステムは

$$\dot{x} = (A - BK)x \tag{7.23}$$

となります．上の定理は状態フィードバック制御により閉ループシステムの極を任意に指定可能であることを意味しています．一般に，何らかの原因で発生した初期状態 $x(0)$ を $x(\infty) = 0$ とする制御器を **レギュレータ** といいます．そこで，以降では，行列 A の固有値 (極) を **開ループ極**，行列 $A - BK$ の固有値を **レギュレータ極**，ということにします．なお，後者は閉ループシステムに対する極であることから，閉ループ極ということもあります．

本章の最初に述べた疑問点に対する解答がここにあります．つまり，

> 極を移動させることができるためのシステムに課せられた条件は，可制御であることであり，極を移動させるための制御方策は，状態フィードバック制御なのです．

第 4 章では n 階線形微分方程式

$$z^{(n)} + a_1 z^{(n-1)} + \cdots + a_{n-1}\dot{z} + a_n z = b_1 u$$

に対して，フィードバック制御

$$u = -(k_n z + k_{n-1}\dot{z} + \cdots + k_1 z^{(n-1)})$$

により，極を自由に変えることができることを示しました．この微分方程式は $b_1 \neq 0$ であれば可制御であり，実は上式のフィードバック制御が状態フィードバック制御に対応しています．

ところで，レギュレータ極を任意に指定できる状態フィードバックゲイン K の存在が保証されているのであれば，希望するレギュレータ極からそれを設計することができるはずです．これが **極配置法** と呼ばれる設計法です．この設計法では，レギュレータ極の位置をどのように定めるかが鍵となります．その際に，考慮すべき点を以下に列挙します．次節の設計例を通してこれらのことを体験してください．

---

(1) 指定するレギュレータ極の実部は負にすること

(2) 複素極を指定する場合，必ず複素共役とすること

(3) 整定時間 t_s の目安は

$$t_s = \frac{4}{\text{支配極の実部の絶対値}}$$

(4) 応答において目立った振動特性が生じない目安は

$$\text{極の実部の絶対値} \geq \text{虚部の絶対値}$$

(5) 可制御であるならば理論的には任意の位置に極を移動させることが可能であるが，制御に必要な操作量の立場からいうと，不必要な極の移動は避けた方が懸命である

本書では，状態フィードバックゲインを設計するためのアルゴリズムの紹介は省略します (演習問題 7.6, 7.7 において一つのアルゴリズムを紹介しています)．第 6 章のプログラム `control.mac` には，SI 系に限定しますが，Maxima で状態フィードバックゲインを設計する関数 `place` が含まれています．また，Scilab には極配置法に関する関数 `ppol` が用意されています．この関数は MI 系に対応していますが，使用の際には注意が必要です．SI 系に対しては，どのようなアルゴリズムを使っても同じ結果が得られますが，MI 系の場合，指定したレギュレータ極を与える状態フィードバックゲインが複数存在します．そのため，使用するアルゴリズムによって得られる結果が異なります．

7.4 ● 設計例

それでは，いくつかの例題に対して，極配置法による状態フィードバックゲインの設計を行うとともにそれを評価します．記号定数を含む低次システムに対して解析を目的とする場合，Maxima が有効です．本節では磁気浮上系に対して Maxima で解析例を示します．しかし，一般的には Scilab を使うべきでしょう．以降のコマンドを実行する前に，Maxima に対しては，control.mac と model.mac をロードしてください (ツールバー内の File の Load package を利用)．また，Scilab に対しては model.sce を読み込んでください (--> getf("model.sce"))．

7.4.1 磁気浮上系

磁気浮上系に対して状態フィードバックゲインの設計を行います．

$$\begin{cases} \dot{x} = \begin{bmatrix} 0 & 1 \\ \alpha & 0 \end{bmatrix} x + \begin{bmatrix} 0 \\ \beta \end{bmatrix} u \ (= Ax + bu) \\ y = \begin{bmatrix} 1 & 0 \end{bmatrix} x \ (= cx) \end{cases} \tag{7.24}$$

磁気浮上系が可制御であることは Maxima あるいは Scilab を利用して，簡単に確認できます．

```
                                                      Maxima 7.6
mm:mmodel()$    磁気浮上系に対する状態空間モデルの作成
Amag:sysa(mm)$  状態空間モデルから行列 A を取り出す
Bmag:sysb(mm)$  状態空間モデルから行列 B を取り出す
ctrb(Amag,Bmag);    可制御行列の計算

    ⎡  0    beta ⎤
    ⎣ beta   0   ⎦

rank(%);    可制御性の判定

    2
```

```
                                                      Scilab 7.7
--> mm=mmodel();    磁気浮上系に対する状態空間モデルの作成
--> V=cont_mat(mm)  可制御行列の作成
V =
   0.      -9.694
  -9.694    0.
```

```
--> rank(V)    可制御性の判定
ans =
 2.
```

次に，レギュレータ極が $\{\lambda_1, \lambda_2\}$ となるように状態フィードバックゲイン K を設計し，それを施した閉ループシステムに対する単位ステップ応答を求めます．

Maxima 7.8

```
K:place(Amag,Bmag,[l1,l2]);    状態フィードバックゲインの設計
```
$$\begin{bmatrix} \dfrac{l1\,l2 + alpha}{beta} & \dfrac{-l2 - l1}{beta} \end{bmatrix}$$
```
mmc:substa(mm,Amag-Bmag.K) $
transfer(mmc) $    伝達関数の計算
ilt(%/s,s,t);    単位ステップ応答
```
$$\dfrac{beta\,\%e^{l2\,t}}{l2^2 - l1\,l2} - \dfrac{beta\,\%e^{l1\,t}}{l1\,l2 - l1^2} + \dfrac{beta}{l1\,l2}$$

関数 place の 3 番目の引数に，希望するレギュレータ極をリストとして与えます．関数 substa は 1 番目に与える状態空間モデルの行列 A を 2 番目の引数の行列で置き換えるものです．関数 transfer は引数として与えた状態空間モデルの伝達関数を計算します．

$$K = \begin{bmatrix} \dfrac{\alpha + \lambda_1 \lambda_2}{\beta} & -\dfrac{\lambda_1 + \lambda_2}{\beta} \end{bmatrix} \tag{7.25}$$

$$y = \dfrac{\beta}{\lambda_1 \lambda_2} + \dfrac{\beta e^{\lambda_1 t}}{\lambda_1(\lambda_1 - \lambda_2)} - \dfrac{\beta e^{\lambda_2 t}}{\lambda_2(\lambda_1 - \lambda_2)} \tag{7.26}$$

このように，解析的に処理することで，状態フィードバックゲインの構造やレギュレータ極 $\{\lambda_1, \lambda_2\}$ が応答に与える効果を知ることができます．

しかし，具体的な応答を知るためには，やはり数値計算が必要です．上記の結果に数値を代入してもよいのですが，Scilab を利用して再度設計を行い，閉ループシステムに対する初期値応答を図示してみましょう．ここでは一例として，指定するレギュレータ極を $\{-40+40j, -40-40j\}$ とします（整定時間が約 $0.1\,\mathrm{s}$ で若干のオーバーシュートを与える）．このとき，状態フィードバックゲインは

$$K = \begin{bmatrix} -574.1 & -8.253 \end{bmatrix}$$

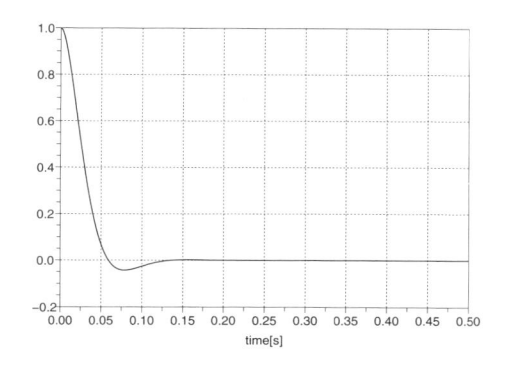

図 7.3　初期値応答

で与えられ，そのときの初期値応答は図 7.3 となります．希望する応答が得られていることがわかります．

```
--> mm=mmodel();    磁気浮上系の状態空間モデル
--> [A,B,C,D]=abcd(mm);    状態空間モデルから行列 A, B, C, D を取り出す
--> P=[-40+40*%i,-40-40*%i];    指定したレギュレータ極
--> K=ppol(A,B,P)    極配置法による設計
K =
  -574.1   -8.253
--> syscl=syslin('c',A-B*K,B,C);    閉ループシステム
--> x0=[0.001;0];    初期状態
--> t=0:0.001:0.5;    シミュレーション時間
--> y=csim(zeros(t),t,syscl,x0);    初期値応答
--> plot(t,y*1000)    応答の表示
```

Scilab 7.9

Scilab では虚数単位を %i で与えます．関数 csim を利用することで，システムの種々の応答を計算できます．本関数に対する引数の与え方の詳細についてはオンラインヘルプをご参照ください．関数 plot を利用して応答を表示する際に，単位を [m] から [mm] に変換するために 1000 倍しています．

ここでは一例を示しましたが，他のレギュレータ極についても各自で設計し，シミュレーションにより結果の評価を行ってください．その際に，Scilab のもつヒストリ機能が役に立つと思います．あるいは，そのためのプログラムを作成してもよいでしょう．

7.4.2 倒立振子系

倒立振子系は可制御な不安定系です．

Maxima 7.10
```
pm:pmodel()$    状態空間モデルの作成
V:ctrb(sysa(pm),sysb(pm))$   可制御行列
radcan(determinant(V));    可制御性の判定
```
$$-\frac{g^2 m^4 xi^4 L^4}{m^4 L^8 + 4m^3 JL^6 + 6m^2 J^2 L^4 + 4mJ^3 L^2 + J^4}$$

Scilab 7.11
```
--> pm=pmodel();    状態空間モデルの作成
--> spec(pm.A)    開ループ極
 ans =
   6.046
  -6.068
   0.
  -240.
--> rank(cont_mat(pm))    可制御性の判定
 ans =
   4.
```

この倒立振子系に対して，初期値応答がおおよそ 1s 程度で整定するような状態フィードバックゲインを設計します．本システムの開ループ極は $\{6.046, -6.068, 0, -240\}$ で与えられますが，他の極と比べてかなり安定な極 $\{-240\}$ が一つ含まれます．システムは可制御なので，すべての極を任意の位置に移動させることが理論的には可能ですが，不必要な極の移動は避けるべきです．そこで，この極は移動させない，という方針をとります．また，設計仕様から，レギュレータ極の実部は -4 よりも左にあるべき (小さくすべき) です．そこで，一例として，レギュレータ極を $\{-240, -4+4j, -4-4j, -7\}$ とします．このとき，状態フィードバックゲインは

$$K = \begin{bmatrix} -16.28 & -15.46 & -9.141 & -2.489 \end{bmatrix}$$

で与えられます．また，初期状態を $x(0) = [z(0)\ \theta(0)\ \dot{z}(0)\ \dot{\theta}(0)]^T = [0\ 0.1\ 0\ 0]^T$ としたときの初期値応答を図 7.4 に示します．上図がシステムからの観測量 (実線が振子の角度 [rad]，破線が台車の位置 [m])，下図が制御に必要な操作量 [V] を表しています．おおよそ 1s で応答は整定しており，安定化できていることがわかります．これらの結果を得るための Scilab のコマンド例を以下に示します．

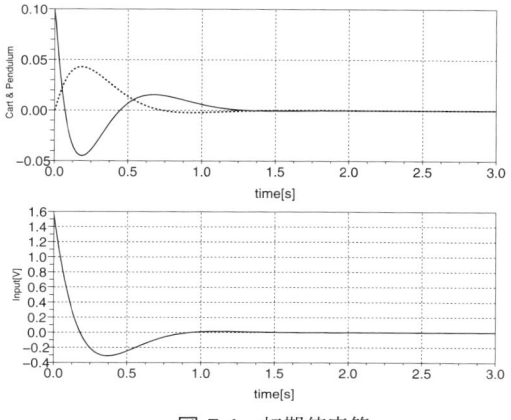

図 7.4　初期値応答

```
Scilab 7.12
--> [A,B,C,D]=abcd(pm);
--> P=[-240,-4+4*%i,-4-4*%i,-7];   レギュレータ極
--> K=ppol(A,B,P)   極配置法による設計
K =
 −16.28   −15.46   −9.141   −2.489
--> syscl=syslin('c',A-B*K,B,C);   閉ループシステム
--> x0=[0;0.1;0;0];   初期状態 ( $\theta(0) = 0.1$[rad] )
--> t=0:0.01:3;   シミュレーション時間
--> ycl=csim(zeros(t),t,syscl,x0);   初期値応答
--> subplot(211); plot(t,ycl)   応答の表示
--> sysu=syslin('c',A-B*K,B,-K);   操作量を出力とするシステム
--> u=csim(zeros(t),t,sysu,x0);   制御に必要な操作量
--> subplot(212); plot(t,u)   操作量の表示
```

関数 subplot を利用することで，プロット画面を引数で指定したように分割することができます．分割した状態を行列に対応させたとき，引数の最初の数字が行数，2 番目が列数，3 番目が要素の位置を表しています．上の例では画面を上下に 2 分割しています．それから，操作量は $u = -Kx$ で与えられますが，これを観測方程式と考え，計算を行っている点に注意してください．

ところで，応答が速いことはシステムにとって望ましいと考え，前項の磁気浮上系で例として指定した極の位置を参考に，レギュレータ極を $\{-240, -40+40j, -40-40j, -50\}$ に配置したとします (設計は各自で行ってください)．このときの初期値応答を示したのが次図です (横軸のとり方に注意してください)．確かに，速い応答が得られていますが，整定するまでに大きな応答ならびに操作量が発生しています．

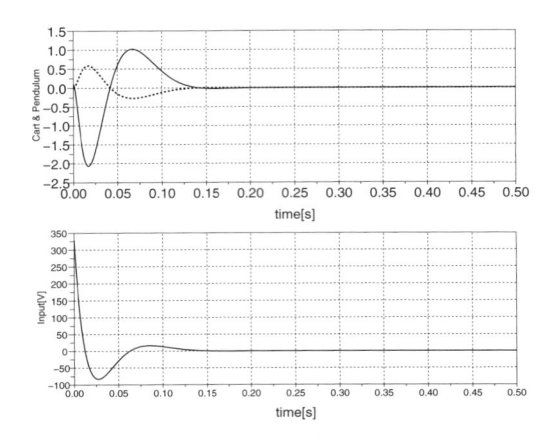

図 7.5　初期値応答

倒立振子系に対する状態空間モデルは線形化されたものであることを考えると，この状態フィードバックゲインは適切なものであるとは決していえません．

後者における設計の問題点として，システムが本質的にもつ動特性 (開ループ極) に配慮することなく無理な設計仕様を与えたこと，を挙げることができます．前項で取り上げた磁気浮上系の場合，その開ループ極が $\{\pm 48.63\}$ であるのに対して，倒立振子系 (の支配極) は，約 $\{\pm 6\}$ です．つまり，システムのもつ本質的な応答速度が両者でまったく異なるのです．したがって，

> 設計を行う際には，システム自身がもつ (開ループ) 極の位置を意識することが大切であるといえます．

7.4.3　柔軟ビーム振動系

もう一つの設計例として，図 7.6 に示す両端単純支持梁 (長さが L [m]) の振動制御問題を取り上げます．図中，$f(t)$ は x_a 地点に与える操作量 (力) で観測量を x_s 地点における歪とします．この両端単純支持梁は，風などの力外乱を受けることで振動的な応答を生じることが最大の特徴です．そこで，以降では，これを **柔軟ビーム振動系** ということにします．本システムを数学的に解析することで，無限次元の状態空間モデルが得られますが，ここでは 3 次振動モードまでを考慮した次式の状態空間モデルを対象とします．$x_a = 3L/4$, $x_s = L/4$ としています．式の導出については章末の付録を参照してください．

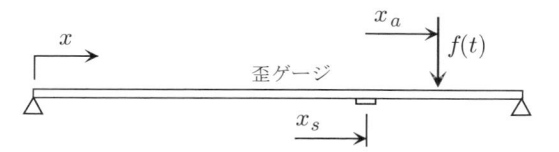

図 7.6 柔軟ビーム振動系概念図

$$\begin{cases} \dot{x} = \begin{bmatrix} 0 & 1 & 0 & 0 & 0 & 0 \\ -310.8 & -1.763 & 0 & 0 & 0 & 0 \\ 0 & 0 & 0 & 1 & 0 & 0 \\ 0 & 0 & -4.973 \times 10^3 & -1.128 & 0 & 0 \\ 0 & 0 & 0 & 0 & 0 & 1 \\ 0 & 0 & 0 & 0 & -2.518 \times 10^4 & -1.904 \end{bmatrix} x \\ \qquad + \begin{bmatrix} 0 \\ 3.651 \\ 0 \\ -5.163 \\ 0 \\ 3.651 \end{bmatrix} u \\ y = \begin{bmatrix} -8.178 & 0 & -46.26 & 0 & -73.61 & 0 \end{bmatrix} x \end{cases}$$

(7.27)

柔軟ビーム振動系に対する状態空間モデルを作成する Scilab のプログラム例を示します．以降の設計で本プログラムを利用するので，すでに作成済みの `model.sce` に追加してください．

Scilab 7.13

```
function bm=bmodel()

   A=[0,1,0,0,0,0;-310.8,-1.763,0,0,0,0;
      0,0,0,1,0,0;0,0,-4.973e3,-1.128,0,0;
      0,0,0,0,0,1;0,0,0,0,-2.518e4,-1.904];
   B=[0;3.651;0;-5.163;0;3.651];
   C=[-8.178,0,-46.26,0,-73.61,0];

   bm = syslin('c',A,B,C);

endfunction    // end of bmodel
```

例題 7.6

上述のプログラムにより作成した状態空間モデルに対して，Scilab 上で開ループ極，可制御性ならびに単位インパルス応答を調べます．

```
Scilab 7.14
--> bm=bmodel();    柔軟ビーム振動系の状態空間モデル
--> [A,B,C,D]=abcd(bm);
--> spec(A)    開ループ極
ans =
 -0.8815 + 17.61i
 -0.8815 - 17.61i
 -0.564 + 70.52i
 -0.564 - 70.52i
 -0.952 + 158.7i
 -0.952 - 158.7i
--> rank(cont_mat(bm))    可制御性の判定
ans =
 6.
--> t=0:0.001:10;    シミュレーション時間
--> y=csim('impl',t,bm);    単位インパルス応答
--> plot(t,y)    応答の表示
```

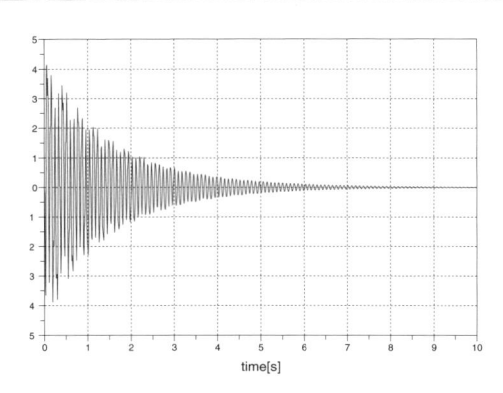

図 7.7 柔軟ビーム振動系に対する単位インパルス応答

開ループ極 $\{-0.8815 \pm 17.61j, -0.564 \pm 70.52j, -0.952 \pm 158.7j\}$ から，本システムは漸近安定であること，またその整定時間が約 $7\,\mathrm{s} = (4/|-0.564|)$ 程度であることが推測できます．図 7.7 は単位インパルス応答ですが，この推測が正しい

ことを示しています．

　本システムに対する設計仕様は，発生した振動をすばやく止めること，と考えるのが自然でしょう．その際に，本システムは本質的に振動を発生する動特性をもつ（極の実部の絶対値と比較して虚部の絶対値が大きい）点に注意する必要があります．設計仕様を満たすためには，(1) 振動をすばやく減衰させる，(2) 振動そのものを発生しないようにする，ことが考えられます．後者に対しては，レギュレータ極を

$$\text{実部の絶対値} \geq \text{虚部の絶対値}$$

を満たすように選定すればよい (7.3 節参照) のですが，本システムに対してこのような極指定を行うと，実現不可能な膨大な操作量を必要とすることになります．これはシステムのもつ動特性を配慮することなくレギュレータ極を指定したためです (確認してください)．

　したがって，本システムに対しては，振動の減衰を高める方針で設計を行う必要があります．応答の減衰は極の実部で与えられることを思い出すと，開ループ極の実部を希望する整定時間を満たす値にすればよいことがわかります．たとえば，整定時間を約 2 s とすれば -2 となります．このときの Scilab における設計例を次に示します．

Scilab 7.15
```
--> K=ppol(A,B,spec(A)-1.5)    状態フィードバックゲインの設計
K =
 1.147   0.8224   -2.194   -0.5811   6.964   0.8209
--> syscl=syslin('c',A-B*K,B,C);    閉ループシステム
--> t=0:0.001:5;
--> ycl=csim('impl',t,syscl);   単位インパルス応答
--> subplot(211); plot(t,ycl)   応答の表示
--> sysu=syslin('c',A-B*K,B,-K);
--> u=csim('impl',t,sysu);
--> subplot(212); plot(t,u)
```

　spec(A) は行列 A の固有値を縦ベクトルとして返します．それに対してスカラー 1.5 を引くという演算は，ベクトルの各要素に対して適用されます．つまり，spec(A)-1.5 によって，開ループ極の実部が虚軸に対して左方向に 1.5 移動したベクトルが生成されます．

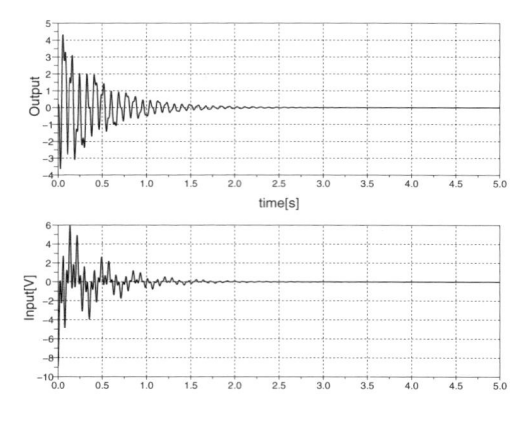

図 7.8　閉ループ系に対する単位インパルス応答

　上図が歪センサからの出力電圧に対応した電圧で，下図が制御のための操作量です．2s 程度でインパルス応答が整定していることがわかります．操作量も十分実現可能な大きさです．

7.5 ● まとめ

　システムの応答と極には密接な関係があり，その極を移動させることで応答を改善することができます．本章では，そのための条件とそれを実現する制御方策について検討しました．要点を以下にまとめます．

(1) システムが可制御であるならば，状態フィードバック制御 $u = -Kx$ により，閉ループシステムの極 (レギュレータ極) を任意の場所に移動させることが可能である．

(2) 可制御であるかどうかは可制御行列のランクを調べることで判定できる．

(3) 可制御なシステムに対して，開ループ極を希望する応答から定めたレギュレータ極に移動させる状態フィードバックゲインを設計する方法が極配置法である．

>>本章のキーワード (登場順)<<
☐ (不) 可制御　☐ 可制御性　☐ 可制御行列　☐ 可制御正準形
☐ レギュレータ　☐ 開ループ極　☐ レギュレータ極　☐ 極配置法
☐ 柔軟ビーム振動系

演習問題 7

1. 正則変換により可制御性が不変であることを示せ.
2. 次に示す対 (A, b) に対する可制御性を判定せよ.

   (a) $A = \begin{bmatrix} 1 & 1 \\ 2 & 0 \end{bmatrix}$, $b = \begin{bmatrix} 1 \\ 0 \end{bmatrix}$ (b) $A = \begin{bmatrix} 1 & 1 \\ 2 & 0 \end{bmatrix}$, $b = \begin{bmatrix} 1 \\ 1 \end{bmatrix}$

3. 上述の (a), (b) を対角正準形 (演習問題 6.4) に変換し, 可制御性との関係について検討せよ.
4. 次の行列を A とするとき, 対 (A, B) が可制御となるための B に対する条件を検討せよ.

   (a) $\begin{bmatrix} -1 & 1 & 0 \\ 0 & -1 & 1 \\ 0 & 0 & -1 \end{bmatrix}$ (b) $\begin{bmatrix} -1 & 1 & 0 \\ 0 & -1 & 0 \\ 0 & 0 & -1 \end{bmatrix}$ (c) $\begin{bmatrix} -1 & 0 & 0 \\ 0 & -1 & 0 \\ 0 & 0 & -1 \end{bmatrix}$

5. 図 6.1 の 2 水槽系が可制御であることを示せ. また, $C_1 = C_2 = 1$, $R_1 = R_2 = 0.5$ のとき, レギュレータ極が $\{-3, -4\}$ となるように状態フィードバックゲインを設計せよ.
6. 次に示す状態方程式に対して, 下記に示す手順で正則行列 T を作成し, 正則変換を行え.

$$\dot{x} = \begin{bmatrix} -1 & 1 & 0 \\ 0 & 2 & 0 \\ 1 & 0 & 1 \end{bmatrix} x + \begin{bmatrix} 0 \\ 1 \\ 1 \end{bmatrix} u$$

   (a) 可制御行列 V を計算
   (b) 行列 A に対する特性多項式 $s^3 + a_1 s^2 + a_2 s + a_3$ を計算
   (c) 次の行列 W を作成

$$W = \begin{bmatrix} a_2 & a_1 & 1 \\ a_1 & 1 & 0 \\ 1 & 0 & 0 \end{bmatrix}$$

   (d) $T = VW$ で正則変換 $(x = T\hat{x})$

7. 演習問題 7.6 で, 正則変換の結果得られた状態方程式に対して, 状態フィードバック制御 $u = -[\,\hat{k}_3 \; \hat{k}_2 \; \hat{k}_1\,]\hat{x}$ を施したときの閉ループシステムの特性多項式を計算し, レギュレータ極が $\{-1, -2, -3\}$ となるように状態フィードバックゲインを設計せよ.
8. 次に示す状態空間モデルに対して $u = -ky$ というフィードバック制御を施すとする. このとき, 閉ループ極が一つの漸近安定な実根と 1 対の共役複素根 $-\sigma \pm \sigma j$ $(\sigma > 0)$ をもつようにゲイン k を定めよ.

$$\begin{cases} \dot{x} = \begin{bmatrix} 0 & 1 & 0 \\ 0 & 0 & 1 \\ 0 & -12 & -7 \end{bmatrix} x + \begin{bmatrix} 0 \\ 0 \\ 1 \end{bmatrix} u \\ y = \begin{bmatrix} 1 & 0 & 0 \end{bmatrix} x \end{cases}$$

9. 演習問題 6.10 において

$$\begin{cases} \dot{x}_1 = x_1 + u_1 \\ y_1 = x_1 \end{cases} \quad \begin{cases} \dot{x}_2 = -x_2 + u_2 \\ y_2 = -2x_2 + u_2 \end{cases}$$

とする．これらを直列結合したシステムに対して可制御性を調べよ．また，各システムの伝達関数ならびに結合したシステムの伝達関数を求めよ．

10. 倒立振子系に対して，レギュレータ極と応答性と操作量の関係について検討せよ．
11. 柔軟ビーム振動系に対して，整定時間を約 $2\,\mathrm{s}, 1\,\mathrm{s}, 0.5\,\mathrm{s}$ とする状態フィードバックゲインを設計し，それぞれに対する閉ループシステムの BODE ゲイン線図を描け (関数 `gainplot` が利用可)．(BODE 線図に関する説明は本書では省略します．)
12. 柔軟ビーム振動系の開ループ極は $\{-0.8815 \pm 17.61j, -0.564 \pm 70.52j, -0.952 \pm 158.7j\}$ で与えられる．これらは順に 1 次，2 次，3 次振動モードに対応している．本システムに対して，1 次と 2 次振動モードのみを制御する状態フィードバックゲインを設計し，閉ループシステムに対するインパルス応答ならびに BODE ゲイン線図を描け．

第 7 章付録 ● 柔軟ビーム振動系に対する状態空間モデルの導出

時刻 t，位置 x における柔軟ビームの変位を $y_d(x,t)$ とすると，その自由振動に対する支配方程式と境界条件は次のように与えられます．

$$EI\frac{\partial^4 y_d}{\partial x^4} + m\frac{\partial^2 y_d}{\partial t^2} = 0$$

$$y_d(0,t) = y_d(L,t) = 0, \quad \left.\frac{\partial^2 y_d}{\partial x^2}\right|_{x=0} = \left.\frac{\partial^2 y_d}{\partial x^2}\right|_{x=L} = 0 \tag{7.28}$$

式中の記号は以下のとおりです．

- m ： 柔軟ビームの単位長さあたりの質量
- L ： 柔軟ビームの長さ
- E ： ヤング率
- I ： 断面2次モーメント

変数分離法を使用することで，式 (7.28) の解は次式で与えられます．

$$y_d(x,t) = \sum_{i=1}^{\infty} \varphi_i(t)\sin\frac{i\pi x}{L} \tag{7.29}$$

上式は，柔軟ビームに発生した振動が，モード関数と呼ばれる $\sin(i\pi x/L)$ の無限和として表されることを意味しています．

次に,外部から (x 方向に分布した) 力 $F(x,t)$ が作用した場合を考えます.

$$EI\frac{\partial^4 y_d}{\partial x^4} + m\frac{\partial^2 y_d}{\partial t^2} = F(x,t) \tag{7.30}$$

上式に式 (7.29) を代入することで次式が得られます.

$$\sum_{i=1}^{\infty}\left(m\ddot{\varphi}_i + EI\frac{i^4\pi^4}{L^4}\varphi_i\right)\sin\frac{i\pi x}{L} = F(x,t)$$

上式の両辺に $\sin(j\pi x/L)$ を掛け,区間 $[0,L]$ 上で積分すると,$\sin$ の直交性より,

$$\left(m\ddot{\varphi}_i + EI\frac{i^4\pi^4}{L^4}\varphi_i\right)\frac{L}{2} = \int_0^L F(x,t)\sin\frac{i\pi x}{L}dx \tag{7.31}$$

を得ます.ここで,上式における力 $F(x,t)$ が,点 $x=x_a$ に集中力 $f(t)$ として加えられる,すなわち

$$F(x,t) = f(t)\delta(x-x_a) \tag{7.32}$$

とします.これを式 (7.31) に代入することで,i 次モード関数 $\sin(i\pi x/L)$ に対応した φ_i に関する微分方程式を得ます.

$$\frac{mL}{2}\ddot{\varphi}_i + \frac{EIi^4\pi^4}{2L^3}\varphi_i = \sin\frac{i\pi x_a}{L}f(t) \quad (i=1,2,\cdots,\infty) \tag{7.33}$$

ところで,実際の柔軟ビーム振動系では,粘性摩擦等のエネルギ散逸が必ず存在するので,それを考慮したのが次式です.

$$\hat{a}_i\ddot{\varphi}_i + \hat{b}_i\dot{\varphi}_i + \hat{c}_i\varphi_i = \hat{d}_i f \quad (i=1,2,\cdots,\infty) \tag{7.34}$$

ここで,

$$\hat{a}_i = \frac{mL}{2}, \quad \hat{b}_i = 2\zeta_i\sqrt{\hat{a}_i\hat{c}_i}, \quad \hat{c}_i = \frac{EIi^4\pi^4}{2L^3}, \quad \hat{d}_i = \sin\frac{i\pi x_a}{L}$$

上式に対して,状態量 x_∞ を定義します.

$$x_\infty = \begin{bmatrix} x_1 \\ x_2 \\ \vdots \end{bmatrix} \quad \left(x_i = \begin{bmatrix} \varphi_i \\ \dot{\varphi}_i \end{bmatrix}\right) \tag{7.35}$$

x_i が i 次振動モードに対応しています.このとき状態方程式は次式となります.

$$\dot{x}_\infty = \text{diag}\{A_1, A_2, \cdots\}x_\infty + \begin{bmatrix} b_1 \\ b_2 \\ \vdots \end{bmatrix}u \tag{7.36}$$

ここで,$u=f$ であり,diag{ } は引数を対角要素 (行列) としてもつ対角行列を意味しています.また,

$$A_i = \begin{bmatrix} 0 & 1 \\ -\hat{c}_i/\hat{a}_i & -\hat{b}_i/\hat{a}_i \end{bmatrix}, \quad b_i = \begin{bmatrix} 0 \\ \hat{d}_i/\hat{a}_i \end{bmatrix}$$

次に,歪みセンサからの出力を観測量であるとします.このとき,柔軟ビームの厚さを h とすると観測方程式は次式で与えられます.

$$y_\infty = \sum_{i=1}^{\infty} \frac{h}{2} \frac{\partial^2}{\partial x^2} \sin\left(\frac{i\pi x}{L}\right)\bigg|_{x=x_s} \varphi_i(t)$$
$$= [c_1 \quad c_2 \cdots] x_\infty \tag{7.37}$$

ここで, $c_i = \left[-\dfrac{h}{2}\left(\dfrac{i\pi}{L}\right)^2 \sin\left(\dfrac{i\pi x_s}{L}\right) \quad 0 \right]$

無限個の振動モードの重ね合わせとして柔軟ビームの振動に関する微分方程式 (7.34) が与えられることに対応して, 状態量 x_∞ は無限次元となります. そのため, それに対して制御系の設計を行う場合, 設計が困難となるだけではなく, たとえ希望する特性をもつ制御器を設計できたとしてもそれを実現する際に問題が生じる恐れがあります. そこで, 以下では, 低次振動モードのみ (具体的には 1～3 次振動モードまで) を考慮したものを柔軟ビーム振動系に対する状態空間モデルであるとします.

$$\begin{cases} \dot{x} = \begin{bmatrix} A_1 & 0 & 0 \\ 0 & A_2 & 0 \\ 0 & 0 & A_3 \end{bmatrix} x + \begin{bmatrix} b_1 \\ b_2 \\ b_3 \end{bmatrix} u \\ y = \begin{bmatrix} c_1 & c_2 & c_3 \end{bmatrix} x \end{cases} \tag{7.38}$$

上式中に含まれる物理パラメータに対して, 次表の数値を代入した結果, 式 (7.27) が得られます.

表 7.1 柔軟ビーム振動系の物理パラメータ値

L	1.6	[m]	柔軟ビームの長さ
m	0.2421	[kg/m]	単位長さあたりの質量
h	0.003	[m]	厚さ
EI	5.063	[Nm^2]	$E \times I$
ζ_1	0.05		粘性抵抗係数 (1 次モード)
ζ_2	0.008		粘性抵抗係数 (2 次モード)
ζ_3	0.006		粘性抵抗係数 (3 次モード)
x_a	$3L/4$	[m]	アクチュエータの位置
x_s	$L/4$	[m]	センサの位置
	2000		アンプゲイン

第8章

可観測性と全状態オブザーバ

　可制御なシステムに対して，状態フィードバック制御を施すことにより，閉ループシステムの極 (レギュレータ極) を任意に指定することができました．しかし，第6章でも述べたように，フィードバック制御系を構成する際に利用できるのはセンサからの情報のみです．これはシステムのもつ状態量の一部にすぎません．そこで，状態フィードバック制御を実現するために，状態量を推定することについて考えます．

8.1 ● 全状態オブザーバ

　状態方程式はシステムの動特性を表現しています．

$$\dot{x} = Ax + Bu \tag{8.1}$$

行列 A, B は予め入手できる情報であり，操作量 u は制御器からの出力なので，制御器にとっては既知と考えることができます．一般のシステムでは，状態量 x のすべてを手にすることはできません．しかし，微分方程式

$$\dot{\hat{x}} = A\hat{x} + Bu \tag{8.2}$$

はコンピュータを利用すれば数値的に解くことができます．つまり，式 (8.2) 中の $\hat{x}$ は完全に入手可能なのです．そうであれば，この $\hat{x}$ は x の代用 (推定量) として状態フィードバック制御に利用可能なのでしょうか (つまり $u = -K\hat{x}$)．その確認をするために，式 (8.1) と式 (8.2) の差をとります．その結果，誤差 $e = x - \hat{x}$ に関する微分方程式が得られます．

$$\dot{e} = Ae \tag{8.3}$$

式 (8.1) の状態量 x が入手できないということは初期状態 $x(0)$ も入手できません．しかし，微分方程式 (8.2) を解くためには初期状態 $\hat{x}(0)$ を定める必要があります．

一般的には $x(0) - \hat{x}(0) = e(0) \neq 0$ であり，$x(0)$ に依存して $e(0)$ は任意の値を取り得ます．それに対して $e(\infty) = 0$，つまり $\lim_{t \to \infty} \hat{x} = x$ となるためには，式 (8.3) から行列 A が漸近安定であることが必要です．それでは，それが漸近安定であれば $\lim_{t \to \infty} \hat{x} = x$ という意味で $\hat{x}$ を x の代用として利用可能なのでしょうか．答えは否です．フィードバック制御を行う目的は，システムの応答の改善にあり，システムの応答そのものは悪いと考えるべきです．しかし，式 (8.3) からも明らかなように，誤差 e の収束性は開ループ極に依存します．したがって，誤差 e の収束性がなんらかの方策により自由に指定できるようにならなければ $\hat{x}$ を推定量として利用できません．

そこで，式 (8.2) の $\hat{x}$ を利用した

$$\hat{y} = C\hat{x} + Du$$

を考えます．これは，観測量 y の推定量と考えることができます．観測量というのはその名のとおり観測可能ですから，$y - \hat{y}$ を利用することで観測量の立場から状態量の推定の度合いを知ることができそうです．そこで，これを式 (8.2) に付加してみましょう．その際に，行列 H を導入している点に注意してください．

$$\dot{\hat{x}} = A\hat{x} + Bu + H(y - C\hat{x} - Du) \tag{8.4}$$

式 (8.1) と式 (8.4) をブロック線図を利用して描いたのが図 8.1 です．なお，簡単のために，$Du = 0$ としました．

式 (8.4) と式 (8.1) の差を求めると

$$\dot{e} = (A - HC)e \tag{8.5}$$

となります．状態フィードバック制御 $u = -Kx$ は行列 A を $A - BK$ に変えることができることを第 7 章で示しましたが，式 (8.4) も行列 H を利用したある種のフィードバックを施していることと等価であることが，図 8.1 からわかります．それ

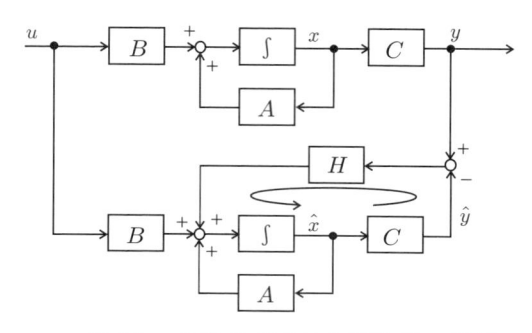

図 8.1 式 (8.4) における行列 H の役割

によって，誤差方程式 (8.3) 中の行列 A が $A - HC$ に変わったのです．

したがって，行列 H によって行列 $A - HC$ の固有値を自由に移動させることができるならば，誤差 e の収束性が自由に指定可能となります．そのための条件が次節で述べる **可観測性** なのです．結論からいえば，システムが可観測のとき，式 (8.4) の $\hat{x}$ を x の代用として利用できます．そこで，式 (8.4) を **全状態オブザーバ (全状態観測器)**，行列 H を **オブザーバゲイン** といいます．全状態とは状態量すべてを推定することを意味しています．

状態量が推定できるならば，それを利用して状態フィードバック制御を実現できます．つまり，全状態オブザーバを用いたフィードバック制御器 (これを **全状態オブザーバ付制御器** という) は次式で与えられます．

$$\begin{cases} \dot{\hat{x}} = A\hat{x} + Bu + H(y - C\hat{x} - Du) \\ u = -K\hat{x} \end{cases} \tag{8.6}$$

あるいは，第 2 式の u を第 1 式に代入して整理することで次式が得られます．通常，実システムを制御する場合，こちらを使用します (第 11 章)．制御対象が操作量 u を受けて観測量 y を出力するのに対して，式 (8.7) は観測量 y を受け取って，操作量 u を出力します．

$$\begin{cases} \dot{\hat{x}} = (A - (B - HD)K - HC)\hat{x} + Hy \\ u = -K\hat{x} \end{cases} \tag{8.7}$$

8.2 ● 可観測性

それでは，可観測性を定義しましょう．

□ 定義 8.1

$$\begin{cases} \dot{x} = Ax \\ y = Cx \end{cases} \tag{8.8}$$

において，ある有限時刻 t_f までの $y(t)$ $(0 \leq t \leq t_f)$ を観測することによって，初期状態 $x(0)$ を一意に決定できるとき，式 (8.8) もしくはそのシステムを **可観測** であるという．

第 6 章で，状態方程式 $\dot{x} = Ax + Bu$ の解は

$$x = e^{At}x(0) + \int_0^t e^{A(t-\tau)}Bu\,d\tau$$

で与えられることを示しました．右辺第 1 項が初期値応答，第 2 項が零状態応答を表しています．後者は制御器が発生する操作量 u により駆動された状態量 x を意味しているので，制御器にとっては既知と考えて構いません．したがって，状態量 x を知るためには，初期状態 $x(0)$ を知ることが本質的なのです．定義が初期状態 $x(0)$ を対象にしているのはそのためです．また，式 (8.8) には操作量 u に関する項が含まれていないことも，同様の理由からです．このように，システムが可観測であるかどうかは行列 A と C によって定まるので，対 (C, A) **が可観測である** という言い方をすることがあります．

可制御性のときと同様に，与えられたシステムが可観測であるかどうかを判定するための重要な定理を紹介します．

> **□ 定理 8.1**　対 (C, A) が可観測であるための必要十分条件は，**可観測行列**
> $$W = \begin{bmatrix} C \\ CA \\ CA^2 \\ \vdots \\ CA^{n-1} \end{bmatrix} \tag{8.9}$$
> がフル (列) ランクをもつ，すなわち $\mathrm{rank}(W) = n$ であることである．

第 1 章で紹介した振子の例において，角度 θ を微分することで得られる角速度 $\dot{\theta}$ は振子のこれから動く方向を意味していたことを思い出してください．つまり，時間関数を微分することによって，その中に含まれるより多くの情報を引き出すことができるのです．式 (8.8) より，観測量 y の 1 階微分は $\dot{y} = C\dot{x} = CAx$，2 階微分は $\ddot{y} = CA^2 x$ となることはわかりますね．ここで，改めて可観測行列 W をながめると，その第 1 要素 C は，直接手にすることができる観測量に対応しています．しかし，これは状態量の一部であり，より多くの情報を引き出せる可能性を調べるために，可観測行列中に $CA, CA^2, \cdots$ が含まれているのです．とすれば，$CA^n, CA^{n+1}, \cdots$ も必要に思えるかもしれませんが，CA^{n-1} までで観測量から最大引出し得る情報を求めることができることを示せます．このようにして得られた可観測行列のランクを調べることで，観測量を利用して推定可能な状態量の数を知ることができます．それが n であれば状態量すべてを推定できることになります．

8.2 可観測性

前章で述べた可制御性は，任意の初期状態 $x(0)$ を $x=0$ に移動させる操作量 u の存在性に関するものであり，状態量 x の将来の振る舞いに関連しているのに対して，可観測性は初期状態 $x(0)$ の推定，すなわち状態量 x の過去に関連しています．また，定理から，対 (C,A) が可観測であることと対 (A^T, C^T) が可制御であること（演習問題 8.1），対 (A,B) が可制御であることと対 (B^T, A^T) が可観測であることが等価であることがわかります．このことを **双対性** といいます．

もう一つの重要な定理を紹介します．

> □ **定理 8.2** 対 (C,A) が可観測であるならば，行列 $A-HC$ の固有値を任意に指定できる行列 H が存在する．

つまり，

> システムが可観測であるならば，適切に選定したオブザーバゲイン H を利用した式 (8.4) の $\hat{x}$ は状態量 x の推定量として利用可能である

ことがいえます．

ところで，オブザーバゲイン H の設計ですが，双対性より，前章で述べた極配置法が利用できます．つまり，対 (C,A) が可観測であれば，対 (A^T, C^T) は可制御であるので $A^T - C^T \hat{H}$ の固有値を任意に指定可能な $\hat{H}$ が存在します．この転置をとると $A - \hat{H}^T C$ となりますが，転置をとっても行列の固有値は変わらないことから，$H = \hat{H}^T$ とすれば目的が達成できます．

それでは，具体的にどこに配置するかということになりますが，推定した状態量 $\hat{x}$ を状態フィードバック制御に利用することを考えると，図 8.2 に示すようにレギュレータ極 (行列 $A - BK$ の固有値) よりは虚軸に対してより左側に配置することが好ましいことは容易に理解できると思います．なお，行列 $A - HC$ の固有値を **オブ**

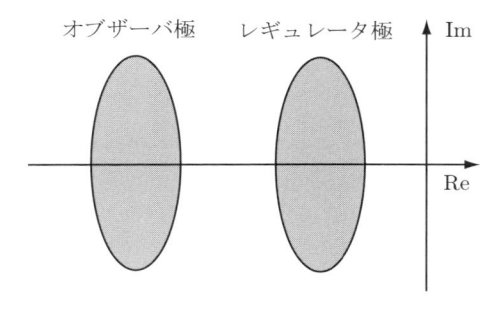

図 8.2 $A-BK$ と $A-HC$ の極の関係

ザーバ極 といいます.

例題 8.1

例題 7.2 の水槽系が可観測となるための条件を調べてみましょう. 状態方程式は

$$\dot{x} = \begin{bmatrix} -a & 0 \\ a & -a \end{bmatrix} x + \begin{bmatrix} b \\ 0 \end{bmatrix} u$$

でした. これに対して観測方程式が

$$y = \begin{bmatrix} c_1 & c_2 \end{bmatrix} x$$

で与えられるとします. このときの可観測行列 W は次式で与えられます.

$$W = \begin{bmatrix} c_1 & c_2 \\ a(c_2 - c_1) & -ac_2 \end{bmatrix}$$

これより, $|W| = -ac_2^2$ となるので, 可観測となるためには, $c_2 \neq 0$, すなわち第 2 水槽の液面に関する情報は手に入れなければならないことがわかります. 以上のことを Maxima で確認します.

```
A:matrix([-a,0],[a,-a]) $
C:matrix([c1,c2]) $
W:obsv(A,C);    可観測行列
```
$$\begin{bmatrix} c1 & c2 \\ a\,c2 - a\,c1 & -a\,c2 \end{bmatrix}$$
```
expand(determinant(W));    可観測となるための条件
```
$$-a\,c2^2$$

関数 obsv は control.mac に含まれており, 可観測行列を戻り値として返します.

例題 8.2

例題 7.2 の水槽系に対して, 観測方程式が次式で与えられるとします.

$$y = \begin{bmatrix} 0 & 1 \end{bmatrix} x$$

これに対して, オブザーバ極が $\{\lambda_{1o}, \lambda_{2o}\}$ となるように, Maxima を利用して極配置法 (place) でオブザーバゲイン $H = [h_1 \ h_2]^T$ を設計した結果を次式に示します.

$$\begin{bmatrix} h_1 \\ h_2 \end{bmatrix} = \begin{bmatrix} (a^2 + a(\lambda_{1o} + \lambda_{2o}) + \lambda_{1o}\lambda_{2o})/a \\ -(2a + \lambda_{1o} + \lambda_{2o}) \end{bmatrix}$$

Maxima 8.2

```
C:matrix([0,1]) $
H:place(transpose(A),transpose(C),[l1o,l2o]) $   極配置法
H:transpose(H);
```

$$\begin{bmatrix} \frac{l1o\, l2o - a^2}{a} + l2o + l1o + 2a \\ -l2o - l1o - 2a \end{bmatrix}$$

8.3 ● 設計例

8.3.1 磁気浮上系

磁気浮上系が可観測であることは Maxima ならびに Scilab を利用して容易に確認できます．

$$\begin{cases} \dot{x} = \begin{bmatrix} 0 & 1 \\ \alpha & 0 \end{bmatrix} x + \begin{bmatrix} 0 \\ \beta \end{bmatrix} u \\ y = \begin{bmatrix} 1 & 0 \end{bmatrix} x \end{cases}$$

$$W = \begin{bmatrix} c \\ cA \end{bmatrix} = \begin{bmatrix} 1 & 0 \\ 0 & 1 \end{bmatrix}$$

Maxima 8.3

```
mm:mmodel() $   状態空間モデルの作成
Amag:sysa(mm) $
Cmag:sysc(mm) $
W:obsv(Amag,Cmag);   可観測行列
```

$$\begin{bmatrix} 1 & 0 \\ 0 & 1 \end{bmatrix}$$

```
rank(W);   可観測性
    2
```

```
                                                          Scilab 8.4
   --> mm=mmodel();    状態空間モデルの作成
   --> W=obsv_mat(mm);    可観測行列
   --> rank(W)    可観測性

   ans =
    2.
```

関数 obsv_mat は Scilab に標準で用意されており，可観測行列を計算します．

そこで，磁気浮上系に対して Scilab を利用して全状態オブザーバの設計を行います．状態フィードバックゲイン K を設計するためのレギュレータ極は第 7 章と同様に $\{-40+40j, -40-40j\}$ とし，オブザーバゲイン H を設計するためのオブザーバ極は $\{-100, -120\}$ とします．このとき，

$$k = \begin{bmatrix} -574.1 & -8.253 \end{bmatrix}, \quad h = \begin{bmatrix} 220 \\ 14370 \end{bmatrix} \tag{8.10}$$

であり，全状態オブザーバ付制御器は次式で与えられます．

$$\begin{cases} \dot{\hat{x}} = \begin{bmatrix} -220 & 1 \\ -17570 & -80 \end{bmatrix} \hat{x} + \begin{bmatrix} 220 \\ 14370 \end{bmatrix} y \\ u = \begin{bmatrix} 574.1 & 8.253 \end{bmatrix} \hat{x} \end{cases} \tag{8.11}$$

```
                                                          Scilab 8.5
   --> [A,B,C,D]=abcd(mm);
   --> K=ppol(A,B,[-40+40*%i,-40-40*%i])    状態フィードバックゲインの設計
   K =
    -547.1   -8.253
   --> H=ppol(A',C',[-100,-120])'    オブザーバゲインの設計
   H =
    220.
    14370.
   --> sysK=obscont(mm,-K,-H)    全状態オブザーバ付制御器
   sysK =
    sysK(1)    (state - space system :)
    !lss  A  B  C  D  x0  dt !
    sysK(2) = A matrix =
   -220.     1.
   -17570.  -80.
```

```
  sysK(3)  =  B matrix  =
220
14370.
  sysK(4)  =  C matrix  =
574.1   8.253

  sysK(5)  =  D matrix  =
0.
```

関数 obscont により全状態オブザーバ付制御器が計算できますが，$A+BK$ と $A+HC$ が漸近安定となるように K と H を与える必要があります．一方，ppol は $A-BK$ が指定した極をもつように状態フィードバックゲイン K を返します．

次に，設計した全状態オブザーバ付制御器を利用して閉ループシステムを構成し，初期値応答を求めた結果を図 8.3 に示します．ここで，システムの初期状態は $x(0) = [0.001 \quad 0]^T$ とし，全状態オブザーバ付制御器の初期状態は $\hat{x}(0) = [0 \quad 0]^T$ としました．なお，比較の意味で，状態フィードバック制御を施したときの初期値応答を点線で示しました．全状態オブザーバを使用することで，推定誤差による応答の悪化が見られますが，状態フィードバック制御とほぼ同等の整定時間で制御が行われていることがわかります．

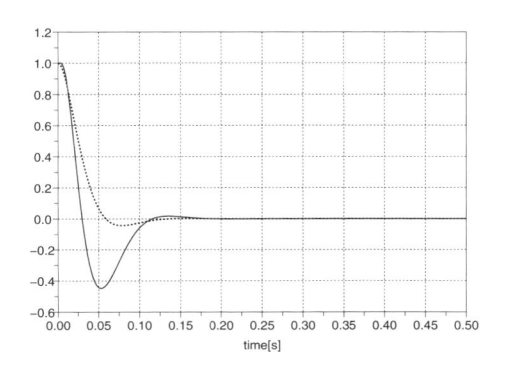

図 8.3 初期値応答

Scilab 8.6

```
--> syscl=mm/.(-sysK);    閉ループシステム
--> x0=[0.001;0;0;0];    初期状態
--> t=0:0.001:0.5;    シミュレーション時間
--> ycl=csim(zeros(t),t,syscl,x0);    初期値応答
```

```
--> plot(t,ycl*1000)     応答の表示
--> sysst=syslin('c',A-B*K,B,C);     状態フィードバック制御
--> yst=csim(zeros(t),t,sysst,[0.001;0]);     初期値応答
--> plot(t,yst*1000);     応答の表示 (単位を [m] から [mm] へ)
```

/. によりフィードバック結合したシステムが得られますが，マイナスのフィードバックである点に注意してください．また，この場合，閉ループシステムは 4 次となります (制御対象が 2 次でオブザーバ付制御器が 2 次)．したがって，初期状態もそれに合わせて 4 次元ベクトルとなります．その上半分がシステムで下半分が制御器に対する状態量です．

さらに，z と $\dot{z}$ に関する推定誤差を図 8.4 に示します．この場合の閉ループシステムの状態量は $[z \ \dot{z} \ \hat{z} \ \hat{\dot{z}}]^T$ なので，観測行列を

$$C = \begin{bmatrix} 1 & 0 & -1 & 0 \\ 0 & 1 & 0 & -1 \end{bmatrix}$$

とすることで，誤差 $z - \hat{z}$, $\dot{z} - \hat{\dot{z}}$ を出力することができます．鉄球の速度 $\dot{z}$ に関する推定誤差が，途中でやや大きく生じています (単位を変換するために 1000 倍していることに注意) が，オブザーバ極に対応していずれも 0 に収束していることがわかります．

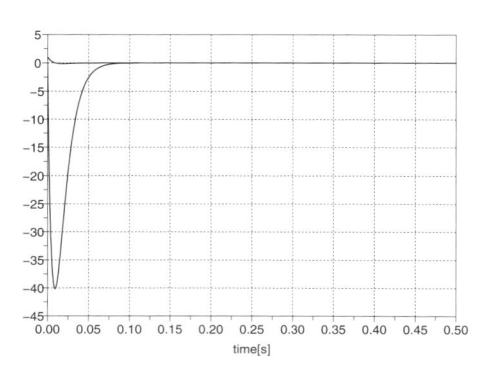

図 8.4 推定誤差

```
--> [Acl,Bcl,Ccl,Dcl]=abcd(syscl);
--> Cerror=[1,0,-1,0;0,1,0,-1];     誤差に対する観測方程式
--> syserror=syslin('c',Acl,Bcl,Cerror);     誤差を出力するシステム
--> yerror=csim(zeros(t),t,syserror,x0);     初期値応答
--> plot(t,yerror*1000)     推定誤差の表示 (単位を [m] から [mm] へ)
```
Scilab 8.7

8.3.2 倒立振子系

倒立振子系に対して全状態オブザーバを設計します．まず，可観測性を確認します．

Scilab 8.8
```
--> pm=pmodel();    倒立振子系に対する状態空間モデル
--> [A,B,C,D]=abcd(pm);
--> rank(obsv_mat(A,C))    可観測性の判定
 ans =
  4.
```

次に，全状態オブザーバ付制御器を設計し，初期値応答を調べます．状態フィードバックゲイン K を設計する際にレギュレータ極を $\{-240, -4+4j, -4-4j, -7\}$ とします．また，オブザーバ極はレギュレータ極よりも虚軸に対してより左側に配置することが基本であることから $\{-250, -10+10j, -10-10j, -13\}$ とします．ここで，レギュレータ極に -240 が含まれるために，オブザーバ極をそれよりも左側に配置する，ということは考えないでください．閉ループシステムの応答を支配しているのは，-240 ではなく，それ以外の三つのレギュレータ極です．

システムの初期状態を $x(0) = [\, z(0) \;\; \theta(0) \;\; \dot{z}(0) \;\; \dot{\theta}(0) \,]^T = [\, 0 \;\; 0.1 \;\; 0 \;\; 0 \,]^T$ としたときの閉ループシステムの応答を図 8.5 に示します．全状態オブザーバ付制御器の初期状態は $\hat{x}(0) = [\, 0 \;\; 0 \;\; 0 \;\; 0 \,]^T$ としました．図中，点線が台車の位置，実線が振子の角度です．安定に制御されていることがわかります．

Scilab 8.9
```
--> K=ppol(A,B,[-240,-4+4*%i,-4-4*%i,-7])    状態フィードバックゲイン
 K =
  -16.28  -15.46  -9.141  -2.489
--> H=ppol(A',C',[-250,-10+10*%i,-10-10*%i,-13])'    オブザーバゲイン
 H =
   24.17   11.72
  -10.36   18.81
  -2258.   117.2
   8841.   108.0
--> sysK=obscont(pm,-K,-H);    全状態オブザーバ付制御器
--> syscl=pm/.(-sysK);    閉ループシステム
--> x0=[0;0.1;0;0;0;0;0;0];    初期状態
```

```
--> t=0:0.01:3;     シミュレーション時間
--> ycl=csim(zeros(t),t,syscl,x0);    初期値応答
--> plot(t,ycl)    応答の表示
```

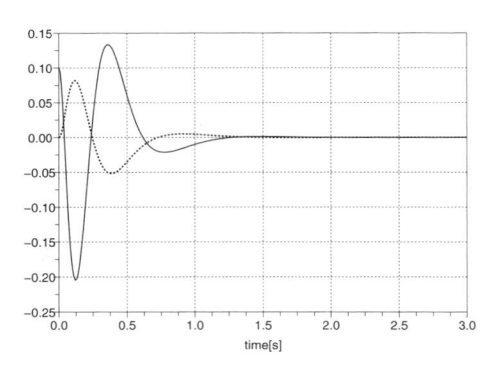

図 8.5 初期値応答

また，設計した全状態オブザーバ付制御器に対して BODE 線図を描いたのが図 8.6 です (BODE 線図に関する説明は本書では省略します)．全状態オブザーバは直達項が 0 のため，ローパスフィルタの特性をもつことがわかります．

Scilab 8.10
```
--> [Ak,Bk,Ck,Dk]=abcd(sysK);
--> bode(syslin('c',Ak,Bk(:,1),Ck))    制御器の BODE 線図
--> bode(syslin('c',Ak,Bk(:,2),Ck))    制御器の BODE 線図
```

関数 bode は引数で与えたシステムに対する BODE 線図を描く機能をもちますが，引数として許可されているのは SIMO 系です．倒立振子系の場合，全状態オブザーバ付制御器は 2 入力 1 出力なので，これをそのまま引数として与えることはできません．そこで上述のコマンドでは各観測量に対して BODE 線図を描いています．ただし，図 8.6 には台車から操作量までの BODE 線図のみを示しました．

例題 8.3

本書における倒立振子系では，台車の位置と振子の角度が計測可能であるとしています．それに対して，振子の回転軸から L_s の位置の水平座標，すなわち $z + L_s\theta$ が計測できるとします (θ は微小と仮定)．このとき，システムが可観測となるための条件を Maxima を利用して調べます．なお，解析を容易にするために，振子の回転

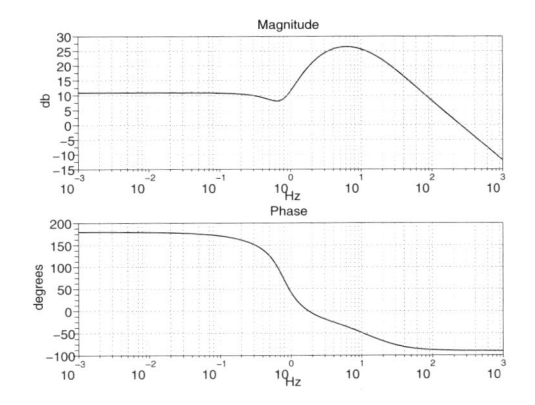

図 8.6 倒立振子系に対する全状態オブザーバ付制御器の BODE 線図

に対する粘性抵抗係数である μ_θ は 0 とします.

```
pm:pmodel()$    倒立振子系に対する状態空間モデル
A:sysa(pm)$    行列 A を取り出す
C:matrix([1,Ls,0,0])$    観測行列の定義
determinant(obsv(A,C))$    可観測行列の行列式
subst(mus=0,%)$    μ_θ = 0 とおく
radcan(%);    式の簡単化
solve(num(%),Ls)    可観測性がなくなる L_s
```
$$\left[Ls = \frac{m\,zz^2\,L^2 - gmL + zz^2 J}{m\,zz^2\,L},\ Ls = 0 \right]$$

Maxima 8.11

解析を行った結果,
$$L_s = \frac{m\,\zeta^2\,L^2 - gmL + \zeta^2 J}{m\,\zeta^2\,L}$$
以外であれば,可観測であることがわかります ($L_s = 0$ の場合,不可観測であることは自明).ところで,表 6.2 より,分子の第 2 項目は他の項と比べて十分小さく無視できると考えることができます.また,振子が均一な断面をもつと仮定したとき,その重心まわりの慣性モーメントは $J = mL^2/3$ で与えられます.これらを上式に代入すると
$$L_s = \frac{4L}{3}$$
を得ます.L は回転軸から振子の重心までの距離であることから,振子の全長の 2/3

の地点以外であれば，可観測性が満たされることがわかります．また，$L_s > 4L/3$ のとき，システムの零点が純虚数，$L_s < 4L/3$ のとき正の実軸上に零点をもつことを示すことができます．

8.4 ● 全状態オブザーバを用いたフィードバック制御系

可観測であるシステムに対して，全状態オブザーバを利用することで状態量 x が推定できますが，その推定量 $\hat{x}$ を利用した状態フィードバック制御 $u = -K\hat{x}$ は，推定誤差 $e = x - \hat{x}$ がある限り $u = -Kx$ とは異なる操作量を出力します．したがって，その場合でも，少なくとも閉ループシステムの漸近安定性が保証されるのかどうかを調べておく必要があります．

状態空間モデル
$$\begin{cases} \dot{x} = Ax + Bu \\ y = Cx + Du \end{cases} \tag{8.12}$$

に対して全状態オブザーバ付制御器 (8.6) を適用したときの閉ループシステムの状態方程式は，簡単な計算から次式で与えられます．

$$\begin{cases} \dot{x} = Ax - BK\hat{x} \\ \dot{\hat{x}} = HCx + (A - BK - HC)\hat{x} \end{cases} \tag{8.13}$$

これに対して状態量を $\begin{bmatrix} x^T & (x-\hat{x})^T \end{bmatrix}^T$ として整理すると

$$\begin{bmatrix} \dot{x} \\ \dot{x} - \dot{\hat{x}} \end{bmatrix} = \begin{bmatrix} A - BK & BK \\ 0 & A - HC \end{bmatrix} \begin{bmatrix} x \\ x - \hat{x} \end{bmatrix} \tag{8.14}$$

を得ます．

上式より，

> 閉ループシステムの極は，レギュレータ極 ($A - BK$ の固有値) とオブザーバ極 ($A - HC$ の固有値) の和集合として与えられる

ことがわかります (演習問題 8.7)．したがって，これらの行列が漸近安定となるように状態フィードバックゲイン K ならびにオブザーバゲイン H が選定されている限り，全状態オブザーバで推定した状態量 $\hat{x}$ を用いた状態フィードバック制御 $u = -K\hat{x}$ により閉ループシステムの漸近安定性が保証されます．ただし，保証されているのは

あくまでも漸近安定性なので，前節の設計例でも見られたように，推定誤差により制御性能が悪くなることは起こり得ます．

8.5 ● 最小次元オブザーバ

全状態オブザーバは，その名が示すとおり，状態量 x すべてを推定することが目的です．そのために，式 (8.6) や (8.7) からもわかるとおり，システムと同じ本数の微分方程式を解く必要があります．しかし，状態量の一部は観測量 y として直接入手可能なので，それらはそのまま利用して，入手できないもののみを推定すればよいのではないかと考えることは自然なことです．推定すべき状態量の数が減れば，その分，解くべき微分方程式の数も減ることが期待できます．

本節では，観測量 y が次式で与えられると仮定します (演習問題 8.4)．なお，簡単のため $D=0$ とします．

$$y = \begin{bmatrix} I_r & 0 \end{bmatrix} x \tag{8.15}$$

上式は，状態量 x の最初の r 個が直接観測できることを意味しています．この観測方程式にあわせて，ブロック行列を用いて状態空間モデルを書き表します．

$$\begin{cases} \begin{bmatrix} \dot{x}_1 \\ \dot{x}_2 \end{bmatrix} = \begin{bmatrix} A_{11} & A_{12} \\ A_{21} & A_{22} \end{bmatrix} \begin{bmatrix} x_1 \\ x_2 \end{bmatrix} + \begin{bmatrix} B_1 \\ B_2 \end{bmatrix} u \\ y = \begin{bmatrix} I_r & 0 \end{bmatrix} \begin{bmatrix} x_1 \\ x_2 \end{bmatrix} \end{cases} \tag{8.16}$$

状態方程式を分解表現し，式変形します．

$$\begin{cases} \dot{x}_2 = A_{22} x_2 + (A_{21} x_1 + B_2 u) \\ \dot{x}_1 - A_{11} x_1 - B_1 u = A_{12} x_2 \end{cases} \tag{8.17}$$

第 1 式は，直接観測できない状態量 x_2 に関する微分方程式です．なお，右辺の ( ) 内は入手可能であり，状態空間モデルの Bu に対応していると考えます．また，第 2 式の左辺も入手可能な項ですが，これは y に対応していると考えます．ただし，$\dot{x}_1$ に関しては後で処理するので，この段階では入手可能であると考えてください．そうすると，分解表現した状態方程式は，システムに対する状態空間モデルと対応させることができます．そこで，式 (8.17) の x_2 に対して全状態オブザーバを構成してみましょう．

$$\dot{\hat{x}}_2 = A_{22}\hat{x}_2 + (A_{21}x_1 + B_2 u)$$
$$+ H_m(\dot{x}_1 - A_{11}x_1 - B_1 u - A_{12}\hat{x}_2) \tag{8.18}$$

このときの誤差 $e_2 = x_2 - \hat{x}_2$ に対する微分方程式は，

$$\dot{e}_2 = (A_{22} - H_m A_{12})e_2 \tag{8.19}$$

で与えられるので，$A_{22} - H_m A_{12}$ が漸近安定であれば時間の経過とともに推定誤差 e_2 が 0 に漸近することが保証されます．このことに関して次の定理を証明できます．

> **定理 8.3** 対 (A_{12}, A_{22}) が可観測であるための必要十分条件は，対 (C, A) が可観測であることである．

この定理より，システムが可観測であれば，適切に H_m を選定することで，誤差方程式 (8.19) 中の行列 $A_{22} - H_m A_{12}$ の極を任意に指定でき，$\lim_{t \to \infty} e_2 = 0$ が保証されることがわかります．

ところで，式 (8.18) を実現するためには，$\dot{x}_1$ が必要です．これが入手できる保証はありません．たとえば，磁気浮上系の場合，$x_1 = z$ が観測量であり，$\dot{x}_1 = \dot{z}$ がわかるということは状態フィードバック制御が可能であることを意味します．そこで，$w = \hat{x}_2 - H_m x_1$ と定義して書き直すと次式が得られます．

$$\begin{cases} \dot{w} = (A_{22} - H_m A_{12})w + (B_2 - H_m B_1)u \\ \qquad\quad + (A_{21} - H_m A_{11} + (A_{22} - H_m A_{12})H_m)y \\ u = -k_1 x_1 - k_2 \hat{x}_2 = -k_2 w - (k_1 + k_2 H_m)y \end{cases} \tag{8.20}$$

このようにすることで観測量 y から操作量 u を作り出すことが可能となります．式 (8.20) の上式を **最小次元オブザーバ**，式 (8.20) を **最小次元オブザーバ付制御器** といいます．前述の全状態オブザーバは，すべての状態量を推定しているために n 次であったのに対して，最小次元オブザーバは $n - r$ 次となります．また，直接観測できる状態量 x_1 をそのままフィードバック制御に活用しているので，最小次元オブザーバ付制御器は直達項 $(-(k_1 + k_2 H_m)y)$ をもちます．

例題 8.4

磁気浮上系に対して最小次元オブザーバ付制御器を設計してみましょう．本システムは鉄球の位置 z を直接観測できるので，状態フィードバック制御を実現するために推定すべき状態量は鉄球の速度 $\dot{z}$ となります．

$$\begin{cases} \dot{x} = \begin{bmatrix} 0 & 1 \\ \alpha & 0 \end{bmatrix} x + \begin{bmatrix} 0 \\ \beta \end{bmatrix} u \\ y = \begin{bmatrix} 1 & 0 \end{bmatrix} x \end{cases}$$

式 (8.16) との対応から

$$A_{11} = 0,\ A_{12} = 1,\ A_{21} = \alpha,\ A_{22} = 0,\ B_1 = 0,\ B_2 = \beta$$

を得ます．磁気浮上系は可観測であることから $A_{22} - hA_{12}$ を漸近安定とするオブザーバゲイン h が存在します．今，$A_{22} - hA_{12}$ の極を γ とすると

$$h = -\gamma$$

を得ます．以上を式 (8.20) に代入すると次式に示す最小次元オブザーバ付制御器が得られます．

$$\begin{cases} \dot{w} = \gamma w + \beta u + (\alpha - \gamma^2) y \\ u = -k_2 w - (k_1 - k_2 \gamma) y \end{cases}$$

あるいは

$$\begin{cases} \dot{w} = (\gamma - k_2 \beta) w + (\alpha - \gamma^2 - \beta(k_1 - k_2 \gamma)) y \\ u = -k_2 w - (k_1 - k_2 \gamma) y \end{cases} \tag{8.21}$$

例題 8.5

具体的に数値を代入してシミュレーションしてみます．なお，式 (8.10) の状態フィードバックゲイン K を利用します．さらに $\gamma = -100$ とします．このとき，最小次元オブザーバ付制御器は式 (8.21) に基づいて計算することで次式を得ます．

$$\begin{cases} \dot{w} = -180 w - 21200 y \\ u = 8.253 w + 1399 y \end{cases} \tag{8.22}$$

この制御器を利用して初期値応答を調べた結果を図 8.7 に示します．なお，初期状態は $x(0) = [0.001\ 0]^T$，$w(0) = 0$ としました．参考のために，図 8.3 の全状態オブザーバ付制御器を用いたときの初期値応答を点線で示してあります．全状態オブザーバと比較して最小次元オブザーバの次数が低いため，若干ですが速い応答が得られていることがわかります．以上の結果を確認するための Scilab のコマンド例を以下に示します．

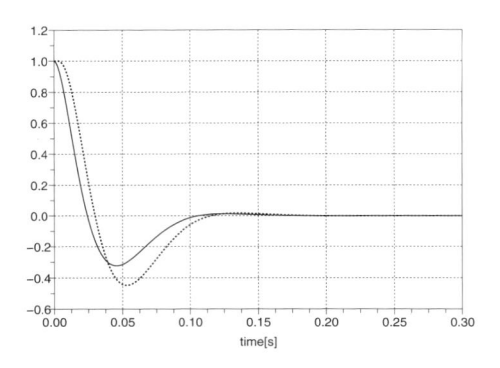

図 8.7 最小次元オブザーバ付制御器を用いたときの初期値応答

```
                                                              Scilab 8.12
--> mm=mmodel();    状態空間モデルの作成
--> [A,B,C,D]=abcd(mm);
--> K=ppol(A,B,[-40+40*%i,-40-40*%i]);    状態フィードバックゲイン
--> A11=A(1,1); A12=A(1,2); A21=A(2,1); A22=A(2,2);
--> B1=B(1,1); B2=B(2,1);
--> Hm=100;    オブザーバゲイン
--> Ak=A22-Hm*A12-K(1,2)*(B2-Hm*B1);
--> Bk=A21-Hm*A11+(A22-Hm*A12)*Hm-(B2-Hm*B1)*(K(1,1)+K(1,2)*Hm);
--> Ck=-K(1,2);
--> Dk=-(K(1,1)+K(1,2)*Hm);
--> sysK=syslin('c',Ak,Bk,Ck,Dk);    最小次元オブザーバ付制御器
--> syscl=mm/.(-sysK);    閉ループシステム
--> t=0:0.001:0.3;    シミュレーション時間
--> x0=[0.001;0;0];    初期状態 ($z(0) = 0.001[m]$)
--> ycl=csim(zeros(t),t,syscl,x0);    初期応答
--> plot(t,ycl*1000)    応答の表示
```

例題 8.6

式 (8.21) に対して，$Y(s) = \pounds[y]$ から $U(s) = \pounds[u]$ までの伝達関数 P_{uy} を求めると次式が得られます．

$$P_{uy} = \frac{-k_1 s + (k_1 + k_2 s)\gamma - k_2 \alpha}{s - \gamma + k_2 \beta} \tag{8.23}$$

γ は誤差方程式の収束速度を決定するパラメータです．今，$\gamma \to -\infty$ の極限を考える (誤差の収束性を無限に速くする) と，

$$P_{uy} = \frac{U(s)}{Y(s)} = -k_1 - k_2 s \tag{8.24}$$

となります．上式を逆ラプラス変換することで次式を得ます．

$$u = -k_1 z - k_2 \dot{z} \tag{8.25}$$

これはまさしく状態フィードバック制御です．

Maxima 8.13

```
Ak:gam-k2*beta $
Bk:alpha-gam*gam-beta*(k1-k2*gam) $
Ck:-k2 $
Dk:-(k1-k2*gam) $
Pk:Ck*Bk/(s-Ak)+Dk $    最小次元オブザーバの伝達関数
limit(Pk,gam,minf);    γ → −∞ のときの特性
    −k2 s − k1
```

8.6 ● まとめ

本章では，状態フィードバック制御を実現するためにオブザーバの議論を行いました．要点を以下にまとめます．

(1) システムが可観測であるとき，次式を利用して状態量 x のすべてを推定できる．

$$\dot{\hat{x}} = A\hat{x} + Bu + H(y - C\hat{x} + Du)$$

ただし，オブザーバゲイン H は $A - HC$ が漸近安定となるように選定しなければならない．誤差 $x - \hat{x}$ の収束性はオブザーバ極 ($A - HC$ の固有値) により指定することができる．その際に，レギュレータ極 ($A - BK$ の固有値) よりも虚軸に対してより左側に指定することが基本である．

(2) 可観測であるかどうかは可観測行列のランクを調べることで判定できる．

(3) 直接観測できない状態量のみを推定するオブザーバが最小次元オブザーバである．

(4) オブザーバにより推定した状態量 $\hat{x}$ を利用して状態フィードバック制御 $u = -K\hat{x}$ を施した閉ループシステムの極は，レギュレータ極とオブザーバ極の和集合となる．

第8章 可観測性と全状態オブザーバ

>>本章のキーワード (登場順)<<
- [ ] 可観測 (性)   - [ ] 全状態オブザーバ (全状態観測器)   - [ ] オブザーバゲイン
- [ ] 全状態オブザーバ付制御器   - [ ] 可観測行列   - [ ] 双対性   - [ ] オブザーバ極
- [ ] 最小次元オブザーバ   - [ ] 最小次元オブザーバ付制御器

演習問題 8

1. 対 (C, A) が可観測のとき，対 (A^T, C^T) が可制御となることを示せ．
2. 図 6.1 の水槽系において，$y = z_1 - z_2$ のとき可観測であることを示せ．また，$C_1 = C_2 = 1$, $R_1 = R_2 = 0.5$ のとき，オブザーバ極が $\{-5+5j, -5-5j\}$ となるようにオブザーバゲイン H を設計せよ．さらに，演習問題 7.5 の結果を利用して全状態オブザーバ付制御器を設計せよ．
3. 式 (8.6) において $u = -K\hat{x} + r$ とする．このとき，r から y までの伝達行列 P_{yr} を計算せよ．
4. フル行ランクをもつ $r \times n$ 行列 C に対して，
$$\hat{T} = \begin{bmatrix} C \\ \hat{C} \end{bmatrix}$$
が正則行列となる $(n-r) \times n$ 行列 $\hat{C}$ が存在する．このとき，状態空間モデルを $T = \hat{T}^{-1}$ で正則変換すると式 (8.16) となることを示せ．
5. 式 (8.16) の構造をもつ状態空間モデルに対して，最小次元オブザーバ付制御器を設計するプログラムを Scilab で作成せよ．ただし，状態空間モデル，レギュレータ極，オブザーバ極を引数とする．
6. 磁気浮上系に対して，全状態オブザーバ付制御器と最小次元オブザーバ付制御器を設計し，それらを BODE 線図上で比較せよ．
7. 演習問題 8.6 の各オブザーバ付制御器に対して閉ループシステムの極を求めよ．
8. 磁気浮上系に対して，レギュレータ極が $\{-40, -50\}$ となるように状態フィードバックゲインを設計したとする．また，オブザーバ極を $\{-\lambda, -(\lambda+10)\}$ としたとする．このとき，λ を大きくすることで，全状態オブザーバ付制御器のゲイン特性がどのようになるか調べよ．
9. 柔軟ビーム振動系が可観測であることを確認し，それに対する全状態オブザーバ付制御器を設計せよ．

第9章

最適レギュレータ

　対 (A, B) が可制御ならば，状態フィードバック制御 $u = -Kx$ により閉ループ極を任意の場所に配置することができます．第7章で述べた極配置法は，この性質を利用して閉ループシステムが指定した極をもつように状態フィードバックゲイン K を定める設計法でした．本章では，ある評価関数 J を最小化するという意味で最適な状態フィードバックゲイン K の設計法を紹介します．

9.1 ● 最適な操作量

次に示す1次システムを考えます．

$$\dot{x} = ax + bu \tag{9.1}$$

$b \neq 0$ が可制御であるための必要十分条件です．そして，それを満たすときに，状態フィードバック制御 $u = -kx$ を施すことで閉ループシステム

$$\dot{x} = (a - bk)x \tag{9.2}$$

の極 $\{a - bk\}$ を任意の値にできます (第2章で対象とした微分方程式は $\dot{z} + az = bu$ であり，式 (9.1) とは a の符号が異なります)．このとき，閉ループシステムの初期値応答は

$$x = x(0)e^{(a-bk)t} \tag{9.3}$$

で与えられます．本節では $a - bk < 0$ を満たすように k が選ばれているとします．この場合，任意の初期状態 $x(0)$ に対して $x(\infty) = 0$ となります．なお，式 (9.3) からも明らかなように，1次システムでは，初期状態 $x(0)$ は $e^{(a-bk)t}$ をスカラー倍する効果しかもたないので，以降では $x(0) = 1$ とします．

　式 (9.3) の初期値応答に対して $[0, \infty)$ 区間上での2乗面積を求めてみましょう．この値が小さい方が収束が速い (早く整定する)，と考えることができるので，初期値

応答の整定性に対する一つの評価法となります．

$$J_x = \int_0^\infty x^2\, dt = \int_0^\infty e^{2(a-bk)t}\, dt = \left.\frac{e^{2(a-bk)t}}{2(a-bk)}\right|_0^\infty = \frac{1}{2(-(a-bk))} \quad (9.4)$$

これより，状態フィードバックゲイン k の絶対値を大きくすればするほど，2乗面積が小さくなるという意味で，整定性のよい閉ループシステムが得られることがわかります．

例題 9.1

式 (9.4) を Maxima で導出してみましょう．

```
ode2('diff(x,t)=(a-b*k)*x,x,t)$    1階線形微分方程式 (9.2) の解
xinit:ic1(%,t=0,x=1)$    初期状態を定める
assume(a-b*k<0)$    漸近安定性を仮定
Jx:integrate(rhs(xinit)^2,t,0,inf);    初期値応答の2乗面積の計算
            1
         ───────
         2b k − 2a
forget(a-b*k<0)$
```

一方，操作量は $u = -kx$ で与えられることから，その2乗面積は

$$J_u = \int_0^\infty u^2\, dt = k^2 \int_0^\infty x^2\, dt = k^2 J_x = \frac{k^2}{2(-(a-bk))} \quad (9.5)$$

となります．分母が k の1次式であるのに対して分子が2次式であることから，状態フィードバックゲイン k の絶対値が大きくなるとともに，制御に使用される操作量も (2乗面積の意味で) 大きくなることがわかります．つまり，速い応答性をもつ閉ループシステムを得るためには，より多くの操作量をそのシステムに投与する必要があります．

ところで，極配置法はレギュレータ極を指定することで状態フィードバックゲインを設計する方法であり，操作量の大きさに対する評価は設計に陽には含まれていません．しかし，上述のとおり，一般的に応答性と操作量の大きさにはトレードオフの関係が成立します．そこで，これらの2乗面積を足し合わせたものを評価関数 J として，それを最小とする状態フィードバックゲインを求めることができるならば，それは操作量の大きさを考慮にいれた設計法であるといえるでしょう．そこで，評価関数 J を最小とする k を求めてみます．なお，足し合わせるときに，トレードオフを考

慮するための重みとして正の実数 r を含ませている点に注意してください.

$$J = \int_0^\infty (x^2 + ru^2)dt = (1+rk^2)\int_0^\infty x^2\, dt = (1+rk^2)J_x = \frac{1+rk^2}{2(-(a-bk))}$$

上式を k で微分すると

$$\frac{dJ}{dk} = \frac{brk^2 - 2ark - b}{2(a-bk)^2}$$

となるので，評価関数 J を最小にする状態フィードバックゲイン k は $dJ/dk = 0$ より

$$k = \frac{a}{b} \pm \sqrt{\frac{a^2}{b^2} + \frac{1}{r}}$$

で与えられます．二つの解が得られますが，閉ループシステムが漸近安定となる条件から

$$k = \frac{a}{b} + \sqrt{\frac{a^2}{b^2} + \frac{1}{r}} \tag{9.6}$$

が望むべき解となります．この状態フィードバックゲイン k は，評価関数 J を最小にするという意味で，最適な操作量であるといえます．このときの閉ループシステムは次式となります．

$$\dot{x} = -\sqrt{a^2 + \frac{b^2}{r}}\, x \tag{9.7}$$

例題 9.2

最適な状態フィードバックゲインを Maxima で導出してみましょう.

Maxima 9.2

```
Ju:Jx*k^2 $    操作量の2乗面積
J:Jx+r*Ju $    評価関数
sol:solve(diff(J,k)=0,k);    J を最小にする k
```

$$\left[k = -\frac{\sqrt{a^2r^2 + b^2r} - ar}{br},\ k = \frac{\sqrt{a^2r^2 + b^2r} + ar}{br} \right]$$

```
ratsimp(a-b*rhs(sol[1]));    閉ループシステムの漸近安定性を満たす解か？
```

$$\frac{\sqrt{a^2r^2 + b^2r}}{r}$$

```
ratsimp(a-b*rhs(sol[2]));    閉ループシステムの漸近安定性を満たす解か？
```

$$-\frac{\sqrt{a^2r^2 + b^2r}}{r}$$

9.2 ● 最適レギュレータ問題

それでは，一般の (可制御な) 状態方程式

$$\dot{x} = Ax + Bu \tag{9.8}$$

に前節の考え方を拡張することを試みます．

まず，評価関数 J を定めます．1次システム (9.1) とは異なり，状態方程式 (9.8) には複数の状態量 x_i ならびに操作量 u_i が含まれています．そこで，それらの 2 乗面積を重み付け (定数倍) して足し合わせることで評価関数を構成することにします．

$$J = \int_0^\infty \left(\sum_{i=1}^n q_i x_i^2 + \sum_{i=1}^m r_i u_i^2 \right) dt \tag{9.9}$$

状態量に関する 2 乗面積は応答の整定性に対する評価であり，操作量に関する 2 乗面積はそれが大きくなることに対する制約を表しています．ところで，上式中の非積分関数は，重み q_i, r_i を対角要素としてもつ対角行列 Q, R を利用すると，次式のように書き直すことができます．これを **2 次形式** といいます．

$$\sum_{i=1}^n q_i x_i^2 = x^T Q x, \quad \sum_{i=1}^m r_i u_i^2 = u^T R u$$

これらを利用すると，式 (9.9) は

$$J = \int_0^\infty (x^T Q x + u^T R u)\, dt \tag{9.10}$$

となります．状態方程式 (9.8) に対して，評価関数 (9.10) を最小にするレギュレータを決定する問題を **最適レギュレータ問題** といいます．

極配置法は指定する極の位置が設計パラメータとなるのに対して，最適レギュレータ問題では，重み q_i, r_i が設計者が定めるべき設計パラメータとなります．ここで，重み r_i が 0 の場合，操作量 u_i が評価関数内で評価されません．また，負の実数の場合，操作量 u_i が大きくなることが評価関数を小さくすることになるため，制約の意味をもたなくなります．そのため，r_i は正の実数でなければなりません．

同様の理由で，重み q_i も非負である必要がありますが，r_i とは異なり，ある条件を満足すれば一部は $q_i = 0$ であっても構いません．その条件とは，$q_i \neq 0$ に対応する状態量 x_i を観測量としてもつシステムが可観測であることです (なお，$q_i \neq 0$ に対応する状態量が観測量でなければならないということではありません)．第 8 章で述べたように，可観測であれば，全状態オブザーバを利用することで観測量から状態量すべてを推定できます．このことは，直接観測できない状態量に関する情報が，観

測量の中に含まれていることを意味しています．したがって，可観測であれば，状態量すべてが直接的あるいは間接的に評価関数中で評価されることになります．具体的な重みの選定に関する指針については，後述する設計例で紹介します

> **コメント 9.1**　評価関数 (9.10) では，行列 Q は非負の実数を，R は正の実数を対角要素としてもつ対角行列であるとしました．実用上はこれで十分です．しかし，一般の最適レギュレータ問題では，これらは **準正定行列** ならびに **正定行列** (定義 9.1 参照) であるとします．

> **☐ 定義 9.1**　任意の非零ベクトル x に対して $x^T Q x > 0$ $(x^T Q x \geq 0)$ を満たす対称行列 Q を正定 (準正定) 行列という．Q が正定 (準正定) 行列のとき $Q > 0$ $(Q \geq 0)$ と記述する．

> **コメント 9.2**　正定 (準正定) 行列の固有値は正 (非負) の実数です．また，その対角要素は正 (非負) であるという性質をもちます．

9.3 ● 最適レギュレータ問題の解

9.3.1　リカッチ方程式とその解

最適レギュレータ問題に対する解を求めます．そのために，次式に示す **リカッチ方程式** を導入します．

$$A^T X + XA - XBR^{-1}B^T X + Q = 0 \tag{9.11}$$

A, B は状態方程式，Q, R は評価関数 J 中に含まれる行列です．つまり，リカッチ方程式は行列 X に関する 2 次方程式です．これは以下に示す手順で解くことができます．

式 (9.11) に対して，次式に示す **ハミルトン行列** を作成します．

$$H = \begin{bmatrix} A & -BR^{-1}B^T \\ -Q & -A^T \end{bmatrix} \tag{9.12}$$

ハミルトン行列がもつ $2n$ 個の固有値は，実軸に対して対称なだけではなく，虚軸に対しても対称となること，さらに虚軸上には固有値をもたないことを証明できます．したがって，ハミルトン行列の固有値の半数，すなわち n 個は漸近安定な (実部が負の) 固有値となります．これらの固有値に対する固有ベクトルからなる行列 V を作

成し，それを次式のようにブロック行列表現します．なお，X_1 と X_2 はともに n 次正方行列です．

$$V = \begin{bmatrix} X_1 \\ X_2 \end{bmatrix} \tag{9.13}$$

このとき，対 (A, B) の可制御性から行列 X_1 の正則性が保証され，

$$X = X_2 X_1^{-1} \tag{9.14}$$

は $A - BR^{-1}B^T X$ を安定化するリカッチ方程式の唯一正定解 (X は正定行列) となります．ここで，

> $A - BR^{-1}B^T X$ の固有値がハミルトン行列の漸近安定な固有値と一致する性質がある

点に注意してください．以上のことは次節の設計例で確かめます．

9.3.2 最適レギュレータ問題の解

それではリカッチ方程式の正定解 X を利用して最適レギュレータ問題に対する解を求めます．まず，$x^T(t) X x(t)$ という時間関数を時刻 t で微分した後，以下に示すように式変形します．

$$\begin{aligned}
\frac{d}{dt}(x(t)^T X x(t)) &= \dot{x}^T X x + x^T X \dot{x} \\
&= (Ax + Bu)^T X x + x^T X (Ax + Bu) \\
&= x^T (A^T X + XA) x + u^T B^T X x + x^T X B u \\
&= -(x^T Q x + u^T R u) + (u + R^{-1} B^T X x)^T R (u + R^{-1} B^T X x)
\end{aligned}$$

2番目の等式は状態方程式 (9.8) を代入することによって，また 4 番目の等式はリカッチ方程式 (9.11) を利用することによって得られます．最終的に 2 次形式で表されることに注意してください．ここに示す式変形の結果，右辺第 1 項に被積分関数が現われるので，上式の両辺を区間 $[0, \infty)$ で積分すると，

$$J = -\left. x^T(t) X x(t) \right|_0^\infty + \int_0^\infty (u + R^{-1} B^T X x)^T R (u + R^{-1} B^T X x) \, dt$$

を得ます．行列 R の正定性 (行列 R が対角行列の場合，対角要素がすべて正) から，

$$u = -R^{-1} B^T X x \tag{9.15}$$

と選ぶことが評価関数 J を最小にする操作量 u となります．これより，最適レギュレータ問題に対する解は，状態フィードバックゲイン

$$K = R^{-1}B^T X \quad (9.16)$$

をもつ状態フィードバック制御として与えられることがわかります．これを **最適レギュレータ** といいます．このときの閉ループシステムは

$$\dot{x} = (A - BR^{-1}B^T X)x \quad (9.17)$$

で与えられます．このことは，ハミルトン行列の漸近安定な極とレギュレータ極が一致することを意味します．

9.1 節の解析においては，状態フィードバック制御を前提としましたが，最適レギュレータ問題自身は制御器の構造を特定しているわけではありません．しかし，得られた結果は状態フィードバック制御なのです．また，そのときの評価関数 J の最小値は

$$J_{min} = x^T(0)Xx(0) \quad (9.18)$$

で与えられます．

ところで，最適レギュレータは重み行列 Q, R の関数です．つまり，最適という名称がつけられていますが，それは選定した重み行列に対する評価関数を最小にするだけで，それによる閉ループシステムが必ずしも希望する応答をもつとは限りません．そのため，設計の際には，適切な重みを選ぶ作業が必要となります．

9.4 設計例

9.4.1 1次システム

9.1 節で述べた 1 次システムに対する最適レギュレータ問題を改めて考えます．

状態方程式 : $\dot{x} = ax + bu \quad (b \neq 0)$

評価関数 : $J = \displaystyle\int_0^\infty (x^2 + ru^2)dt \quad (r > 0)$

評価関数において，状態量 x に対する重みを 1 としている点に注意してください．これは

$$J = \int_0^\infty (qx^2 + ru^2)\,dt = q\int_0^\infty \left(x^2 + \frac{r}{q}u^2\right)\,dt$$

より，q, r そのものではなく，それらの相対的な大きさに意味があるためです．

リカッチ方程式の正定解を求めるために，式 (9.12) にしたがってハミルトン行列を作成します．

$$H = \begin{bmatrix} a & -b^2/r \\ -1 & -a \end{bmatrix}$$

このとき固有値は，

$$\lambda_{1,2} = \pm\sqrt{a^2 + \frac{b^2}{r}}$$

となり，虚軸に対称であることがわかります．

Maxima 9.3

```
H:matrix([a,-b*b/r],[-1,-a])$   ハミルトン行列
eigenvalues(H);                  ハミルトン行列に対する固有値
```

$$\left[\left[-\sqrt{\frac{b^2}{r}+a^2},\sqrt{\frac{b^2}{r}+a^2}\right],[1,1]\right]$$

漸近安定な固有値 $\{-\sqrt{b^2/r + a^2}\}$ に対する固有ベクトルの一つは

$$V = \begin{bmatrix} 1 \\ \dfrac{1}{\sqrt{a^2 + \dfrac{b^2}{r}} - a} \end{bmatrix}$$

で与えられます．X_1 は 0 でないので，リカッチ方程式の正定解 X は

$$X = X_2 X_1^{-1} = \frac{1}{\sqrt{a^2 + \dfrac{b^2}{r}} - a} = \frac{r}{b^2}\left(a + \sqrt{a^2 + \frac{b^2}{r}}\right)$$

であり，状態フィードバックゲイン k は

$$k = \frac{1}{b}\left(\sqrt{\frac{b^2}{r} + a^2} + a\right)$$

で与えられます．この結果は式 (9.6) と一致します．また，このときのレギュレータ極は

$$A - BR^{-1}B^T X = a - \frac{b^2}{r}X = -\sqrt{\frac{b^2}{r} + a^2}$$

となり，ハミルトン行列の漸近安定な固有値に一致することがわかります．

> Maxima 9.4
> ```
> eigenvectors(H) $    ハミルトン行列に対する固有ベクトル
> columnvector(%[2]) $    漸近安定な固有値に対する固有ベクトル
> X:%[2,1]/%[1,1];    リカッチ方程式の正定解
> ```
> $$\frac{1}{\sqrt{\frac{b^2}{r}+a^2}-a}$$
> ```
> k:b/r*X $    状態フィードバックゲイン
> num(k)*(sqrt(b*b/r+a*a)+a)/expand(denom(k)*(sqrt(b*b/r+a*a)+a));
> ```
> $$\frac{\sqrt{\frac{b^2}{r}+a^2}+a}{b}$$
> ```
> a-b*%;    閉ループシステム
> ```
> $$-\sqrt{\frac{b^2}{r}+a^2}$$

　得られた状態フィードバックゲイン k から，重み r が小さいほどその絶対値が大きくなることがわかります．それに対応してレギュレータ極も虚軸に対してより左側に移動します．これは，操作量に対する重みが小さくなり，評価関数中の操作量の2乗面積の占める割合が小さくなり，操作量が大きくなり得るためです．必ず，というわけではありませんが，重み q_i, r_i を大きく (小さく) するとそれに対応した状態量 x_i もしくは操作量 u_i が小さく (大きく) なる傾向にあります．このことは重みを調整する一つの指針となり得ます．

9.4.2 磁気浮上系

　磁気浮上系に対する最適レギュレータ問題を考えます．

> 状態方程式 : $\dot{x} = \begin{bmatrix} 0 & 1 \\ \alpha & 0 \end{bmatrix} x + \begin{bmatrix} 0 \\ \beta \end{bmatrix} u$
>
> 評価関数 : $J = \int_0^\infty \left(x^T \begin{bmatrix} 1 & 0 \\ 0 & q \end{bmatrix} x + ru^2 \right) dt \qquad (q \geq 0,\ r > 0)$

　磁気浮上系は低次 (2次) システムなので，リカッチ方程式 (9.11) の正定解を直接 Maxima を利用して求めてみます．X が対称行列である点に注意してください．

> Maxima 9.5

```
mm:mmodel() $   状態空間モデル
A:sysa(mm) $
B:sysb(mm) $
Q:matrix([1,0],[0,qq]) $   重み行列 Q
X:matrix([x1,x2],[x2,x3]) $   リカッチ方程式の解
ricc:trasnpose(A).X+X.A-X.B.transpose(B).X/rr+Q $   リカッチ方程式
ricc_ans:solve([ricc[1,1],ricc[1,2],ricc[2,2]],[x1,x2,x3]);   解
subst(ricc_ans[1],X);   解の正定性の確認
subst(ricc_ans[2],X);
subst(ricc_ans[3],X);
subst(ricc_ans[4],X);
```

解の候補が四つ得られますが，正定行列は，少なくともその対角要素が正である必要があります．上記の例ではそれを確認することで `ricc_ans[3]` が正定解であることがわかります．

上述の結果より，リカッチ方程式の正定解は次式で与えられます．

$$X = \begin{bmatrix} \sqrt{\alpha^2 r + \beta^2}\sqrt{2\sqrt{r}\sqrt{\alpha^2 r + \beta^2} + 2\alpha r + \beta^2 q}/\beta^2 & (r^{3/2}\sqrt{\alpha^2 r + \beta^2} + \alpha r^2)/(\beta^2 r) \\ (r^{3/2}\sqrt{\alpha^2 r + \beta^2} + \alpha r^2)/(\beta^2 r) & \sqrt{2r\sqrt{\alpha^2 r^2 + \beta^2 r} + 2\alpha r^2 + \beta^2 qr}/\beta^2 \end{bmatrix}$$

よって，最適レギュレータは

> Maxima 9.6

```
K:transpose(B).subst(ricc_ans[3],X)/rr;   最適レギュレータ
```

$$K = \begin{bmatrix} (r^{3/2}\sqrt{\alpha^2 r + \beta^2} + \alpha r^2)/(\beta r^2) & \sqrt{2r\sqrt{\alpha^2 r^2 + \beta^2 r} + 2\alpha r^2 + \beta^2 qr}/(\beta r) \end{bmatrix} \tag{9.19}$$

で与えられます．

次に Scilab を利用して，数値的に最適レギュレータの設計を行います．通常，重みの選定に利用できる先見的な情報がなければ，とりあえず重み Q, R をともに単位行列とします（この例では $q = r = 1$）．このとき，ハミルトン行列は

9.4 設計例

$$H = \begin{bmatrix} 0 & 1 & 0 & 0 \\ 2365. & 0 & 0 & -93.97 \\ -1 & 0 & 0 & -2365. \\ 0 & -1 & -1 & 0 \end{bmatrix}$$

で与えられ，その固有値は

$$[\,53.72 \quad -53.72 \quad -44.03 \quad 44.03\,]$$

となります．虚軸に対称であることがわかりますね．

Scilab 9.7

```
--> mm=mmodel();    状態空間モデル
--> [A,B,C,D]=abcd(mm);
--> Q=eye(2,2); R=1;   重み行列
--> H=[A,-B*inv(R)*B';-Q,-A'];   ハミルトン行列
--> [V,D]=spec(H);   固有値ならびに固有ベクトル
--> diag(D)
 ans =
   53.72
  -53.72
  -44.03
   44.03
```

また，漸近安定な固有値 $\{-53.72, -44.03\}$ に対する固有ベクトルは

$$V = \begin{bmatrix} -0.004003 & -0.004033 \\ 0.2150 & 0.1776 \\ 0.9763 & -0.9839 \\ 0.02218 & -0.01831 \end{bmatrix}$$

であることから，リカッチ方程式の正定解 X は

$$X = X_2 X_1^{-1} = \begin{bmatrix} 2460. & 50.34 \\ 50.34 & 1.040 \end{bmatrix}$$

で与えられます．これより，状態フィードバックゲインは

$$k = R^{-1} B^T X = [\,-488.0 \quad -10.08\,]$$

となります．このとき，レギュレータ極 ($A - bk$ の固有値) は $\{-44.03, -53.72\}$ であり，ハミルトン行列の漸近安定な固有値と一致します．

```
--> VV=V(:,[2,3]);    漸近安定な固有値に対する固有ベクトル
--> X=VV(3:4,:)*inv(VV(1:2,:));    リカッチ方程式の正定解  $X = X_2 X_1^{-1}$
--> K=inv(R)*B'*X    状態フィードバックゲイン
 K =
  − 488.0    − 10.08

--> spec(A-B*K)    レギュレータ極
 ans =
  −44.03
  −53.72
```
Scilab 9.8

この Scilab の例では，9.3 節の手順に従って，ハミルトン行列の固有値・固有ベクトルからリカッチ方程式の正定解を求め，状態フィードバックゲインの設計を行っていますが，Scilab には最適レギュレータ問題の解を求めるための関数 lqr が用意されています．使用例を以下に示します．関数 lqr の戻り値は状態フィードバックゲイン K とリカッチ方程式の正定解 X です．ただし，$u = -Kx$ ではなく $u = Kx$ を前提とする状態フィードバックゲインを出力することに注意してください．

```
--> Q=eye(2,2); R=1;    重み行列
--> C1=[sqrtm(Q);zeros(1,2)];
--> D12=[zeros(2,1);sqrtm(R)];
--> P12=syslin('c',A,B,C1,D12);
--> [K,X]=lqr(P12)    リカッチ方程式の正定解と状態フィードバックゲイン
 X =
  2460.    50.34
  50.34    1.040
 K =
  488.0    10.08

--> K=-K;    状態フィードバックゲインの符号の反転
```
Scilab 9.9

上記のコマンドについて説明します．関数 lqr が対象とする最適レギュレータ問題は，状態空間モデル

に対して,評価関数

$$\left\{\begin{array}{l}\dot{x} = Ax + Bu \\ z = C_1 x + D_{12} u = \left[\begin{array}{cc} C_1 & D_{12} \end{array}\right]\left[\begin{array}{c} x \\ u \end{array}\right]\end{array}\right.$$

$$J = \int_0^\infty z^T z \, dt = \int_0^\infty \left[\begin{array}{cc} x^T & u^T \end{array}\right]\left[\begin{array}{c} C_1^T \\ D_{12}^T \end{array}\right]\left[\begin{array}{cc} C_1 & D_{12} \end{array}\right]\left[\begin{array}{c} x \\ u \end{array}\right] dt$$

を最小にするものです.ここで,

$$\left[\begin{array}{c} C_1^T \\ D_{12}^T \end{array}\right]\left[\begin{array}{cc} C_1 & D_{12} \end{array}\right] = \left[\begin{array}{cc} C_1^T C_1 & C_1^T D_{12} \\ D_{12}^T C_1 & D_{12}^T D_{12} \end{array}\right]$$

であることから,$C_1^T C_1 = Q$, $D_{12}^T D_{12} = R$, $C_1^T D_{12} = 0$ の場合に,本章で対象としている最適レギュレータ問題と一致します.この条件を満たす例が次式です.

$$C_1 = \left[\begin{array}{c} \sqrt{Q} \\ 0 \end{array}\right], \quad D_{12} = \left[\begin{array}{c} 0 \\ \sqrt{R} \end{array}\right]$$

Scilab の入力例において `sqrt(Q)` と `sqrtm(Q)` は一般に異なる結果を出力するという点に注意してください.前者は行列 Q の要素ごとの平方根を求めるのに対して,後者は $\sqrt{Q} \cdot \sqrt{Q} = Q$ を満足する $\sqrt{Q}$ を計算します.ただし,行列 Q が対角行列の場合は両者は同じ結果となります.

また,関数 `ricc` を利用して得られたリカッチ方程式の正定解 X から状態フィードバックゲインを計算することもできます.なお,この関数が対象とするリカッチ方程式は

$$A^T X + XA - XBX + C = 0$$

です.以降の設計例では,入力が簡単であることから,この方法を使用します.

```
Scilab 9.10
--> Q=eye(2,2); R=1;   重み行列
--> X=ricc(A,B*inv(R)*B',Q,'cont');   リカッチ方程式の正定解
--> K=inv(R)*B'*X;   最適レギュレータ問題の解
```

9.4.3 倒立振子系

倒立振子系に対して最適レギュレータを設計します.第 7 章で紹介した極配置法のときと同様におおよそ 1s 程度で整定する制御器の設計を目指すことにします.とは

いっても，重みに対する目安がないのが一般的ですから，ここでは磁気浮上系のときと同様に，重み Q, R をともに単位行列と選ぶことにします．

Scilab 9.11
```
--> pm=pmodel();    状態空間モデル
--> [A,B,C,D]=abcd(pm);
--> Q=eye(4,4); R=1;    重み行列
--> X=ricc(A,B*inv(R)*B',Q,'cont');    リカッチ方程式の正定解
--> K=inv(R)*B'*X
 K =
  -1.   -11.57   -5.900   -2.148

--> spec(A-B*K)

 ans =
  -423.1
  -4.241 + 2.060i
  -4.241 - 2.060i
  -0.3511
```

状態フィードバックゲインは

$$K = [\,-1.000 \quad -11.57 \quad -5.900 \quad -2.148\,]$$

となりますが，レギュレータ極 $\{-0.3511, -4.241 \pm 2.060j, -423.1\}$ を見る限り，希望する応答よりはかなり遅いことが予想されます．そこで，初期値応答を調べてみます．

Scilab 9.12
```
--> t=0:0.01:10;    シミュレーション時間
--> x0=[0;0.1;0;0];    初期状態
--> syscl=syslin('c',A-B*K,B,C);    閉ループシステム
--> ycl=csim(zeros(t),t,syscl,x0);    初期値応答
--> plot(t,ycl)
```

実線が台車の位置，点線が振子の角度を表していますが，図から，台車の応答が遅いことがわかります．そこで，台車の応答を改善する目的で台車の位置 z に関する重みを大きく選びなおすことにします．なお，倒立振子系の状態量は $x = [\,z \;\; \theta \;\; \dot{z} \;\; \dot{\theta}\,]^T$ です．

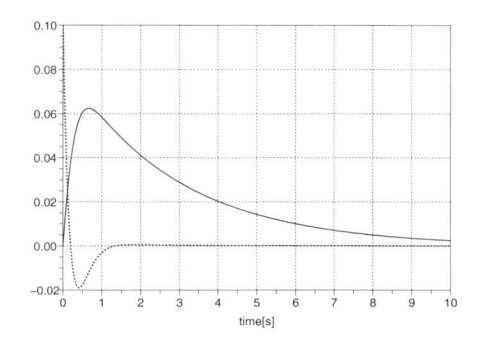

図 9.1 初期値応答

```
Scilab 9.13
--> Q=diag([10,1,1,1]); R=1;    重み行列
--> ⋮
```

この再選定を繰り返すことで，希望する整定時間を満たす状態フィードバックゲインが得られると思います (各自で設計を行ってください). このように，試行錯誤により重み Q, R を適切に定めることが最適レギュレータ法における設計の進め方となります.

ところで，倒立振子系の場合，台車の位置 z と振子の角度 θ を観測量とするとき可観測性が満たされることを第 8 章で確認しました. したがって，重み Q を

$$Q = \begin{bmatrix} q_1 & 0 & 0 & 0 \\ 0 & q_2 & 0 & 0 \\ 0 & 0 & 0 & 0 \\ 0 & 0 & 0 & 0 \end{bmatrix} \tag{9.20}$$

とすることができます. この場合，q_1, q_2, r (いずれも正の実数) が設計者が選ぶべきパラメータとなります.

例題 9.3

式 (9.20) において $q_1 = 100$, $q_2 = 1$ とします. また，$R = 1$ としたときの状態フィードバックゲインは次式で与えられます. このときの初期値応答は各自で調べてください.

$$k = \begin{bmatrix} -10 & -14.42 & -8.691 & -2.371 \end{bmatrix} \tag{9.21}$$

ところで，これを観測行列とする伝達関数 $P(s) = k(sI - A)^{-1}b$ に対してベクト

ル軌跡を描いてみます.

```
Scilab 9.14
--> Q=diag([100,1,0,0]); R=1;   重み行列
--> X=ricc(A,B*inv(R)*B',Q,'cont');   リカッチ方程式の正定解
--> K=inv(R)*B'*X
 K =
  -10.   -14.42   -8.691   -2.371
--> syslp=syslin('c',A,B,K);
--> nyquist(syslp)   ベクトル軌跡
--> sita=-180:180;
--> xx=-1+cos(sita*%pi/180); yy=sin(sita*%pi/180);
--> plot(xx,yy)   (-1,0) を中心とする半径 1 の円
```

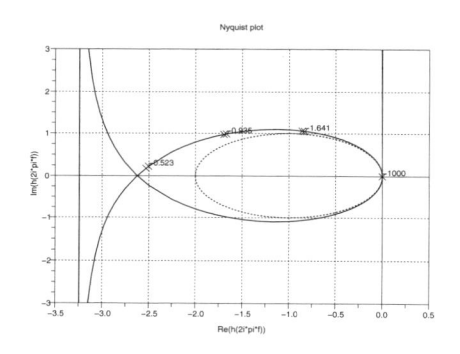

図 9.2　ベクトル軌跡

図 9.2 において, ベクトル軌跡が $(-1,0)$ を中心とする半径 1 の単位円 (図中の点線) の外側にあることがわかります. これが最適レギュレータがもつ性質の一つである **円条件** です. これにより, 設計した状態フィードバックゲイン k に対して $u = -\alpha k x$ (ゲイン k を α 倍する) というフィードバック制御を考えた場合, $\alpha \geq 1/2$ に対して閉ループシステムが漸近安定となることを示すことができます (演習問題 9.5).

9.4.4　柔軟ビーム振動系

柔軟ビーム振動系に対して最適レギュレータを設計します.

9.4 設計例

> Scilab 9.15

```
--> bm=bmodel();    状態空間モデル
--> [A,B,C,D]=abcd(bm);
--> Q=eye(6,6); R=1;    重み行列
--> X=ricc(A,B*inv(R)*B',Q,'cont');    リカッチ方程式の正定解
--> K=inv(R)*B'*X;    最適レギュレータの解
K =
 -0.1846  0.6278  -1.523  -0.8045  4.532  0.6053
--> spec(A)    開ループ極
ans =
 -0.8815 + 17.61i
 -0.8815 - 17.61i
 -0.564 + 70.52i
 -0.564 - 70.52i
 -0.952 + 158.7i
 -0.952 - 158.7i
--> spec(A-B*K)    レギュレータ極
ans =
 -2.030 + 17.51i
 -2.030 - 17.51i
 -2.639 + 70.47i
 -2.639 - 70.47i
 -2.057 + 158.7i
 -2.057 - 158.7i
--> syscl=syslin('c',A-B*K,B,C);    閉ループシステム
--> t=0:0.001:5;    シミュレーション時間
--> ycl=csim('impl',t,syscl);    インパルス応答
--> plot(t,ycl)
--> y=csim('impl',t,bm);
--> plot(t,y)
```

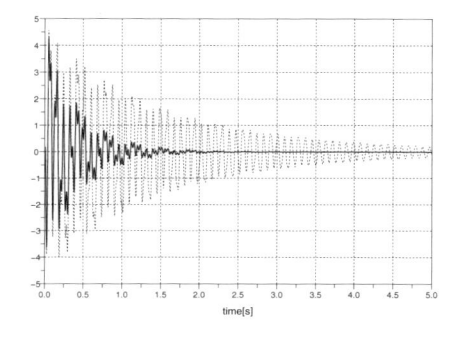

図 9.3　インパルス応答

この例においても，最初に重みを単位行列としましたが，結果的に約 2 s 程度で整定する応答 (実線が閉ループシステム，点線が開ループシステムに対するインパルス応答) をもつ状態フィードバックゲインが得られていることがわかります．ここで，開ループ極 (spec(A)) とレギュレータ極 (spec(A-B*K)) を比較すると，虚部がほとんど変わらずに実部が虚軸に対してより左側に移動していることに注意してください．第 7 章の設計例でレギュレータ極の指定法について説明しましたが，操作量を考慮したとき，このような考え方が合理的なのです．

9.5 ● 指定した安定度をもつ最適レギュレータ

$Q = 0$ としたリカッチ方程式

$$A^T X + XA - XBR^{-1}B^T X = 0 \tag{9.22}$$

を考えます ($Q = 0$ は評価関数 J 中に状態量の 2 乗面積を考慮しないことを意味しますが，以下に示すように評価関数 J を最小とする解を見つけることができます)．

これに対するハミルトン行列は

$$H = \begin{bmatrix} A & -BR^{-1}B^T \\ 0 & -A^T \end{bmatrix} \tag{9.23}$$

で与えられますが，ブロック三角行列の構造をもつことから，その固有値は，行列 A の固有値とそれを虚軸に対して対称な位置に移動させた固有値 (行列 $-A^T$ の固有値) の和集合となります．そのため，行列 A が虚軸上に固有値をもたなければ，ハミルトン行列は虚軸上に固有値をもちません．さらに，対 (A, B) が可制御であれば，式 (9.23) のハミルトン行列に対して作成した式 (9.13) の X_1 が正則であることを証明できるので，$X = X_2 X_1^{-1}$ は閉ループシステム $\dot{x} = (A - BR^{-1}B^T X)x$ を漸近安定とするリカッチ方程式の正定解となります．このときのレギュレータ極は，

> 行列 A の漸近安定な固有値と不安定な固有値を虚軸に対称に虚軸の左側に折り返した固有値の和集合

から成ります．なお，この議論は，行列 R の選定には無関係なので $R = I$ とすることができます．

9.5 指定した安定度をもつ最適レギュレータ

例題 9.4

次に示す可制御な状態方程式に対して，上述の設計法を適用してみます．簡単な計算から，極は {−1, 3} であることがわかります．

$$\dot{x} = \begin{bmatrix} 0 & 1 \\ 3 & 2 \end{bmatrix} x + \begin{bmatrix} 0 \\ 1 \end{bmatrix} u$$

まず，式 (9.23) のハミルトン行列を求めると

$$H = \begin{bmatrix} 0 & 1 & 0 & 0 \\ 3 & 2 & 0 & -1 \\ 0 & 0 & 0 & -3 \\ 0 & 0 & -1 & -2 \end{bmatrix}$$

を得ます．これに対する固有値は { 3, −1, −3, 1 } であり，開ループ極とそれを虚軸で折り返したものからなることがわかります．

```
Scilab 9.16
--> A=[0,1;3,2]; B=[0;1];   状態方程式
--> H=[A,-B*B';zeros(2,2),-A'];   ハミルトン行列
--> [V,D]=spec(H);   固有値・固有ベクトル
--> diag(D)'
 ans =
  3.  - 1.  - 3.  1.
```

次に漸近安定な固有値に対する固有ベクトルは

$$V = \begin{bmatrix} -0.7071 & -0.05793 \\ 0.7071 & 0.1738 \\ 0 & 0.6951 \\ 0 & 0.6951 \end{bmatrix} = \left(\begin{bmatrix} X_1 \\ X_2 \end{bmatrix} \right)$$

で与えられるので，リカッチ方程式 (9.22) の解を求めると

$$X = X_2 X_1^{-1} = \begin{bmatrix} 6 & 6 \\ 6 & 6 \end{bmatrix}$$

であり，状態フィードバックゲイン k は

$$k = b^T X = \begin{bmatrix} 6 & 6 \end{bmatrix}$$

となります．このときレギュレータ極は

$$A - bk = \begin{bmatrix} 0 & 1 \\ -3 & -4 \end{bmatrix}$$

であることから $\{-1, -3\}$ となります．

```
                                               Scilab 9.17
  --> X=V(3:4,2:3)*inv(V(1:2,2:3))   リカッチ方程式の正定解
  X =
   6.  6.
   6.  6.
  --> K=B'*X    状態フィードバックゲイン
  K =
   6.  6.
  --> spec(A-B*K)    レギュレータ極
  ans =
   -1.
   -3.
```

　ところで，この方法で閉ループシステムを安定化する状態フィードバックゲインを設計することが可能ですが，漸近安定な極を移動させることはできません．たとえば，柔軟ビーム振動系は応答は望ましくないですが漸近安定なので，これに対しては応答を改善する目的では適用できません．そこで，上式のハミルトン行列内の行列 A を正の実数 α を用いて $A + \alpha I_n$ で置き換えます．

$$H = \begin{bmatrix} A + \alpha I_n & -BB^T \\ 0 & -(A + \alpha I_n)^T \end{bmatrix} \tag{9.24}$$

ただし，$A + \alpha I_n$ が虚軸上に固有値をもたないように α が選定されているものとします．対 (A, B) が可制御であれば，対 $(A + \alpha I_n, B)$ も可制御となります．この操作は，図 9.4 に示すようにちょうど虚軸を左に α だけシフトさせることと等価なのです．

　したがって，式 (9.24) に対して最適レギュレータを設計すると，レギュレータ極の位置は $-\alpha$ よりも小さい実部をもつ極はそのままで，大きい実部をもつものは $(-\alpha, 0)$ を通る虚軸に平行な軸に対して折り返した位置に配置されます．その結果，得られるレギュレータ極の実部は $-\alpha$ 未満であることが保証されます．システムの極の中で，虚軸に最も近い極が支配極として応答に強い影響をもちますが，その極の実部の絶対値を **安定度** といいます．本節で紹介した設計法は，閉ループシステムの安定度を指定する設計法 (**安定度指定法**) であるといえます．

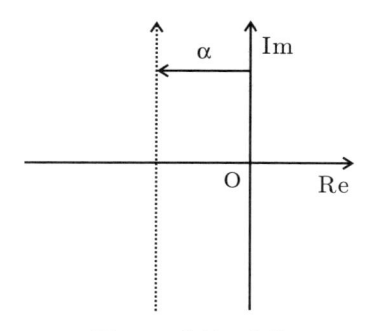

9.5 指定した安定度をもつ最適レギュレータ

図 9.4 虚軸の移動

例題 9.5

倒立振子系の開ループ極は $\{-240,\ 0,\ 6.022,\ -6.044\}$ で与えられます．これに対して $\alpha=2$ として安定度指定法を利用して状態フィードバックゲインを設計してみましょう．この場合，0 が -4 へ 6.0 が -10 へ移動するはずです．

```
Scilab 9.18
--> [A,B,C,D]=abcd(pmodel());   状態空間モデル
--> H=[A+2*eye(4,4),-B*B';zeros(4,4),-(A+2*eye(4,4))'] ハミルトン行列
--> [V,D]=spec(H);   固有値・固有ベクトル
--> X=V(5:8,[2,4,6,8])*inv(V(1:4,[2,4,6,8]));   リカッチ方程式の正定解
--> K=B'*X    状態フィードバックゲイン
K =
  - 17.72   - 19.62   - 11.87   - 3.2633

--> spec(A-B*K)   レギュレータ極
ans =
  -240.
  -10.05
  -6.068
  -4.
```

関数 ricc は $Q=0$ の場合に対しても適用可能です．

```
Scilab 9.19
--> X=ricc(A+2*eye(4,4),B*B',zeros(4,4),'cont');   リカッチ方程式の正定解
--> K=B'*X    状態フィードバックゲイン
```

9.6 ● まとめ

一般に，速い応答性と操作量の大きさとの間にはトレードオフの関係があります．そこで，このトレードオフをそれぞれの 2 乗面積を利用して考慮しようとする設計法が最適レギュレータ問題です．要点を以下にまとめます．

(1) 可制御な状態方程式 $\dot{x} = Ax + Bu$ に対して，評価関数

$$J = \int_0^\infty (x^T Q x + u^T R u)\, dt$$

を最小にする制御器は

$$u = -R^{-1}B^T X x$$

という状態フィードバックで与えられる．ここで X はリカッチ方程式の唯一正定解である．

$$A^T X + XA - XBR^{-1}BX + Q = 0$$

(2) 評価関数 J 中の重み Q, R は実用的には対角行列としてよい．ただし，Q の対角要素は非負 (可観測性を満たすこと) に，行列 R の対角要素は正に選ぶ必要がある．また，選定の際に，対角要素の値を大きくすると，それに対応する状態量もしくは操作量が小さくなる傾向にあり，逆に小さくすると大きくなる傾向にある．

(3) $Q = 0, A \to A + \alpha I$ とすることで，安定度 α を保証する最適レギュレータを設計できる．

>>本章のキーワード (登場順)<<
- ☐ **2 次形式**　☐ 最適レギュレータ問題　☐ (準) 正定行列
- ☐ リカッチ方程式　☐ ハミルトン行列　☐ 最適レギュレータ　☐ 円条件
- ☐ 安定度　☐ 安定度指定法

演習問題 9

1. 次に示す対称行列が正定 (準正定) となるための q に対する条件を示せ．
$$Q = \begin{bmatrix} 2 & -1 \\ -1 & q \end{bmatrix}$$

2. 引数として与えた A, B, Q, R に対して，最適レギュレータ法に基づいて状態フィードバックゲイン K を設計する Scilab のプログラム lqr2 を作成せよ．また，安定度指定法に基づいて状態フィードバックゲイン K を設計する Scilab のプログラム lqr_d を作成せよ．ただし，引数は A, B, α とする．

3. 演習問題 7.5 のパラメータをもつ 2 水槽系に対して，初期状態が $x(0) = [0.1\ \ 0]^T$ で与えられるとき，第 2 水槽の液面の整定時間が約 1 s となるように最適レギュレータを設計せよ．

4. 磁気浮上系に対して求めた最適レギュレータ (9.19) において $q = 0$ とする．このとき，様々な r に対する閉ループシステムの極を複素平面上に図示せよ．同様のことを $q = 1$ に対しても行え．

5. 倒立振子系に対して設計した状態フィードバックゲイン (9.21) を $\alpha(\geq 1/2)$ 倍した状態フィードバック制御 $u = -\alpha K x$ を施した閉ループシステムが漸近安定となることを示せ．一方，極配置法で設計した状態フィードバックゲイン K に対してはどうかを調べよ．ただし，レギュレータ極は $\{-240, -4+4j, -4-4j, -7\}$ と $\{-10, -4+4j, -4-4j, -7\}$ とする．

6. 安定度指定法に基づき，柔軟ビーム振動系に対してその安定度が約 3 となる最適レギュレータを設計せよ．

7. 図 7.10 より，柔軟ビーム振動系の 2 次振動モードに対応した開ループゲインは約 10 dB である．これを約 -10 dB となるように最適レギュレータを設計せよ．また，それに対して単位インパルス応答を図示せよ．

第10章

サーボ問題

これまでは，状態フィードバック制御を施した閉ループシステムに対する初期値応答を対象としてきました．この場合，なんらかの理由で発生した初期状態 $x(0)$ を $x(\infty) = 0$ に移動させることが制御目的となります．いわゆる **レギュレータ問題** です．それに対して，本章では，システムの制御量を目標入力に追従させる，いわゆる **サーボ問題** を考えます．

10.1 ● 1次システムに対する単位ステップ応答

1次システム $\dot{x} = ax + bu$ に対して，操作量を

$$u = k(r - x) \tag{10.1}$$

と与えたフィードバック制御系を考えます (図 10.1)．$r(t)$ はシステムがこのように動いてもらいたいという希望を表す目標入力であり，その意味で式 (10.1) 中の $r - x$ は追従誤差 e を表しています．前章までの議論は $r = 0$ と考えることができます．

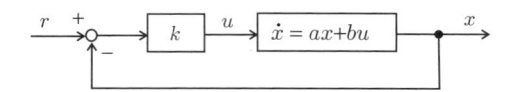

図 10.1 目標入力を考えたフィードバック制御系

このときの閉ループシステムは

$$\dot{x} = (a - bk)x + bkr \tag{10.2}$$

となります．今，目標入力として最も代表的な単位ステップ目標入力 $r(t) = 1$ を与えたとします．このとき，閉ループシステムの (単位ステップ) 応答は，式 (2.9) より

$$x = \frac{bk}{-(a - bk)}(1 - e^{(a-bk)t}) \tag{10.3}$$

で与えられます．システムが漸近安定となる $(a-bk<0)$ ように k が定められているならば，その定常応答は

$$x(\infty) = \lim_{t \to \infty} x(t) = \frac{bk}{-(a-bk)} \tag{10.4}$$

となります．

例題 10.1

式 (10.2) の解を求め，定常応答を計算します．

```
                                                         Maxima 10.1
assume(a-b*k<0)
ode2('diff(x,t)=(a-b*k)*x+b*k,x,t) $  微分方程式の一般解
eq1:ic1(%,t=0,x=0) $  初期状態の指定  式 (10.3)
limit(eq1,t,inf);    t → ∞  式 (10.4)
    x = bk/(bk - a)
```

目標入力が $r=1$ であることから $x(\infty)=1$ となることが望ましいのですが，式 (10.4) から $a=0$ でない限り，$x(\infty)=1$ にはなり得ません．実は，図 10.1 の構成では $x(\infty)=1$ にはなり得ないのです．なぜならば，制御量 x が 1 となるためには，それに対応した (0 でない) 操作量 u が必要となります．しかし，誤差 e が 0 の場合，式 (10.1) から操作量は 0 です．これは明らかに矛盾です．それでは，どのようにすれば $x(\infty)=1$ となることを保証できるのでしょうか．一つの方法として，目標入力を 1 ではなく，定常値 (10.4) の逆数で与えることが考えられます．つまり，

$$r = \frac{-(a-bk)}{bk}$$

です．しかし，この場合，システムのもつパラメータ a, b やフィードバックゲイン k に依存して目標入力の高さを決定する必要があり，必ずしも適切な方法であるとはいえません．この問題に対する答えを，次節以降で考えていきます．なお，本章での議論は直達項をもたない SISO 系に限定します．また，目標入力を単位ステップに限定しますが，他の目標入力に対しても容易に拡張可能です (演習問題 10.4)．

10.2 ● ラプラス変換の最終値の定理

サーボ問題においては，定常応答が議論の対象となります．状態空間モデルを解いて $t \to \infty$ とすることで定常応答を求めることができますが，もっと簡便な方法があります．それが，次に示す **ラプラス変換の最終値の定理** です．

> **定理 10.1** 時間関数 $y(t)$ をラプラス変換したものを $Y(s)$ とする．このとき $y(\infty)$ は
> $$y(\infty) = \lim_{s \to 0} sY(s) \tag{10.5}$$
> で与えられる．なお，$y(\infty) < \infty$ であるとする．

前節の 1 次システムの場合，閉ループシステムに対する制御量 $X(s)$ は

$$X(s) = \frac{bk}{s - (a - bk)} R(s)$$

で与えられます．ここで，単位ステップ目標入力 $r(t) = 1$ のラプラス変換が $R(s) = 1/s$ である（表 4.1 参照）ことに注意して，ラプラス変換の最終値の定理を適用すると $x(\infty)$ が式 (10.4) で与えられることがわかります．

$$x(\infty) = \lim_{s \to 0} sX(s) = \lim_{s \to 0} s \cdot \frac{bk}{s - (a - bk)} \cdot \frac{1}{s} = \frac{bk}{-(a - bk)}$$

例題 10.2

ラプラス変換の最終値の定理を利用して，式 (10.2) の定常応答を計算します．

Maxima 10.2
```
X:b*k/(s-a+b*k)*R $    X(s)
Rs:laplace(1,t,s) $    単位ステップ入力のラプラス変換
subst(R=Rs,X) $
limit(s*%,s,0);        x(∞)
        bk
       ─────
       bk - a
```

10.3 ● 積分器の必要性

直達項のない SISO 系

$$\begin{cases} \dot{x} = Ax + bu \\ y = cx \end{cases} \tag{10.6}$$

に対する伝達関数 $P(s)$ は

$$P(s) = c(sI - A)^{-1}b \tag{10.7}$$

で与えられます．これに対して $U(s) = K(s)(R(s) - Y(s))$ というフィードバック制御を施したとしましょう．$K(s)$ は制御器の伝達関数です．

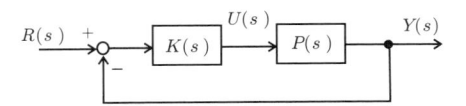

図 10.2 フィードバック制御系

目標入力 $R(s)$ から制御量 $Y(s)$ までの閉ループシステムの伝達関数 P_{yr} は

$$P_{yr} = \frac{P(s)K(s)}{1 + P(s)K(s)} \tag{10.8}$$

で与えられます (例題 6.11 参照)．ここで，閉ループシステムが漸近安定となるように $K(s)$ が選ばれているものとします．これに対してラプラス変換の最終値の定理を利用することで，閉ループシステムに対する単位ステップ応答の定常値を求めることができます．

$$y(\infty) = \lim_{s \to 0} sP_{yr}(s)\frac{1}{s} = P_{yr}(0) = \frac{P(0)K(0)}{1 + P(0)K(0)} \tag{10.9}$$

分母に 1 があるために $y(\infty) \neq 1$ です．しかし，$|P(0)K(0)|$ の大きさに対応して，この 1 が実質的に意味をもたなくなります．たとえば，$P(0)K(0) = 1$ のときは $y(\infty) = 1/2$ ですが，$P(0)K(0) = 10000$ であれば $y(\infty) = 0.9999$ です．その極限が

$$|P(0)K(0)| = \infty \tag{10.10}$$

であり，このとき $y(\infty) = 1$ となります．式 (10.10) の条件は $P(s)$ もしくは $K(s)$ が原点に極をもつことを意味しています．つまり，図 10.2 に示す閉ループシステムが漸近安定とするとき，システム $P(s)$ もしくは制御器 $K(s)$ が原点に極をもつなら

ば，閉ループシステムの制御量は単位ステップ目標入力に対して定常偏差なく追従します．

ところで，原点に極をもつということは，その伝達関数が $1/s$ という因子をもつことになります．たとえば $P(s) = 1/s$ という伝達関数をもつシステムに対して，操作量 $U(s)$ を与えたときの制御量 $Y(s)$ を逆ラプラス変換すると次式を得ます（式 (4.15) 参照）．

$$y(t) = \mathcal{L}^{-1}\left[\frac{1}{s}U(s)\right] = \int u(t)dt$$

このことから $1/s$ を **積分器** といいます．また，与えられたシステムが積分器をもつとき，**そのシステムは積分特性をもつ**，といいます．

漸近安定なシステムに対して操作量が 0 の場合，その観測量 (の定常値) は必ず 0 となります．ところが，積分器は過去の入力を内部に蓄積する特性をもつので，

$$\boxed{\text{入力が 0 になっても 0 でない値を出力できる}}$$

のです．これが積分器の最大の特徴であり，単位ステップ目標入力に対するサーボ問題の解を求める上で必要不可欠となる理由なのです．

それでは，改めて 1 次システムについて考えます．1 次システムに対して，$u = k(r-x)$ というフィードバック制御を施した閉ループシステムの定常応答は式 (10.4) で与えられました．もし $a = 0$ であるならば，$x(\infty) = 1$ となることがわかります．$a = 0$ の 1 次システムは $\dot{x} = bu$ であることから，システム自身が積分特性をもちます．したがって，この場合，閉ループシステムが漸近安定となるように k が選定されている限り，単位ステップ目標入力に対して定常偏差は 0 となります．一方，$a \neq 0$ である場合，制御器が積分特性をもたなければなりません．そこで，

$$u = k_p(r-x) + k_i \int (r-x)dt \tag{10.11}$$

あるいは，上式をラプラス変換して

$$U(s) = \left(k_p + \frac{k_i}{s}\right)(R(s) - X(s)) = K(s)(R(s) - X(s)) \tag{10.12}$$

のように制御器を与えるものとします．このとき，閉ループ伝達関数 P_{xr} は

$$P_{xr} = \frac{b(k_p s + k_i)}{s^2 + (bk_p - a)s + bk_i} \tag{10.13}$$

で与えられます (1 次システムに対する伝達関数は $P(s) = b/(s-a)$ で与えられます).

制御器 (10.12) 中に含まれるパラメータ k_p, k_i は，(理論上は) 設計者が自由に与えることができます．これらを利用すると，閉ループシステム (10.13) の極を任意に指定できることがわかります．つまり，閉ループシステムを漸近安定にできます．また，式 (10.13) の分子ならびに分母多項式において s^0 次の係数が等しい (ともに bk_i) ことから，ラプラス変換の最終値の定理より，$x(\infty) = 1$ であることを示せます．

$$x(\infty) = \lim_{s \to 0} s \cdot P_{xr} \cdot \frac{1}{s} = P_{xr}(0) = 1$$

例題 10.3

1 次システムを制御器 (10.11) で制御した閉ループシステムに対して単位ステップ目標入力を与えたときの定常応答を計算します．

Maxima 10.3
```
P:b/(s-a) $    １次システムの伝達関数
K:kp+ki/s $    制御器
Pxr:P*K/(1+P*K) $  閉ループ伝達関数
limit(s*Pxr/s,s,0);    x(∞)
    1
```

10.4 ● 内部モデル原理

単位ステップ目標入力 $r(t) = 1$ をラプラス変換すると $R(s) = 1/s$ となります．それに対して，定常偏差なく追従するためには $P(s)$ もしくは $K(s)$ が積分特性をもつ，つまり $1/s$ を因子としてもつ必要があることは前節で述べました．実は，単位ステップ信号 $R(s)$ は，$P_{sig} = 1/s$ という伝達関数をもつ信号発生器に対して，単位インパルス入力 $V(s) = 1$ を与えたことによって生成される，と考えることができます．

$$R(s) = P_{sig}(s)V(s) = \frac{1}{s} \cdot 1 = \frac{1}{s}$$

そして，$P(s)$ もしくは $K(s)$ が積分特性をもつとは，その信号発生器のモデルをシステムもしくは制御器がもつことを意味します．

別の目標入力に対して，このことを確かめてみましょう．閉ループシステム (10.8) に対して単位ランプ目標入力 $r(t) = t$ を与えるとします．ただし，この目標入力は

$r(\infty) = \infty$ なので，それに対して $|y(\infty)| = \infty$ となります．そこで，目標入力 $R(s)$ から誤差 $E(s)$ までの閉ループ伝達関数 P_{er} を対象とし，$e(\infty) = 0$ となる条件を調べます．

$$P_{er} = \frac{1}{1 + P(s)K(s)} \tag{10.14}$$

ラプラス変換の最終値の定理から

$$e(\infty) = \lim_{s \to 0} sE(s) = \lim_{s \to 0} s \cdot \frac{1}{1 + P(s)K(s)} \cdot \frac{1}{s^2} = \lim_{s \to 0} \frac{1}{s + sP(s)K(s)}$$

を得ます $(R(s) = \mathcal{L}[t] = 1/s^2)$．これより

$$\lim_{s \to 0} sP(s)K(s) = \infty$$

となることが $e(\infty) = 0$ となるために必要であることがわかります．そのためには，$P(s)K(s)$ が $1/s^2$ という因子をもたなければなりません．$1/s^2$ は $r(t) = t$ という目標信号発生器のモデルです．

以上のことを一般化したのが次に示す **内部モデル原理** です．

□ 定理 10.2 図 10.2 に示すフィードバック制御系において，閉ループシステムが漸近安定であり，$P(s)K(s)$ が目標信号発生器の極と同じ極をもつとき，閉ループシステムの制御量が目標値に定常偏差なく追従する．

10.5 ● サーボ問題の解

それでは，式 (10.6) で表されるシステムに対するサーボ問題の解法の一つを紹介します．なお，ここでは，システム自身は積分特性をもたないことを前提とします．このことは，内部モデル原理から，制御器が積分特性をもたなければならないことを意味します．そこで，図 10.3 に示すように積分器を導入します．

今，積分器への入力を誤差 e，そこからの出力を v とすると，

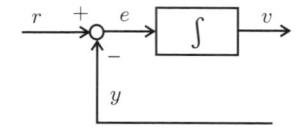

図 10.3 積分器の導入

$$\dot{v} = e = r - y = r - cx$$

の関係が成り立ちます．つまり，制御対象だけではなく制御器も微分方程式をもつのです．そこで，状態空間モデル (10.6) と積分器をまとめた拡大システムを構成します．

$$\begin{bmatrix} \dot{x} \\ \dot{v} \end{bmatrix} = \begin{bmatrix} A & 0 \\ -c & 0 \end{bmatrix} \begin{bmatrix} x \\ v \end{bmatrix} + \begin{bmatrix} b \\ 0 \end{bmatrix} u + \begin{bmatrix} 0 \\ 1 \end{bmatrix} r \tag{10.15}$$

この拡大システムは (積分器を含むために) 少なくとも原点に一つの極をもつので，漸近安定ではありません．しかし，これが可制御であるならば，状態フィードバック制御

$$\begin{aligned} u &= -\begin{bmatrix} k & \hat{k} \end{bmatrix} \begin{bmatrix} x \\ v \end{bmatrix} \\ &= -kx - \hat{k}\int_0^t e(\tau)\,d\tau = -kx - \hat{k}\int_0^t (r-y)\,d\tau \end{aligned} \tag{10.16}$$

によって閉ループシステムの漸近安定性を保証できます．このときのフィードバック制御系に対するブロック線図は図 10.4 で与えられます．さらに，このフィードバック制御を施したときの目標値 r から出力 y までの閉ループ伝達関数 P_{yr} は

$$P_{yr}(s) = -c(sI - (A-bk))^{-1}b(sI - \hat{k}c(sI-(A-bk))^{-1}b)^{-1}\hat{k} \tag{10.17}$$

で与えられる (演習問題 10.1) ので，$P_{yr}(0) = 1$ となり，単位ステップ目標入力に対して定常偏差なく追従する制御系が構成されていることを示すことができます．

それでは，式 (10.15) が可制御であるための条件を調べます．拡大システムに対する可制御行列 V を計算すると

$$\begin{aligned} V &= \begin{bmatrix} b & Ab & A^2b & \cdots & A^nb \\ 0 & -cb & -cAb & \cdots & -cA^{n-1}b \end{bmatrix} \\ &= \begin{bmatrix} A & b \\ -c & 0 \end{bmatrix} \begin{bmatrix} 0 & b & Ab & \cdots & A^{n-1}b \\ 1 & 0 & 0 & \cdots & 0 \end{bmatrix} \end{aligned}$$

となります．したがって，対 (A,b) が可制御であり，行列

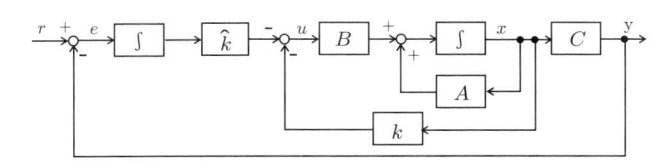

図 10.4 積分器を有するフィードバック制御系

$$\begin{bmatrix} A & b \\ -c & 0 \end{bmatrix} \tag{10.18}$$

がフルランクをもてば ($\mathrm{rank}(V) = n+1$ もしくは $\det(V) \neq 0$)，拡大システムが可制御となります．ところで，上式の条件は，式 (6.45) より，システムが原点に零点をもたないことと等価です．たとえば，システムに対する伝達関数 $P(s)$ が次式に示すように，原点に零点をもつとします．

$$P(s) = \frac{s}{d(s)}$$

これに対して，$K(s) = 1/s$ とすると

$$P(s)K(s) = \frac{s}{d(s)} \cdot \frac{1}{s} = \frac{1}{d(s)}$$

となり，積分器の効果が消えてしまいます．このようなシステムに対しては，単位ステップ目標入力を与えてもそれに追従させることはできません．

例題 10.4

磁気浮上系に対して，単位ステップ目標入力に定常偏差なく追従する制御系を設計します．磁気浮上系は原点に極をもたないので，制御器が積分特性をもつ必要があります．式 (10.15) の拡大システムは

$$\begin{cases} \begin{bmatrix} \dot{x} \\ \dot{v} \end{bmatrix} = \begin{bmatrix} 0 & 1 & 0 \\ \alpha & 0 & 0 \\ -1 & 0 & 0 \end{bmatrix} \begin{bmatrix} x \\ v \end{bmatrix} + \begin{bmatrix} 0 \\ \beta \\ 0 \end{bmatrix} u + \begin{bmatrix} 0 \\ 0 \\ 1 \end{bmatrix} r \\ y = \begin{bmatrix} 1 & 0 & 0 \end{bmatrix} \begin{bmatrix} x \\ v \end{bmatrix} \end{cases}$$

で与えられます．この拡大システムが可制御であることは容易に確認できます．

Scilab 10.4
```
--> [A,B,C,D]=abcd(mmodel());   磁気浮上系に対する状態空間モデル
--> Aa=[A,[0;0];-C,0]; Ba=[B;0]; Br=[0;0;1];   拡大系
--> rank(cont_mat(Aa,Ba))   可制御性の判定
    3.
```

次に，極配置法を利用して状態フィードバックゲインを設計し，単位ステップ応答を図示します．なお，指定するレギュレータ極は $\{-40 \pm 40j, -50\}$ とします．図 10.5 より，定常偏差なく目標値に追従していることがわかります．

> Scilab 10.5

```
--> Ka=ppol(Aa,Ba,[-40+40*%i,-40-40*%i,-50]);
--> syscl=syslin('c',Aa-Ba*Ka,Br,[C,0]);  閉ループシステム
--> t=0:0.001:0.5;  シミュレーション時間
--> ycl=csim(ones(t),t,syscl,[0;0;0]);  単位ステップ応答
--> plot(t,ycl)  応答の表示
```

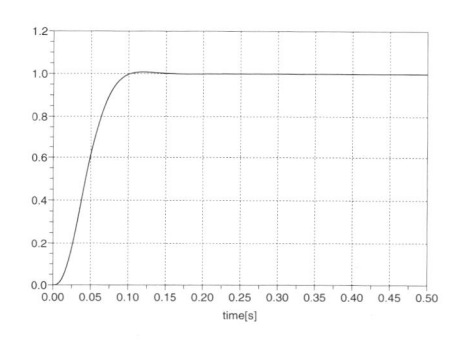

図 10.5 極配置法を用いてサーボ系を構成した磁気浮上系に対する単位ステップ応答

10.6 ● まとめ

本章では，目標入力に対する追従性を保証するサーボ系の設計について検討しました．要点を以下にまとめます．

(1) 定常応答の議論の際に，ラプラス変換の最終値の定理は有効なツールである．

(2) 目標入力に対して定常偏差なく追従するためには，内部モデル原理に従って，システムもしくは制御器が適切な構造をもたなければならない．たとえば，単位ステップ目標入力であれば，システムもしくは制御器が積分特性をもつ必要がある．

(3) 目標信号発生器の極と制御器の零点の相殺がなければ，目標信号発生器を考慮した拡大系に対して，極配置法などを利用することで，安定化を含めて過渡応答の改善を図ることができる．

第 10 章 サーボ問題

>>本章のキーワード (登場順)<<
- □ レギュレータ問題 □ サーボ問題 □ ラプラス変換の最終値の定理
- □ 積分器 □ 内部モデル原理

演習問題 10

1. 式 (10.17) を導出せよ．また，$P_{yr}(0) = 1$ であることを示せ．
2. 2.4.2 で紹介したモータ系の微分方程式 (2.15) は，角度 θ に関しては，次式に示す 2 階線形微分方程式と考えることができる．ただし，$a, b > 0$．

$$\ddot{\theta} + a\dot{\theta} = bu$$

これに対して (1) $u = k(r - \theta)$ と (2) $u = r - k\theta$ というフィードバック制御を施したときの定常応答の違いを示せ．なお，目標入力 r は単位ステップ入力とし，$k > 0$ とする．

3. 図 10.6 において，$D(s) = d/s$ という一定外乱が入るとする．ただし，d は 0 でない未知定数であるとする．このとき，外乱の影響がシステムの出力に現れないための制御器 $K(s)$ に対する条件を示せ．

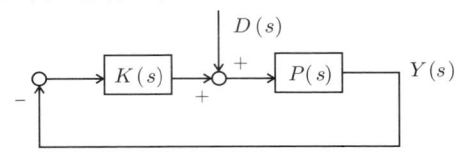

図 10.6 一定外乱が印加されるシステム

4. 演習問題 7.5 の 2 水槽系に対して，第 2 水槽の液面を平衡状態から 0.2 m 上昇させるサーボ系を設計せよ．
5. 磁気浮上系に対して，$r(t) = \sin(5t)$ という目標入力に追従するサーボ系を設計せよ．また，数値シミュレーションにより，応答を確認せよ．
6. PID 制御器は，誤差信号に対して比例＋積分＋微分操作を施すことで操作量を出力するものである．今，その伝達関数が次式で与えられるとする．

$$K_{PID}(s) = k_p + k_i \frac{1}{s} + k_d s$$

これを 2 次システム

$$P_2(s) = \frac{K}{s^2 + as + b}$$

に適用したとき，ゲイン k_p, k_i, k_d の設計法について検討せよ．また，3 次システム

$$P_3(s) = \frac{K}{s^3 + as^2 + bs + c}$$

に適用した場合についても同様に検討せよ．

第11章

制御器の離散化とマイコンへの実装

　第 8 章で紹介した設計法に基づいて得られた制御器は微分方程式で記述されています．通常，制御器はマイコンなどのディジタルコンピュータ上に実装されますが，そのためには離散化という手続きを行って微分方程式を差分方程式に変換する必要があります．本章では，そのことについて紹介するとともに磁気浮上系に対する実例を紹介します．

11.1 ● 離散化の必要性

　全状態オブザーバ付制御器は次式で与えられます．なお，システムが直達項をもたない ($Du = 0$) と仮定しています．

$$\begin{cases} \dot{\hat{x}} = (A - BK - HC)\hat{x} + Hy \\ u = -K\hat{x} \end{cases} \tag{11.1}$$

この制御器をアナログ回路により実現することも可能ですが，通常はディジタルコンピュータ (以下，コンピュータ) 上に適当なプログラムを組んで実現します．その方が制御器を利用する際の汎用性が高く，設計の変更に対してもプログラムの修正だけで柔軟に対応できる，などの利点があるからです．

　ところで，制御器のなすべき仕事は，A/D 変換器などを通してシステムからの観測量を受け取り，必要な数値演算を行った後，D/A 変換器などを通してシステムに与える操作量を作り出すことですが，コンピュータを利用する場合，観測量を受け取ってから操作量を出すまでに有限の時間が必要になります．そのために，コンピュータからの出力は滑らかに変化する連続的な信号ではなく，図 11.1 に示すようにある一定間隔 (サンプリング時間) の階段状に変化する信号となります．

　このような一定間隔で更新される信号は差分方程式

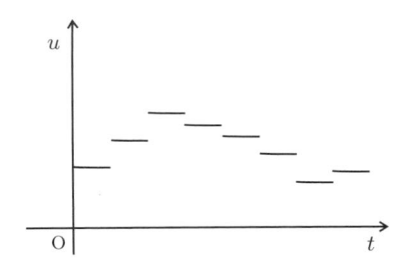

図 11.1　コンピュータが出力する信号

$$\begin{cases} z[k+1] = A_d z[k] + B_d y[k] \\ u[k] \;\;\;\;= C_d z[k] + D_d y[k] \end{cases} \tag{11.2}$$

により表現できます．ここで，$z[k]$ という標記は，サンプリング時間を Δ としたときに，k 回目のサンプリング時刻における z の値，すなわち $z(k\Delta)$ を意味しています．微分方程式 (11.1) を近似する差分方程式 (11.2) を **離散時間制御器** といい，それを求めることを **離散化** といいます．あくまでも近似であるため，近似手法によっていくつかの離散化の方法があります．ここでは代表的なものとして，**零次ホールド法** と双一次近似を用いた **双一次変換法** を紹介します．なお，記述を容易にする目的で，以降では式 (11.1) を

$$\begin{cases} \dot{\hat{x}} = A_c \hat{x} + B_c y \\ u = C_c \hat{x} \end{cases} \tag{11.3}$$

と書き表すことにします．

11.2 ● 零次ホールド法

式 (11.3) の解 $\hat{x}$ が

$$\hat{x}(t) = e^{A_c t} \hat{x}(0) + \int_0^t e^{A_c (t-\tau)} B_c y(\tau) d\tau \tag{11.4}$$

で与えられることは第 6 章で述べました．上式は，$t=0$ を時間の基準としていますが，基準を $t = k\Delta$ として，$t = (k+1)\Delta$ における $\hat{x}[k+1]$ を求めるためにも利用できます．

$$\hat{x}[k+1] = e^{A_c \Delta} \hat{x}[k] + \int_{k\Delta}^{(k+1)\Delta} e^{A_c ((k+1)\Delta - \tau)} B_c y(\tau) d\tau \tag{11.5}$$

右辺第 2 項を計算するためには，サンプリング時間内の $y(\tau)$ を利用して積分を行う必要がありますが，$y(\tau)$ が $t = k\Delta \sim (k+1)\Delta$ 中，一定 ($y[k]$) であると仮定すると

$$\hat{x}[k+1] = A_d \hat{x}[k] + B_d y[k] \tag{11.6}$$

という差分方程式が得られます．ここで，

$$A_d = e^{A_c \Delta}, \quad B_d = \int_0^\Delta e^{A_c \tau} d\tau \cdot B_c \tag{11.7}$$

です．なお，A_c の逆行列が存在する（これは A_c が固有値 0 を持たないことに対応する）ならば，状態遷移行列の定義 (6.32) から

$$\int_0^\Delta e^{A_c \tau} d\tau = A_c^{-1}(e^{A_c \Delta} - I) \tag{11.8}$$

となる（演習問題 11.2）ので，式 (11.7) は次式のように書き換えることができます．

$$A_d = e^{A_c \Delta}, \quad B_d = A_c^{-1}(e^{A_c \Delta} - I)B_c \tag{11.9}$$

また，操作量の計算 $u = C_c \hat{x}$ は代数関係を表すものなので，時刻 $t = k\Delta$ においては

$$u[k] = C_c \hat{x}[k] \tag{11.10}$$

で与えられます．一般の D/A 変換器は，出力の更新情報が与えられるまでは出力を一定に保つ機能をもっており，それを **零次ホールド** といいます．式 (11.6) の場合，サンプリング時間中の観測量が一定であると仮定することから，この離散化の方法を零次ホールド法といいます．以上から，零次ホールド法を利用した式 (11.3) に対する離散時間制御器は

$$A_d = e^{A_c \Delta}, \quad B_d = A_c^{-1}(e^{A_c \Delta} - I)B_c, \quad C_d = C_c, \quad D_d = 0 \tag{11.11}$$

で与えられます．

例題 11.1

磁気浮上系に対して設計した全状態オブザーバ付制御器を，零次ホールド法を利用して離散化します．なお，設計は極配置法で行い，レギュレータ極は $\{-40 + 40j, \; -40 - 40j\}$，オブザーバ極は $\{-100, \; -120\}$ とします．また，サンプリング時間を 1 ms とします．Scilab では，零次ホールド法に対しては，関数 `dscr` が利用できます．第 1 引数に制御器の状態空間モデル，第 2 引数にサンプリング時間を与えます．下記の例では，`dscr` の結果の確認の意味で，式 (11.11) に基づいた計算も行っています．

```
--> mm=mmodel();    状態空間モデルの作成
--> [A,B,C,D]=abcd(mm);
--> K=ppol(A,B,[-40+40*%i,-40-40*%i]);   状態フィードバックゲイン
--> H=ppol(A',C',[-100,-120])';   オブザーバゲイン
--> sysK=obscont(mm,-K,-H);   全状態オブザーバ付制御器
--> dsysK=dscr(sysK,0.001)   零次ホールド法による離散化
--> expm(sysK.A*0.001)   式 (11.11) で $A_d$ を計算
--> inv(sysK.A)*(expm(sysK.A*0.001)-eye(A))*sysK.B   同じく $B_d$ を計算
```

Scilab 11.1

$$\begin{cases} x_k[k+1] = \begin{bmatrix} 0.7951 & 0.8589 \times 10^{-3} \\ -15.09 & 0.9154 \end{bmatrix} x_k[k] + \begin{bmatrix} 0.2034 \\ 12.02 \end{bmatrix} y[k] \\ u[k] \quad = [\,574.1 \quad 8.253\,] x_k[k] \end{cases}$$

11.3 ● 双一次変換法

双一次変換法は，次式に示す双一次近似により離散化する方法です．

$$\frac{d}{dt} \to \frac{2}{\Delta} \cdot \frac{q-1}{q+1} \tag{11.12}$$

ここで，q は**時間進み演算子** ($u[k+1] = qu[k]$) です．これを式 (11.3) に適用します．

$$\frac{2}{\Delta} \cdot \frac{q-1}{q+1} \hat{x}[k] = A_c \hat{x}[k] + B_c y[k]$$

これを変形すると次式となります．

$$\left(I - \frac{\Delta}{2} A_c\right) \hat{x}[k+1] - \frac{\Delta}{2} B_c y[k+1] = \left(I + \frac{\Delta}{2} A_c\right) \hat{x}[k] + \frac{\Delta}{2} B_c y[k] \tag{11.13}$$

上式に対して，$z[k] := (I - \frac{\Delta}{2} A_c)\hat{x}[k] - \frac{\Delta}{2} B_c y[k]$ と定義した $z[k]$ を利用すると次式の離散時間制御器が得られます (演習問題 11.3)．

$$\begin{cases} z[k+1] = A_d z[k] + B_d y[k] \\ u[k] \quad = C_d z[k] + D_d y[k] \end{cases} \tag{11.14}$$

ここで，

$$A_d = \left(I - \frac{\Delta}{2}A_c\right)^{-1}\left(I + \frac{\Delta}{2}A_c\right)$$
$$B_d = \Delta P^2 B_c$$
$$C_d = C_c \tag{11.15}$$
$$D_d = C_c P \frac{\Delta}{2} B_c$$
$$P = \left(I - \frac{\Delta}{2}A_c\right)^{-1}$$

例題 11.2

例題 11.1 で設計した全状態オブザーバ付制御器を双一次変換法を利用して離散化します．そのための関数として `cls2dls` を利用します．例題 11.1 と同様に，`cls2dls`の結果の確認の意味で，式 (11.15) に基づいた計算も行っています．

```
                                                          Scilab 11.2
    --> dt=0.001;    サンプリング時間
    --> dsysK=cls2dls(sysK,dt);    双一次変換法による離散化
    --> [Ac,Bc,Cc,Dc]=abcd(sysK);
    --> P=inv(eye(Ac)-dt/2*Ac);
    --> Ad=P*(eye(Ac)+dt/2*Ac)    式 (11.15) の確認
    --> Bd=dt*P*P*Bc
    --> Cd=Cc
    --> Dd=dt/2*Cc*P*Bc
```

$$\begin{cases} x_k[k+1] = \begin{bmatrix} 0.7950 & 0.8630 \times 10^{-3} \\ -15.16 & 0.9158 \end{bmatrix} x_k[k] + \begin{bmatrix} 0.1880 \\ 10.04 \end{bmatrix} y[k] \\ u[k] = \begin{bmatrix} 574.1 & 8.253 \end{bmatrix} x_k[k] + 108.4\, y[k] \end{cases}$$

11.4 ● 磁気浮上系に対する実例

11.4.1 実験装置

それでは，コンピュータとして秋月電子通商から販売されている AKI-H8/3048F 開発キット (マイコンキット) を利用した磁気浮上系の安定化制御の実例を紹介しま

す．図 11.2 が対象とする実験装置です (本実験装置は，長野県駒ヶ根工業高校電気科 高田直人先生のご協力により製作しました)．

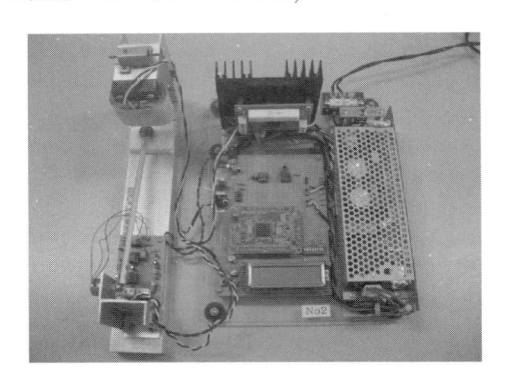

図 11.2 磁気浮上実験装置

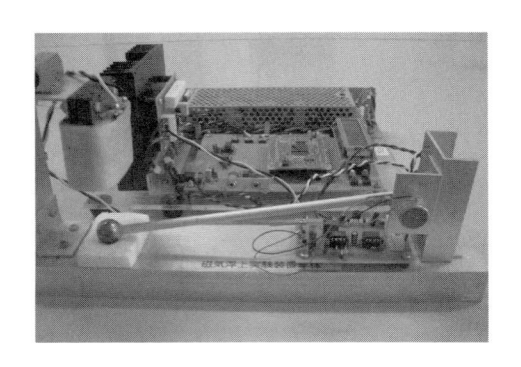

図 11.3 磁気浮上系本体

本系に対してフィードバック制御を施す場合，鉄球の位置の計測が必要となります．通常，レーザー変位計などの非接触センサが利用されますが，本実験装置では，鉄球に軽量のアルミ製の棒を取り付け，その角度をポテンショメータで計測することで鉄球の位置の計測を行っています (図 11.3)．厳密には鉄球はポテンショメータの軸を中心として回転運動することになりますが，微小な動きに限定すれば上下方向の運動と仮定できます．ポテンショメータの出力電圧はセンサ用アンプ回路 (図 11.4 左) で増幅され，A/D 変換器を通してマイコンに取り込まれます．マイコンはそれに基づいて操作量を算出するための演算を行った後，電磁石用アンプ回路 (図 11.4 右) に D/A 変換器を通して電圧信号を送り込みます．その結果，鉄球に磁力が作用

図 11.4 センサ用アンプ (左) と電磁石用アンプ (右)

することになります.

11.4.2 パラメータ同定

磁気浮上系に対する状態空間モデルは式 (6.18) で与えられますが，制御実験を行う場合，式中に含まれる物理パラメータ α, β だけではなく，センサ用アンプならびに電磁石用アンプのゲインを求めておく必要があります．ここでは，同定実験の方法については省略し，本実験装置に対する結果のみを以下に示します．これらより，$\alpha = 2386.$, $\beta = -15.45$ が得られます．

鉄球の質量：$M = 0.019$ kg
平衡電流：$I_{equ} = 1.269$ A
平衡位置：$Z_{equ} = 0.005$ m
$Q = 1.563 \times 10^{-5}$
$Z_0 = 3.219 \times 10^{-3}$
センサ用アンプゲインとオフセット：$z[\mathrm{m}] = 1.689 \times 10^{-3} \cdot y[\mathrm{V}] + 6.469 \times 10^{-5}$
電磁石用アンプゲインとオフセット：$u[\mathrm{V}] = 1.787 \cdot I[\mathrm{A}] - 3.037 \times 10^{-2}$

11.4.3 離散時間制御器設計

前項のパラメータに基づいて得られた状態空間モデルに対して，全状態オブザーバ付制御器の設計を行い，零次ホールド法によりサンプリング時間 1 ms で離散化することで得られた離散時間制御器を以下に示します．なお，状態フィードバックゲイン K ならびにオブザーバゲイン H は，レギュレータ極を $\{ -20+40j, -20-40j \}$，オブザーバ極を $\{ -100, -120 \}$ として，極配置法で設計しました (演習問題 11.4).

レギュレータ極はオーバーシュート量が少し大きくなるようにあえて選定しています.

$$\begin{cases} x_k[k+1] = \begin{bmatrix} 0.7955 & 0.8769 \times 10^{-3} \\ -14.37 & 0.9534 \end{bmatrix} x_k[k] + \begin{bmatrix} 0.2035 \\ 12.41 \end{bmatrix} y[k] \\ u[k] \quad = \begin{bmatrix} 283.8 & 2.588 \end{bmatrix} x_k[k] \end{cases} \quad (11.16)$$

11.4.4 プログラム例

式 (11.16) の離散時間制御器をマイコン (H8/3048F) に実装するプログラム例を紹介します.なお,マイコンに内蔵されている 10 bit の A/D 変換器と 8bit の D/A 変換器を利用しています.また,タイマー割り込み機能によりサンプリング時間 1 ms を実現しています (メインクロックは 16 MHz です).プログラムに含まれる関数 `initlcd, locate, outst` は,本マイコンキットが標準でもつ液晶キャラクタディスプレイモジュール上の表示に関するもので,ヘッダファイル `lcd.h` 内で定義されています.ここでは詳細については省略します.

```
001  #include "3048f.h"        /* I/O アクセス用ヘッダ */
002  #include "lcd.h"           /* LCD 表示用ヘッダ */
003
004  #define S1  P4.DR.BIT.B4   /* Button S1 */
005
006  extern void ie();          /* 割り込み許可 (Resetv.mar) */
007  extern void ine();         /* 割り込み不許可 (Resetv.mar) */
008  void imia0(void);          /* 割り込み処理用関数 (Resetv.mar) */
009
010  float P_GAIN;              /* センサゲイン */
011  float P_OFFSET;            /* センサオフセット */
012  float AMP_GAIN;            /* アンプゲイン */
013  float AMP_OFFSET;          /* アンプオフセット */
014  float Iequ;                /* 平衡電流 [A] */
015  float Zequ;                /* 平衡位置 [m] */
016
017  /* 離散時間制御器用 */
018      float Ad11, Ad12, Ad21, Ad22, Bd1, Bd2, Cd1, Cd2; /* 離散時間制御器 */
019      float Stime;    /* サンプリングタイム */
020      float x1, x2, xk1, xk2;    /* 状態量 */
021      float y;            /* 観測量 */
022      float u;            /* 操作量 */
023
024  void AD_init(void){    /* A/D 変換器の初期化 */
025      AD.CSR.BIT.ADF  = 0;        /* A/D 終了フラグのクリア */
026      AD.CSR.BIT.ADIE = 0;        /* A/D の変換終了時割り込み不許可 */
027      AD.CSR.BIT.SCAN = 1;        /* A/D スキャンモードオン */
028      AD.CSR.BIT.CH   = 0x03;     /* A/D チャンネルを ch0-3 に設定 */
029      AD.CSR.BIT.CKS  = 1;        /* 変換時間設定 (134 ステート (max)) */
```

```
030     /*    AD.CSR.BIT.ADST = 1;      /* A/D 変換スタート */
031     }
032
033     void DA_init(void){      /* D/A 変換器の初期化 */
034         DA.CR.BIT.DAOE0 = 1;       /* D/A ch0 の変換を許可 */
035         DA.CR.BIT.DAOE1 = 0;       /* D/A ch1 の変換を禁止 */
036         DA.CR.BIT.DAE = 0;         /*                       */
037         DA.DR0 = 0;                /* D/A 変換出力を 0[V] に設定 */
038     }
039
040     void Timer_init(void){   /* インターバルタイマーの初期化 */
041         ITU0.TCR.BYTE = 0xa3; /* 0xa3=10100011 */
042                               /*      |||||+++-- 内部クロックΦ/8 でカウント */
043                               /*      |||++--- 立ち上がりエッジでカウント    */
044                               /*      |++--- GRA のコンペアマッチで TCNT クリア*/
045                               /*      +---------- リザーブ
046     }
047
048
049     void imia0(void){    /* 割り込み処理用関数 */
050
051         float uu, data;
052
053         ITU0.TIER.BIT.IMIEA = 0;   /* 割り込み不許可 */
054         ITU0.TSR.BIT.IMFA = 0;     /* GRA によるコンペアマッチの発生を示す */
055                                    /* ステータスレジスタフラグのクリア       */
056
057         DA.DR0 = (int)(u*51.2f);   /* 操作量の出力 5[V]->0〜255 51.2=256/5 */
058         data = (AD.DRA/64)*0.0048838f;  /* 鉄球の位置 [V] */
059         y=(P_GAIN*data+P_OFFSET)-Zequ;  /* 鉄球の平衡位置からの距離 [m] */
060
061         x1=xk1; x2=xk2;              /* 状態量の更新 */
062         xk1=Ad11*x1+Ad12*x2+Bd1*y;   /* 差分状態方程式 */
063         xk2=Ad21*x1+Ad22*x2+Bd2*y;
064
065         uu = Cd1*xk1+Cd2*xk2+Iequ;   /* 操作量：出力電流値 [A] */
066         u = uu*AMP_GAIN+AMP_OFFSET;  /* [A] -> [V] 変換 */
067            if(u > 4.5) u=4.5f;       /* 安全策 */
068            if(u < 0.0) u=0.0f;       /* 安全策 */
069
070         ITU0.TIER.BIT.IMIEA = 1;    /* 割り込み許可 */
071     }
072
073
074     void main(void){
075
076         P5.DDR = 0xff;         /* P5(LED) を出力ポートに設定 */
077         P4.DDR = 0x00;         /* P4(Switch) を入力ポートに設定 */
078         P4.PCR.BYTE = 0xff;    /* P4 のプルアップ設定 */
079
080         initlcd();        /* LCD の初期化 */
081         AD_init();        /* A/D 変換器の初期化 */
```

```
082        DA_init();        /* D/A 変換器の初期化 */
083        Timer_init();     /* インターバルタイマーの初期化 */
084
085        xk1=0; xk2=0;     /* 状態量の初期化 */
086
087        Stime = 0.001;               /* サンプリングタイム [s] */
088        P_GAIN = 0.001689;           /* センサゲイン */
089        P_OFFSET = 0.00006469;       /* 5mm でのポテンショの値 [V] */
090        AMP_GAIN = 1.787;            /* アンプゲイン */
091        AMP_OFFSET = -0.03037;       /* アンプオフセット */
092        Iequ = 1.269;     /* 平衡電流 [A] */
093        Zequ = 0.005;     /* 平衡位置 [m] */
094
095        Ad11=0.7955; Ad12=0.0008769;    /* 離散時間制御器 */
096        Ad21=-15.37; Ad22=0.9534;
097        Bd1=0.2035; Bd2=12.41;
098        Cd1=283.8; Cd2=2.588;
099
100        clr_lcd();    /* LCD のクリア */
101        locate(0,0); outst("S1:Exec");    /* LCD 上への表示 */
102        while(S1 == 1); while(S1 == 0);   /* S1 ボタンで制御開始 */
103
104        AD.CSR.BIT.ADST = 1;    /* A/D 変換スタート */
105        DA.DR0 = 0;             /* D/A 変換出力を 0[V] に設定 */
106        ITU0.GRA = (int)(16000000.0*Stime/8.0); /* インターバルタイマーの設定 */
107
108        clr_lcd();    /* LCD のクリア */
109        locate(0,0); outst("Start Control ");    /* LCD 上への表示 */
110        locate(0,1); outst("S1:Stop        ");   /* LCD 上への表示 */
111
112        ie();   /* 割り込み許可 */
113        ITU0.TIER.BIT.IMIEA = 1;    /* IMFA フラグにより割り込み許可 */
114        ITU.TSTR.BIT.STR0 = 1;      /* カウント動作開始 */
115
116        while(S1);    /* S1 ボタンで制御終了 */
117
118        ine();                  /* 割り込み不許可 */
119        AD.CSR.BIT.ADST = 0;    /* A/D 変換終了 */
120        DA.DR0 = 0;             /* D/A 変換出力を 0[V] に設定 */
121
122        while(1);
123
124    }
```

046 行目までは，大域変数の宣言と A/D 変換，D/A 変換，インターバルタイマーの初期化に関する関数です．

074 行目から始まる main 関数では，マイコンのポートの設定 (076〜078 行) を行った後，初期化 (080〜085 行) を行います．それから，制御器の計算の際に必要な変数に値を設定 (087〜093 行) し，離散時間制御器を所定の変数に代入しています

(095～098 行).液晶キャラクタディスプレイ上にメッセージを表示して,(本マイコンキットが標準でもつ) S1 ボタンが押されるのを待ちます (100～102 行).S1 ボタンが押されると A/D 変換を開始して,タイマー割り込みを許可します.以降は 1 ms 間隔で割り込み関数 `imia0` が呼び出されます.再び S1 ボタンが押されるまで制御を続けます.

割り込み関数 `imia0` ですが,基本的には A/D 変換器を通して鉄球の位置を計測し,それを離散時間制御器に代入して操作量を決定し,D/A 変換器を通して電流として磁気浮上系に供給することを行っていますが,いくつか注意すべき点があります.

まず,鉄球の位置を計測するセンサからの情報は電圧信号 [V] であるため,それを鉄球の位置 [m] に変換する必要があります.センサ用ゲインならびにオフセットをその目的で使用します.また,平衡位置 Z_{equ} を基準とした鉄球の位置を制御器に送り込まなければならない (5.5 節) ので,鉄球の位置から平衡位置を引き算しなければなりません (058～059 行).

このようにして得られた y を差分方程式に代入して xk1, xk2 (z[k+1] に相当) の計算を行います (062～063 行).

次に,操作量の計算ですが,現在の時刻の状態量 x1, x2 ではなく xk1, xk2 を利用している点が重要です (065 行).操作量を算出する式は $u[k] = C_d z[k]$ なので,xk1, xk2 を利用するということは $u[k+1] = C_d z[k+1]$ であることから,ちょうど 1 ステップ先の操作量の計算を行っているということになります.説明を飛ばしましたが,割り込み関数が呼び出されたときに,最初に D/A 変換器を通して操作量を出力しています (057 行).これは,計算された操作量がそこで出力されるべきものだからです.なお,電流を電磁石に供給するために電磁石用アンプを使用しているため,アンプが出力すべき電流から,電磁石用アンプのゲインとオフセットを利用してアンプに入力すべき電圧信号を求めています.さらに,平衡電流 Iequ を加えている (5.5 節) ことに注意してください (065～066 行).

以上で,プログラムの動作がおおよそおわかりいただけると思います.

11.4.5 制御実験結果

前項で紹介したプログラムを利用して制御実験を行い,鉄球が安定浮上している状態を図 11.5 に示します.さらに,この浮上している状態で電流にステップ入力を与えたときの応答を図 11.6 に示します.黒丸が実験結果を表しており,実線が数値シミュレーション結果を表しています.両者がほぼ一致していることがわかります.

図 11.5　安定浮上している鉄球

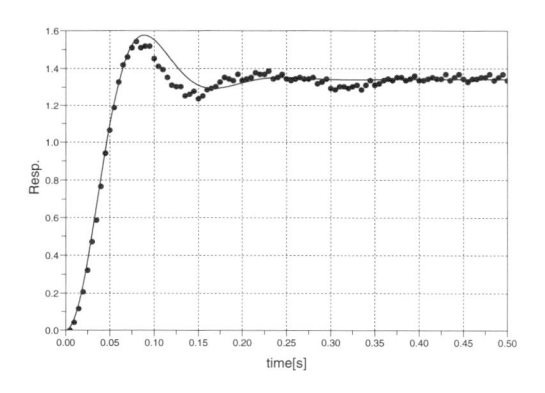

図 11.6　ステップ応答

11.5 ● まとめ

本章では，コンピュータに制御器を実装するための離散化について紹介するとともに，磁気浮上系に対する実例を紹介しました．要点を以下にまとめます．

(1) 全状態オブザーバ付制御器をコンピュータに実装するためには，微分方程式を差分方程式で近似する離散化という手続きが必要である．
(2) 代表的な離散化手法として，零次ホールド法，双一次変換法がある．
(3) 実際のフィードバック制御の一つの事例として磁気浮上系を取り上げ，それに対して離散化した制御器を実装するサンプルプログラムを紹介するとともに制御実験結果を示した．

>>本章のキーワード (登場順)<<
□ サンプリング時間　□ 離散時間制御器　□ 離散化　□ 零次ホールド法
□ 双一次変換法　□ 時間進み演算子

演習問題 11

1. A/D 変換ならびに D/A 変換には様々な方式がある．それらを調べ，各方式の特徴を示せ．
2. 式 (11.8) を導出せよ．
3. 式 (11.14) を導出せよ．
4. 式 (11.16) を求めよ．
5. 倒立振子系や柔軟ビーム振動系に対して，離散時間制御器を設計せよ．

　以上で，本書は終了です．ぜひ，現在お持ちの制御対象に対して読者ご自身で制御器を設計し，制御実験にトライしてください．これが著者からの最後の演習問題です．よい成果が得られることを期待しています．

付録A

Maximaの使い方

本付録では，例題と演習を通して，数式処理ソフト Maxima の基本的な使用法を紹介します．なお，本付録における演算結果に対しては，できる限り読者ご自身の手で検算を行ってください．本書を読み進める上で必要となる数学の基礎の学習となります．

A.1 ● インストール

Maxima を http://maxima.sourceforge.net/ からダウンロードしてください．2008.1.23 現在の Windows 用の最新ファイルは maxima-5.14.0a.exe(約 22.4 MB) です．自己解凍形式なので，それを実行します．途中でボタンを押すことで必要な設定を行いますが，下記を参考にしてインストール作業を進めてください．

```
                                            Maxima のインストール手順
Welcome to the Maxima Setup Wizard    ･･･  Next>
License Agreement    ･･･    I accept the agreement を選択後， Next>
Information    ･･･   Next>
Select Destination Location    ･･･   Next>
Select Components    ･･･   Next>
     Maxima language packs は不要の場合，チェックをはずします．
Select Start Menu Folder    ･･･   Next>
Select Additional Tasks    ･･･   Next>
     Create a wxMaxima desktop icon はチェックしてください．
     Create a XMaxima desktop icon は本書では使用しませんが必要な方はチェッ
     クしてください．
Ready to install    ･･･   Install
```

これで C:\Program Files\Maxima-5.14.0\ にインストールされます．インストール終了後，Windows の標準的な操作法で C:\Program Files\Maxima-5.14.0\ の下に control という名前 (別の名前でもかまいません) のディレクトリを作成してください．本書では，これを作業用ディレクトリとし，作成したプログラムの保存などに利用します．

A.2 ● Maxima の起動と終了

インストールが終了すると，デスクトップ上に wxMaxima と書かれたアイコンが作成されます．なお，インストールの際に Select Additional Tasks で XMaxima をチェックした場合，XMaxima と書かれたアイコンも作成されますが，本書では前者を対象とします．その起動画面を図 A.1 に示します．これを wxMaxima ウインドウということにします．なお，最初の実行において，Windows セキュリティの重要な警告が表示されます．これに対して，ブロックを解除する を押して，解除してください．

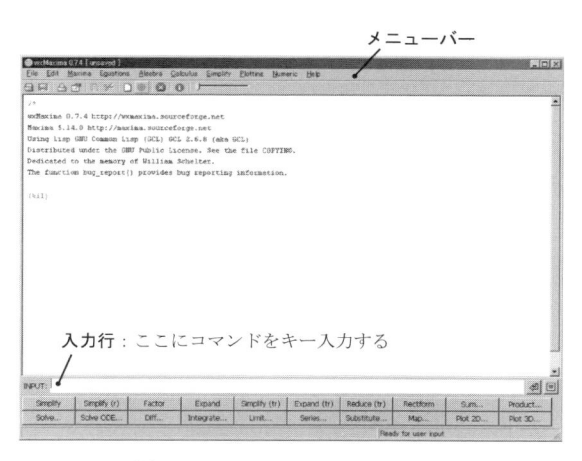

図 A.1　wxMaxima ウインドウ

wxMaxima ウインドウは Maxima とのインタフェースの役割をもちます．Maxima に対する入力は wxMaxima ウインドウの下側にある INPUT: 行に与えます．その下に 20 個のボタンが用意されており，そこに使用頻度の高いコマンドが登録されています．また，メニューバーにも多くのコマンドが登録されているので，一通り見ておくことをお勧めします．

A.3 ● オンラインヘルプ

Maxima の終了は wxMaxima ウインドウの右上の × ボタンを押す，メニューバーの File を押すことで開かれるプルダウンメニューから Exit を選択する，あるいは Ctrl+Q をキー入力することで行えます．

A.3 ● オンラインヘルプ

wxMaxima ウインドウのメニューバーの Help を押し，Maxima Help を選択する（もしくは F1 キーを押す）ことで，図 A.2 に示すオンラインヘルプ用のウインドウが表示されます．左側の目次の適当な項目をクリックすることでそれに関する内容が右側のウインドウ内に表示されます．また，検索機能を利用すると希望するキーワードの探索が行えます．本書では，Maxima がもつごく一部の関数しか紹介できないため，ヘルプ機能を活用して Maxima に対する知識を深めてください．また，Maxima に関する詳細は下記の文献で知ることができます．興味ある方はお読みください．

横田博史：はじめての Maxima，工学社，2006

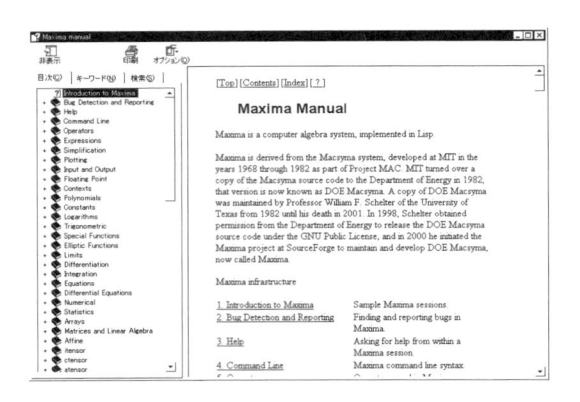

図 A.2　Help 画面

A.4 ● 行列の基本操作

制御系解析・設計作業を進める際に，行列の操作は必須です．本節では，Maxima 上での行列の基本操作法を紹介します．

A.4.1 Maximaにおける行列の入力法

行列を入力するための関数として `matrix` を使います．入力の基本は以下のとおりです（なお，関数 `entermatrix` を使用して，インタラクティブに入力することもできます）．

1. 関数 `matrix` に対する引数として入力する．一つの引数が1行に対応．
2. 1行は [から] の間に，(カンマ) を区切りマークとして与える

上述のように，[から] の間に，(カンマ) を区切りマークとして与えたものをMaximaではリストといいます．

例題 A.1

次に示す行列を入力してみましょう．Maximaは数式処理ソフトであることから，記号定数を含む行列を直接扱える点に注意してください．これらの行列は，以降の演習で使用します．

(a) $A = \begin{bmatrix} a1 & 0 & 0 \\ 0 & -a2 & -a3 \\ 0 & 1 & 0 \end{bmatrix}$ (b) $B = \begin{bmatrix} b1 & 0 \\ 0 & b2 \\ 0 & 0 \end{bmatrix}$ (c) $C = \begin{bmatrix} c1 & 0 & c2 \end{bmatrix}$

Maxima A.1

```
(%i1) A:matrix([a1,0,0],[0,-a2,-a3],[0,1,0]);
```

(%o1) $\begin{bmatrix} a1 & 0 & 0 \\ 0 & -a2 & -a3 \\ 0 & 1 & 0 \end{bmatrix}$

```
(%i2) B:matrix([b1,0],[0,b2],[0,0]);
```

(%o2) $\begin{bmatrix} b1 & 0 \\ 0 & b2 \\ 0 & 0 \end{bmatrix}$

```
(%i3) C:matrix([c1,0,c2]);
```

(%o3) $\begin{bmatrix} c1 & 0 & c2 \end{bmatrix}$

```
(%i4) entermatrix(2,3);    2×3次行列の入力
```

Row 1 Column 1 : 0
Row 1 Column 2 : *a*12   以下，順に要素を入力する．

> **コメント A.1** (1) Maxima では変数への代入には :(コロン) を使用します.
> (2) Maxima では入力の最後に ;(セミコロン) もしくは $ を入れる必要があります. 前者は実行結果をエコーバックするのに対して, 後者はエコーバックしません. wxMaxima ウインドウを使用した場合, 入力の最後にこれらを付けないと, ;(セミコロン) が自動的に付けられます.
> (3) 実際に入力するとわかりますが, wxMaxima ウインドウでは, (を入力すると, 自動的に) が表示されます. [や " についても同様です.
> (4) Maxima は変数名の大文字と小文字を区別します.

上の実行例にあるように, Maxima に対する入出力には (%in) や (%on) というラベルが自動的に付けられます (n は 1 からはじまる整数). たとえば, %o3 とすることでそのラベルに対応した出力結果を参照することができます. なお, 直前の出力結果に対しては % で参照できます. このラベルは, 入力した内容によって異なるので, 本書においては, ラベルの表記は省略します. 関数 kill で特定のラベルやラベルすべてを削除できます. また, 関数 reset により Maxima を初期状態に戻せます.

Maxima において, 式などに含まれる記号定数に数値などを代入したい場合, 関数 subst を使用します. これは行列に対しても適用できます. たとえば, 上の行列 A 内の a1 に -5 を代入したい場合, 次のコマンドを実行します. なお, 関数の実行結果として a1 を -5 に代えた行列を返すだけなので, それを再び行列 A に代入 (A:subst(-5,a1,A);) しない限り, A は変わりません.

Maxima A.2

```
subst(-5,a1,A);     もしくは subst(a1=-5,A); でもよい
```

$$\begin{bmatrix} -5 & 0 & 0 \\ 0 & -a2 & -a3 \\ 0 & 1 & 0 \end{bmatrix}$$

A.4.2 基本演算

行列に関する基本演算を以下にまとめます. いずれも, 行列のサイズの整合性が取れていないない場合はエラーが表示されます.

- 加減乗演算:+, -, . (* でなくピリオドであることに注意)
- 要素ごとの積, べき乗演算:*, ^ (これらは要素ごとの演算であることに注意)

- べき乗演算：^^（正方行列が対象）
- 逆行列 (A^{-1})：invert(A)（正方で正則な行列が対象）
- 転置行列：transpose(A), 複素共役転置行列：ctranspose(A)
- トレース：mat_trace(A)（正方行列に対して対角要素の和を求める）
- 行(列)の交換：columnswap(M,i,j) (rowswap(M,i,j)) 行列 M の i 列(行) と j 列(行) の交換

○ 演習 A.1　　例題 A.1 で作成した行列 A, B, C に対して，以下に示すコマンドを入力して，結果を確認せよ．

Maxima A.3

```
A+B.transpose(B);    A + BB^T
A.A;    A^2
A*A;    要素ごとの積
A^2;    各要素を 2 乗
A^^2;   A^2
C.invert(A).B;   CA^{-1}B
mat_trace(A);    対角要素の和
columnswap(A,1,3);    1 列と 3 列の交換
```

○ 演習 A.2　　以下の演算の結果を予想し，確認せよ．

Maxima A.4

```
A*(B.matrix([1,0,0],[0,1,0]));
```

○ 演習 A.3　　線形代数では行列 A とスカラー a の和(差)は定義されていないが，Maxima ではその演算が許可されている．次の演算結果を確認せよ．

Maxima A.5

```
A-a;
C+2;
```

A.4.3　特殊行列の生成

- diagmatrix(n,x)：対角要素が x の n 次対角行列
- diag_matrix(D1,D2,⋯,Dn)：ブロック対角行列
- ident(n)：n 次単位行列 (= diagmatrix(n,1))

- `zeromatrix(m,n)`：$m \times n$ 次零行列
- `ematrix(m,n,x,i,j)`：(i,j) 要素が x でそれ以外が 0 の $m \times n$ 次行列

コメント A.2　パッケージ `diag` に含まれる関数 `diag` を使用しても対角行列を作成できます．ちなみに，このパッケージには Jordan 形，最小多項式，状態遷移行列などに関する関数が含まれています．

A.4.4　行列の拡大

行列に行 (列) を追加する関数として `addrow` (`addcol`) が用意されています．

例題 A.2

次の行列の入力例を示します．

$$V = \begin{bmatrix} B & AB & A^2B \end{bmatrix}, \quad W = \begin{bmatrix} C \\ CA \\ CA^2 \end{bmatrix}, \quad S = \begin{bmatrix} A & B \\ C & 0 \end{bmatrix}$$

Maxima A.6

```
V:addcol(B,A.B,A.A.B);
```

$$\begin{bmatrix} b1 & 0 & a1\,b1 & 0 & a1^2\,b1 & 0 \\ 0 & b2 & 0 & -a2\,b2 & 0 & a2^2\,b2 - a3\,b2 \\ 0 & 0 & 0 & b2 & 0 & -a2\,b2 \end{bmatrix}$$

```
W:addrow(C,C.A,C.A^^2);
```

$$\begin{bmatrix} c1 & 0 & c2 \\ a1\,c1 & c2 & 0 \\ a1^2\,c1 & -a2\,c2 & -a3\,c2 \end{bmatrix}$$

```
Z12:zeromatrix(1,2)$
S:addrow(addcol(A,B),addcol(C,Z12));
```

$$\begin{bmatrix} a1 & 0 & 0 & b1 & 0 \\ 0 & -a2 & -a3 & 0 & b2 \\ 0 & 1 & 0 & 0 & 0 \\ c1 & 0 & c2 & 0 & 0 \end{bmatrix}$$

関数 `matrix` の引数であるリストの要素に行列を与えることができるので，以下のように入力することも可能です．この場合，結果の行列はブロック行列として扱われます．ブロック行列に対しては，通常の行列演算で実行できないものがあります．その場合，`mat_unblocker` あるいは `mat_fullunblocker` で通常の行列に変換する

必要があります．

Maxima A.7

```
Sb:matrix([A,B],[C,Z12]);
```

$$\left[\begin{array}{c} \left[\begin{array}{ccc} a1 & 0 & 0 \\ 0 & -a2 & -a3 \\ 0 & 1 & 0 \end{array} \right] \quad \left[\begin{array}{cc} b1 & 0 \\ 0 & b2 \\ 0 & 0 \end{array} \right] \\ \left[\begin{array}{ccc} c1 & 0 & c2 \end{array} \right] \quad \left[\begin{array}{cc} 0 & 0 \end{array} \right] \end{array} \right]$$

```
mat_unblocker(Sb);     前述の S と同じ結果
```

○ 演習 A.4　次の入力により，どのような行列が作成されるのかを予想せよ．また，$c5^2$, $c5^3$, $c5^4$, $\cdots$ を計算せよ．

Maxima A.8

```
c5:addcol(zeromatrix(5,1),addrow(ident(4),zeromatrix(1,4)));
```

A.4.5　行列の要素の参照

行列の要素は，たとえば `A[1,2]` により参照でき，要素の確認や代入が行えます．また，関数 `row`, `col` を利用することで指定した行や列を取り出すことができます．さらに，指定した行，列を削除する関数として `submatrix` があります．

Maxima A.9

```
A[1,2];    (1,2) 要素を参照
```
$$0$$
```
row(B,1);  行列 B の第 1 行を取り出す
```
$$\left[\begin{array}{cc} b1 & 0 \end{array} \right]$$
```
col(A,3);  行列 A の第 3 列を取り出す
```
$$\left[\begin{array}{c} 0 \\ -a3 \\ 0 \end{array} \right]$$
```
submatrix(A,1,3);  行列 A の第 1, 3 列を削除する
```
$$\left[\begin{array}{c} 0 \\ -a1 \\ 1 \end{array} \right]$$
```
submatrix(2,A,1);  行列 A の第 2 行，第 1 列を削除する
```

$$\begin{bmatrix} 0 & 0 \\ 1 & 0 \end{bmatrix}$$

行列の代入操作に関して，注意すべき点があります．次のコマンドを実行してください．

> Maxima A.10

```
AA:A $    行列 A を変数 AA に代入
A[1,2]:a $    行列 A の (1,2) 要素に a を代入
A;    A の内容表示
```
$$\begin{bmatrix} a1 & a & 0 \\ 0 & -a2 & -a3 \\ 0 & 1 & 0 \end{bmatrix}$$

```
AA;    AA の内容表示
```
$$\begin{bmatrix} a1 & a & 0 \\ 0 & -a2 & -a3 \\ 0 & 1 & 0 \end{bmatrix}$$

A[1,2] 要素に対して a を代入しましたが，AA[1,2] も a に変わってしまいます．つまり，最初のコマンドで行列 A を AA に代入しているようにみえますが，実は新しい行列 AA が作成されているわけではありません．正しくコピーしたい場合，関数 `copymatrix` を使う必要があります．

> Maxima A.11

```
AAA:copymatrix(A) $    行列 A を変数 AAA へコピー
A[1,2]:b $    行列 A の (1,2) 要素に b を代入
A;    A の内容表示
```
$$\begin{bmatrix} a1 & b & 0 \\ 0 & -a2 & -a3 \\ 0 & 1 & 0 \end{bmatrix}$$

```
AAA;    AAA の内容表示
```
$$\begin{bmatrix} a1 & a & 0 \\ 0 & -a2 & -a3 \\ 0 & 1 & 0 \end{bmatrix}$$

```
A[1,2]:0 $    元に戻す
```

これまで，いくつかのコマンドを実行してきましたが，↑キー（もしくは↓キー）を押してください．過去に入力されたコマンドが入力行内に表示されます．これがヒ

ストリ機能です．Maxima で作業を行う際，同じコマンドを繰り返し実行する必要が出てきます．そのようなときにこのヒストリ機能を利用すると入力作業の負担を軽減できます．

A.4.6 行列関数

Maxima がもつ行列関数のいくつか (使用頻度の高いと思われるもの) を紹介します．

- ランク：rank(A)
- 行列式：determinant(A)
- 余因子行列：adjoint(A)
- 固有値：eigenvalues(A)
- 固有ベクトル：eigenvectors(A), uniteigenvectors(A)
- 行列の p ノルム (p=1,p=inf,p=frobenius)：mat_norm(A,p)

関数 eigenvalues(A) は戻り値としてリストを返します．その第 1 要素が固有値を要素としてもつリストで，第 2 要素がその重複度を意味しています．

例題 A.3

次に示す重複する固有値をもつ行列を関数 eigenvalues に与えてみましょう．

$$X = \begin{bmatrix} -2 & 1 \\ 0 & -2 \end{bmatrix}$$

Maxima A.12
```
X:matrix([-2,1],[0,-2])$   この行列は二つの固有値 −2 をもつ
eigenvalues(X);   固有値の計算
    [ [−2], [2] ]
```

関数 eigenvectors(A) は戻り値としてリストを返します．その第 1 要素は，関数 eigenvectors(A) と同じであり，第 2 要素以降に，固有値に対応した固有ベクトルがリストとして与えられます．

例題 A.4

次に示す行列の固有ベクトルを計算し，それらを列ベクトルとしてもつ行列を作

成します．その際に，リストを列ベクトルに変換する関数 columnvector を使用します．

$$X = \begin{bmatrix} 0 & 1 & 0 \\ 0 & 0 & 1 \\ -6 & -11 & -6 \end{bmatrix}$$

> **Maxima A.13**
>
> ```
> X:matrix([0,1,0],[0,0,1],[-6,-11,-6]) $
> XV:eigenvectors(X);    固有ベクトルの計算
> ```
>
> $[\,[\,[-2,-1,-3],[1,1,1]\,],[1,-2,4],[1,-1,1],[1,-3,9]\,]$
>
> ```
> v1:columnvector(XV[2]) $
> v2:columnvector(XV[3]) $
> v3:columnvector(XV[4]) $
> V:addcol(v1,v2,v3);   固有ベクトルからなる行列
> ```
>
> $$\begin{bmatrix} 1 & 1 & 1 \\ -2 & -1 & -3 \\ 4 & 1 & 9 \end{bmatrix}$$
>
> ```
> invert(V).X.V;   対角行列になる
> ```

関数 uniteigenvectors(A) は，正規化された固有ベクトルが戻り値となる点が eigenvectors(A) と異なります．

○ **演習 A.5**　行列 A の逆行列は $A^{-1} = \mathrm{adj}(A)/|A|$ で与えられる．ここで $\mathrm{adj}()$ は余因子行列を意味する．例題 A.1 の行列 A に対して，この公式が成り立つことを確認せよ．

○ **演習 A.6**　一般の行列 X に対して $X^T X$ は対称行列となる．そして，その固有値は非負の実数であり，固有ベクトルは互いに直交する性質をもつ．例題 A.1 の行列 A に対して，これらの性質があることを確かめよ．

○ **演習 A.7**　n 次正方行列 A に対して行列 $sI - A$ の行列式 $|sI - A|$ を特性多項式という．今，それが

$$|sI - A| = s^n + a_1 s^{n-1} + a_2 s^{n-2} + \cdots + a_{n-1} s + a_n$$

で与えられるとする．このとき

$$A^n + a_1 A^{n-1} + a_2 A^{n-2} + \cdots + a_{n-1} A + a_n I = 0$$

が成り立つ．これをケイリー - ハミルトンの定理という．演習 A.1 の行列 A に対して，この定理が成り立つことを示せ．なお，特性多項式を計算する関数として，`charpoly` が用意されている．使用法はオンラインヘルプで確認すること．

A.5 ● 微分，積分，ラプラス変換

微分，積分を行う関数として，`diff`, `integrate` が用意されています．次のコマンドを実行して，結果を確認してください．

Maxima A.14

`diff(sin(a*x),x,3);` $\sin(ax)$ を x に関して 3 階微分します

$-a^3 \cos(ax)$

`integrate(exp(-a*t)*cos(b*t),t);` $\displaystyle\int e^{-at}\cos(bt)\,dt$

$\dfrac{\%e^{-at}(b\sin(bt) - a\cos(bt))}{b^2 + a^2}$

`assume(a>0,b>0) $` a, b が正であると仮定

`integrate(exp(-a*t)*cos(b*t),t,0,inf);` $\displaystyle\int_0^\infty e^{-at}\cos(bt)\,dt$

$\dfrac{a}{b^2 + a^2}$

`integrate(x^2*exp(-x^2),x,minf,inf);` $\displaystyle\int_{-\infty}^\infty x^2 e^{-x^2}\,dt$

$\dfrac{\sqrt{\%pi}}{2}$

コメント A.3　関数 `diff` を使う際に，`diff(z(t),t);` と `diff(z,t);` が異なる結果となることに注意してください．後者の `z` に `t` に関する関数が代入されていない限り，実行結果は 0 となります．

コメント A.4　関数 `assume` を利用して，変数 `a` と `b` が正であることを設定しています．この設定を解除するためには，`forget(a>0,b>0);` を実行します．仮定なしで 4 番目のコマンドを実行すると，`a` と `b` の符号を順にたずねてきます．画面に表示されるメッセージにしたがって `positive`, `negative`, `zero`, `nonzero` のように (もしくは先頭の 1 文字を) キー入力してください．

コメント A.5　　出力中の %e や %pi は Maxima の定数で，それぞれ自然対数の底，円周率 π を意味します．

関数 $f(t)$ に対するラプラス変換 $F(s)$ は
$$F(s) = \mathcal{L}[f(t)] = \int_0^\infty f(t)e^{-st}\,dt$$
で定義されますが，これを行うための関数として laplace が用意されています．次のコマンドを実行して，結果を確認してください．

```
                                                              Maxima A.15
    laplace(delta(t),t,s);    delta(t) はディラックのデルタ関数
        1
    laplace(t^2,t,s);    𝓛[t²]
        2
        ──
        s³
    laplace(sin(a*t),t,s);    𝓛[sin(at)]
          a
        ─────
        s²+a²
    laplace(exp(-a*t),t,s);    𝓛[e^(-at)]
         1
        ───
        s+a
```

導関数 $\dot{z}$ に対してラプラス変換を行うこともできます．初期状態 $z(0)$ を与える必要があれば，関数 atvalue を利用します．初期状態の指定をキャンセルしたい場合は，関数 remove を利用します．

```
                                                              Maxima A.16
    laplace(diff(z(t),t),t,s);    𝓛[ż]
        s laplace(z(t), t, s) − z(0)
    atvalue(z(t),t=0,1) $   初期状態 z(0) = 1
    laplace(diff(z(t),t),t,s);    𝓛[ż]
        s laplace(z(t), t, s) − 1
    remove(z,atvalue);
```

逆ラプラス変換を行うための関数として ilt が用意されています．次のコマンドを実行して，結果を確認してください．

> **Maxima A.17**
>
> ```
> ilt(1/s,s,t);
> ```
> $\mathcal{L}^{-1}\left[\dfrac{1}{s}\right]$
>
> $\quad 1$
>
> ```
> ilt(b/((s+a)^2+b^2),s,t);
> ```
> $\mathcal{L}^{-1}\left[\dfrac{b}{(s+a)^2+b^2}\right]$
>
> $\quad \%e^{-at}\sin(bt)$
>
> ```
> ilt(1/(s+1)/(s+2)/(s+3),s,t);
> ```
> $\mathcal{L}^{-1}\left[\dfrac{1}{(s+1)(s+2)(s+3)}\right]$
>
> $\quad \dfrac{\%e^{-t}}{2} - \%e^{-2t} + \dfrac{\%e^{-3t}}{2}$

A.6 ● 微分方程式

1階もしくは2階微分方程式は，関数 `ode2` を利用して (すべてではありませんが) 解くことができます．この場合，初期状態は関数 `ic1`, `ic2` を利用して与えることができます．

例題 A.5

次に示す微分方程式の解 $y(x)$ を求めます．

$$x^2\frac{dy}{dx} + 3xy = \frac{\sin(x)}{x}, \quad y(\pi) = 0$$

> **Maxima A.18**
>
> ```
> deq:x^2*'diff(y,x) + 3*x*y = sin(x)/x $
> ode2(deq,y,x);    微分方程式の解
> ```
> $y = \dfrac{\%c - \cos(x)}{x^3}$
>
> ```
> ic1(%,x=%pi,y=0);   初期状態の指定
> ```
> $y = -\dfrac{\cos(x) + 1}{x^3}$

コメント A.6 `diff(y,x)` の前の ' に注意してください．これを入れないと，微分 `diff(y,x)` が評価されて 0 になります．

線形微分方程式はラプラス変換・逆ラプラス変換を利用することで解くことができますが，これを関数としてまとめたのが desolve です．これを利用することで，連立線形微分方程式を解くこともできます．

例題 A.6

次に示す連立線形微分方程式の解 $f(t)$, $g(t)$ を求めます．

$$\begin{cases} \dot{f}(t) = \dot{g}(t) + \sin(t) \\ \ddot{g}(t) = \dot{f}(t) - \cos(t) \end{cases}$$

Maxima A.19

```
eq1:diff(f(t),t)=diff(g(t),t)+sin(t) $
eq2:diff(g(t),t,2)=diff(f(t),t)-cos(t) $
atvalue(diff(g(t),t),t=0,a) $  初期状態
atvalue(f(t),t=0,1) $  初期状態
desolve([eq1,eq2],[f(t),g(t)]);  微分方程式の解
```

$$[\,f(t) = a\%e^t - a + 1,\ g(t) = cos(t) + a\%e^t - a + g(0) - 1\,]$$

コメント A.7　ode2 のときと異なり，diff(f(t),t) としている点に注意してください．

A.7 ● 伝達関数

(連立) 線形微分方程式に対して，すべての初期状態を 0 とした上で，ラプラス変換を行い，入力と出力の比をとったものを伝達関数といいます．

例題 A.7

次に示す微分方程式に対して伝達関数を求めてみましょう．

$$\ddot{z} + a_1 \dot{z} + a_2 z = u$$

Maxima A.20

```
eq:diff(z(t),t,2)+a1*diff(z(t),t)+a2*z(t)=u(t) $
atvalue(z(t),t=0,0) $   z(0) = 0
atvalue(diff(z(t),t),t=0,0) $   ż(0) = 0
laplace(eq,t,s) $  ラプラス変換
solve(%,laplace(z(t),t,s));   ℒ[z(t)] について解く
```

$$\left[laplace(z(t),t,s) = \frac{laplace(u(t),t,s)}{s^2 + a1s + a2} \right]$$

```
rhs(%[1]/laplace(u(t),t,s));   伝達関数の計算
```

$$\frac{1}{s^2 + a1s + a2}$$

```
subst([a1=2,a2=10],%) $    a1, a2 に数値を代入
ilt(%/s,s,t);    a1 = 2, a2 = 10 のときの単位ステップ応答
```

$$\%e^{-t}\left(-\frac{\sin(3t)}{30} - \frac{\cos(3t)}{10}\right) + \frac{1}{10}$$

コメント A.8 `solve` は方程式の解を求める関数で，`rhs` は引数で与えた式の右辺を返す関数です．

第6章で紹介する状態空間モデル

$$\begin{cases} \dot{x} = Ax + Bu \\ y = Cx + Du \end{cases}$$

に対する伝達関数 (行列) は $P(s) = D + C(sI - A)^{-1}B$ で与えられます．例題 A.1 の行列 A,B,C に対して伝達行列を計算してみましょう．ただし，$D = 0$ とします．

Maxima A.21
```
P:C.invert(s*ident(3)-A).B;
```

$$\left[\begin{array}{cc} \dfrac{b1\,c1}{s - a1} & \dfrac{b2\,c2}{s(s + a2) + a3} \end{array} \right]$$

A.8 ● グラフ表示

関数 `plot2d` を使用することで2次元のグラフ表示ができます (なお，関数 `plot3d` を利用することで3次元表示も可能ですが，ここでは省略します)．一例として $\sin(2t)$ を図示してみましょう．

Maxima A.22
```
plot2d(sin(2*t),[t,-5,5],[gnuplot_preamble,"set grid;"]);
```

コメント A.9　第 1 引数に表示したい関数を与えますが，[,] を利用して複数の関数を与えることが可能です．また，第 2 引数で表示したい図の範囲を指定します．第 3 引数は図にグリッドを描くためのものですが，不要であれば省略可能です．

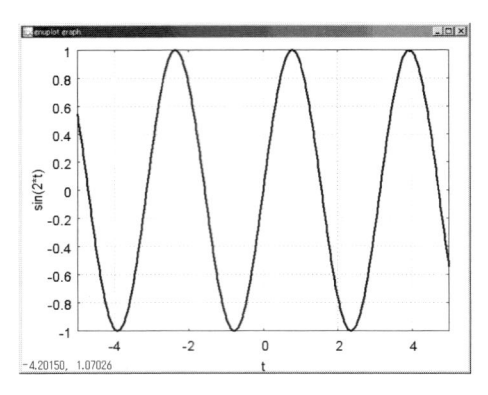

図 A.3　$\sin(2t)$

図を表示しているウインドウ上部のタイトルバー上で，マウスの右ボタンをクリックすることで表示されるメニューから Options を選択することにより，図中の線の色・太さや文字の種類，大きさなどを指定することができます．

Maxima のウインドウの下に Plot 2D... と書かれたボタンがあります．これを利用することでも描画が可能です．試してみてください．

A.9 ● Maxima におけるプログラミング

Maxima には非常に多くの関数が標準で用意されており，それらを利用することで，インタラクティブに希望する処理を行わせることができます．しかし，希望する処理を繰り返し行うためには，やはりプログラム (関数) を自作することが一番です．特に Maxima は，制御関連の関数がほとんど用意されていない (BODE ゲイン (位相) 線図を描く関数 (bode_gain, bode_phase) はパッケージ bode 中に用意されています) ので，プログラミングは必須です．でも，難しいことはありません．必要なコマンドを書き並べたファイルをテキストエディタを利用して作成すればよいだけなのです．ただし，その拡張子を .mac としてください．一つのファイルに複数の関数を含ませることが可能ですが，それを実行するためには，必ずメニューバーの File から Load Package を選択して，あらかじめそのファイルを読み込む必要があります．

A.9.1 関数の定義

Maxima では，関数は := 演算子を利用して定義できます．その基本的な構造は

$$f(i,j) := \text{block}([\,], \text{expr1}, \text{expr2}, \cdots, \text{exprn})$$

です．最初の [ ] 内に関数で使用するローカル変数を与えます．その際に，:(コロン) を利用して，各変数に初期値を割り当てることができます (プログラム例参照)．関数の戻り値は exprn ですが，return(expri) により expri を戻り値とすることができます．

A.9.2 制御構造

プログラミング言語と呼ばれるものは制御構造を必ずもちます．Maxima がもつ制御構造ならびに比較演算子を以下に示します．

```
if...then...else...
for variable:initial_value step increment thru limit do body
for variable:initial_value step increment while condition do body
for variable:initial_value step increment unless condition do body
for variable in list end_tests do body
return 1
<, >, <=, >=, =, #, equal, notequal, and, or, not
```

ここで，body は ( ) 内に書かれたコマンドリストを意味します．

A.9.3 プログラム例

一例として，次式に示す行列 V を計算するプログラムを作成してみましょう．

$$V = [B \quad AB \quad A^2B \quad \cdots \quad A^{n-1}B]$$

ここで A は n 次正方行列であり，B は $n \times m$ 次行列であるとします．制御ではこの行列 V を可制御行列といい，解析ならびに設計において重要な役割を果たします (第 7 章参照)．

プログラムに対する引数は行列 A, B とし，戻り値は可制御行列 V とします．また，行列の大きさの整合性は満たされていることを前提とします．テキストエディタで次のプログラムを作成し，ctrb.mac というファイル名で作業用ディレクトリに保存してください．簡単なプログラムなので，内容は容易に理解できると思います．

Maxima A.23

```
ctrb(A,B):=
  block(
     [V:B,icnt,ndeg:length(A),dum:B],
     for icnt:1 while icnt<ndeg
       do(
          dum:A.dum,
          V:addcol(V,dum)
       ),
     return(V)
  );
```

プログラム中, `for icnt:1 while icnt<ndeg` は, `icnt` を 1 から `ndeg-1` まで繰り返すことを意味していますが, 以下のように表現することもできます.

```
for icnt:1 thru ndeg-1
for icnt:1 unless icnt>=ndeg
```

また, 行列 A の列数と行列 B の行数が同じであることを確認した上で演算を行わせたいのであれば,

```
if length(A)#length(B) then do(return(-1)) else do( )
```

をプログラムに入れればよいでしょう.

`ctrb` の実行例を以下に示します. メニューバーの `File` から `Load Package` を選択し, `ctrb.mac` をロードしてから, 下記のコマンドを入力してください.

Maxima A.24

```
AA:matrix([0,1,0],[0,0,1],[-a3,-a2,-a1]);
```
$$\begin{bmatrix} 0 & 1 & 0 \\ 0 & 0 & 1 \\ -a3 & -a2 & -a1 \end{bmatrix}$$

```
BB:matrix([0],[0],[b1]);
```
$$\begin{bmatrix} 0 \\ 0 \\ b1 \end{bmatrix}$$

```
ctrb(AA,BB);
```
$$\begin{bmatrix} 0 & 0 & b1 \\ 0 & b1 & -a1\,b1 \\ b1 & -a1\,b1 & a1^2\,b1 - a2\,b1 \end{bmatrix}$$

A.9 Maxima におけるプログラミング

例題 A.8

多項式の係数からなるリストを返すプログラム例 coeffs を示します．なお，プログラム中に使用されている関数についてはオンラインヘルプで確認してください．

```
                                                    Maxima A.25
coeffs(p,x):=
   block(
      [icnt,ppp,cfs:[],ndeg],
      ppp:expand(p), ndeg:hipow(ppp,x),
      for icnt:0 thru ndeg
         do(
              cfs:cons(coeff(ppp,x,icnt),cfs)
         ),
      return(cfs)
   );
```

実行例を次に示します．

```
                                                    Maxima A.26
p:(s+1)*(s+2)*(s+3) $
coeffs(p,s);
    [1, 6, 11, 6]
```

○ 演習 A.8　n 次正方行列

$$H = \begin{bmatrix} a_{11} & a_{12} & a_{13} & \cdots & a_{1n} \\ a_{21} & a_{22} & a_{23} & \cdots & a_{2n} \\ a_{31} & a_{32} & a_{33} & \cdots & a_{3n} \\ \vdots & \vdots & \vdots & & \vdots \\ a_{n1} & a_{n2} & a_{n3} & \cdots & a_{nn} \end{bmatrix}$$

に対して，次式のように行列式 $H_i\,(i=1,\cdots,n)$ を定義する．

$$H_i = \begin{vmatrix} a_{11} & \cdots & a_{1i} \\ a_{21} & \cdots & a_{2i} \\ \vdots & & \vdots \\ a_{i1} & \cdots & a_{ii} \end{vmatrix}$$

このとき，リスト $[\,H_1,\ H_2,\cdots,H_n\,]$ を戻り値として返すプログラムを作成せよ．

付録B

Scilab の使い方

Scilab は制御の分野では有名な MATLAB に対応するフリーソフトです．本付録では，例題と演習を通して，Scilab の基本的な使用法を紹介します．付録 A と同様に，演算結果に対して読者ご自身の手で検算を行ってください．なお，Scilab には SIMULINK に対応する **Scicos** が含まれていますが，それについての紹介は省略します．

B.1 ● インストール

Scilab を http://www.scilab.org/ からお持ちのコンピュータの環境 (Linux, Windows, Mac など) に対応したファイルを選択し，ダウンロードしてください．筆者は Windows 版の約 13.6[MB] のファイル `scilab-4.1.exe` をダウンロードしました (2008.1.23 現在のバージョンは **4.1** です)．自己解凍形式なので，それを実行することで Scilab をインストールできます．その際，License Agreement で `I accept the agreement` を選択する以外は標準の設定で特に支障がないので，Next> ボタンをクリックすればよいでしょう．これで `C:\Program Files\scilab-4.1\` にインストールされます．本書では，そのようにインストールされていることを前提とするので，必要に応じて必要な箇所を読み替えてください．

インストール終了後，`C:\Program Files\scilab-4.1\` の下に `control` という名前 (別の名前でもかまいません) のディレクトリを作成してください．本書では，これを作業用ディレクトリとし，作成したプログラムの保存などに利用します．

B.2 ● Scilab の起動と終了

インストール終了後，デスクトップ上に `scilab-4.1` と書かれたアイコンが作成されます．それをダブルクリックすることで Scilab を実行できます．実行後，図 B.1 に示すウインドウが現れます．これを Scilab ウインドウといいます．このウインド

ウ内に表示される --> が Scilab のプロンプトで，入力を待っている状態です．
　Scilab の終了は，プロンプトに対して quit とキー入力する，Scilab ウインドウの右上の × ボタンを押す，あるいはメニューバーの File を押すことで開かれるプルダウンメニューから Exit を選択することで行えます．

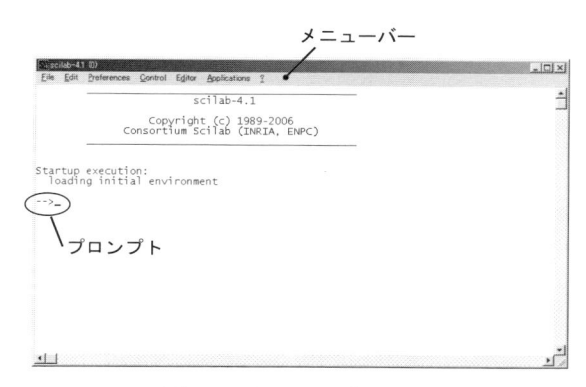

図 B.1　Scilab ウインドウ

　ここで，コマンド pwd をキー入力してください．カレントディレクトリが表示されます．

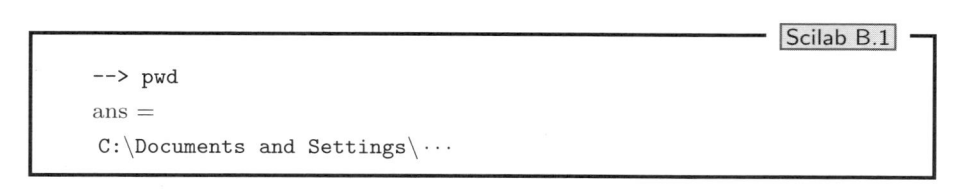

```
                                                               Scilab B.1
    --> pwd
    ans =
    C:\Documents and Settings\ ···
```

B.1 で作成したディレクトリ C:\Program Files\scilab-4.1\control を作業用のカレントディレクトリとしたいので，ディレクトリを移動する必要があります．このために 2 通りの方法があります．一つは，プロンプトに対してコマンド chdir を直接入力する方法です．

```
                                                               Scilab B.2
    --> chdir("C:\Program Files\scilab-4.1\control")
```

chdir 自身はディレクトリを移動するために覚えておくべきコマンドですが，Scilab の起動ごとにこれを入力することはわずらわしい作業となるので，もう一つの方法をお勧めします．Scilab は起動時にディレクトリ C:\Program Files\scilab-4.1\ 内にある初期設定用のテキストファイル scilab.star を読み込みます．そこで，テキ

ストエディタを利用して，そのファイルの最下行に次の 1 行を書き加えてください．

chdir("C:\Program Files\scilab-4.1\control")

これで Scilab を起動しなおすと，希望するカレントディレクトリになっていることをコマンド pwd で確認できます．

B.3 ● オンラインヘルプ

Scilab ウインドウのメニューバーの ? を押し，Scilab Help を選択する (もしくは F1 キーを押す) ことでオンラインヘルプ用のウインドウが表示されます．図 B.2 は，ウインドウを開いた後，左側の Linear Algebra を選択し，それに関する関数一覧を右側に表示した状態です．ここで，希望する関数をクリックすることにより，その使用法の詳細が表示されます．もし，調べたい関数名が既知のときは --> help func とすることもできます．あるいは，左上にある虫眼鏡が描かれたボタンを押し，検索モードに切り替えて関数を検索することもできます．本書では，Scilab がもつご く一部の関数しか紹介できないため，ヘルプを利用して Scilab に対する知識を深めてください．

図 B.2 Help 画面

B.4 ● Scilab における行列の基本操作

制御系解析・設計作業を進める際に，行列の操作は必須です．本節では，Scilab 上での行列の基本操作法を紹介します．

B.4.1 Scilab における行列の入力法

行列の入力の基本は以下のとおりです．

1. [から] の間に要素を書き入れる
2. 行順に入力する
3. 要素の区切りマークは ,(カンマ) もしくは (一つ以上の) スペース
4. 行の区切りマークは ;(セミコロン)

例題 B.1

次に示す行列を入力してみましょう．

$$\text{(a) } A = \begin{bmatrix} 1 & 0 & 0 \\ 0 & -3 & -2 \\ 0 & 1 & 0 \end{bmatrix} \quad \text{(b) } B = \begin{bmatrix} 1 & 0 \\ 0 & 2 \\ 0 & 0 \end{bmatrix} \quad \text{(c) } C = \begin{bmatrix} 1 & 0 & -1 \end{bmatrix}$$

Scilab B.3
```
--> A=[1,0,0;0,-3,-2;0,1,0]
A =
  1.   0.   0.
  0.  -3.  -2.
  0.   1.   0.
--> B=[1,0;0,2;0,0]; C=[1,0,-1];
```

コメント B.1 (1) 入力の最後の ;(セミコロン) はエコーバック (代入結果の画面表示) を抑制する目的で入れてあります．
(2) 要素はスカラーだけでなく，行列を与えることができます．
(3) Scilab では，1 行にコマンドを複数書き入れることが許可されています．
(4) Scilab は変数名の大文字と小文字を区別します．
(5) Scilab では，数字の出力は標準では有効数字 8 桁までで表示されます．ただし，本書中の出力例では，簡単のためにそのうちの 4 桁のみを記載しています．

B.4.2 基本演算

行列に関する基本演算を以下にまとめます．いずれも，行列のサイズの整合性が取れていないない場合エラーが表示されます．

- 加減乗演算：`+`, `-`, `*`
- 要素ごとの積，割り算，べき乗演算：`.*`, `./`, `.^` (それぞれ `.`(ピリオド) が付くことに注意)
- べき乗演算：`^` (正方行列が対象)
- 逆行列 (A^{-1})：`inv(A)` (正方で正則な行列が対象)
- 転置行列 (A^T)：`A'`
- トレース：`trace(A)` (正方行列に対して対角要素の和を求める)

○ 演習 B.1　例題 B.1 で入力した行列 A, B, C に対して，以下に示すコマンドを入力して，結果を確認せよ．

```
                                                    Scilab B.4
--> A+B*B'    A + BB^T
--> A^2       A^2
--> A.*A      要素ごとの積
--> C*inv(A)*B    CA^{-1}B
--> trace(A)  対角要素の和
```

コメント B.2　変数への代入操作を行わないコマンドを実行した場合，Scilab は `ans` という名前の変数にその結果を代入します．

○ 演習 B.2　以下の演算の結果を予想し，確認せよ．

```
                                                    Scilab B.5
--> A.*(B*[1,0,1;0,1,0])
```

○ 演習 B.3　線形代数では行列 A とスカラー a の和 (差) は定義されていないが，Scilab ではその演算が許可されている．次の演算結果を確認せよ．

```
                                                    Scilab B.6
--> A-3
--> C+2
```

これまで，いくつかのコマンドを実行してきましたが，プロンプトに対して↑キー（もしくは↓キー）を押してください．過去に入力されたコマンドが表示されます．これがヒストリ機能です．Scilab で作業を行う際，同じコマンドを繰り返し実行する必要が出てきます．そのようなときにこのヒストリ機能を利用すると入力作業の負担を軽減できます．ヒストリは，コマンド savehistory('filename') で指定したファイルに保存でき，loadhistory('filename') でロードすることができます．また，diary('filename') を利用することで diary(0) を実行するまでのコマンドならびに出力結果をファイルに保存できます．

B.4.3　特殊行列の生成

- `eye(3,3)`：3 次単位行列
- `zeros(2,3)`：2 × 3 次零行列
- `ones(2,3)`：要素がすべて 1 の行列
- `diag([1,2,3])`：対角要素が 1, 2, 3 の対角行列
- `rand(2,2)`：一様擬似乱数を要素としてもつ 2 次正方行列

B.4.4　行列の拡大：行列からなる行列

例題 B.2

要素が行列からなる行列の入力例です．

$$V = \begin{bmatrix} B & AB & A^2B \end{bmatrix}, \quad W = \begin{bmatrix} C \\ CA \\ CA^2 \end{bmatrix}, \quad S = \begin{bmatrix} A & B \\ C & 0 \end{bmatrix}$$

```
Scilab B.7
--> V=[B,A*B,A*A*B]

V =
  1.   0.   1.    0.   1.    0.
  0.   2.   0.   -6.   0.   14.
  0.   0.   0.    2.   0.   -6.
--> W=[C;C*A;C*A^2]

W =
```

```
    1.  0. -1.
    1. -1.  0.
    1.  3.  2.
--> S=[A,B;C,zeros(1,2)]
 S =
    1.  0.  0.  1.  0.
    0. -3. -2.  0.  2.
    0.  1.  0.  0.  0.
    1.  0. -1.  0.  0.
```

○ 演習 B.4　次の入力により，どのような行列が作成されるのかを予想せよ．また，$c5^2$, $c5^3$, $c5^4$, $\cdots$ を計算せよ．

Scilab B.8
```
--> c5=[zeros(5,1),[eye(4,4);[0,0,0,0]]]
```

B.4.5　行列の要素の参照

行列の要素は，たとえば A(1,2) により参照でき，要素の確認や代入が行えます．同様に，ベクトルの要素は，横 (縦) ベクトルの場合，C(1,2) もしくは C(2) などにより参照できます．

Scilab B.9
```
--> A(1,2)    (1,2) 要素を参照
 ans =
    0.
--> C(2,2)    エラー!
     !--error 21
invalid index
--> A(6)    どうなるでしょうか?
 ans =
    1.
```

○ 演習 B.5　$z4(4,1)$ のみが 1 で残りの要素がすべて 0 である 4 次正方行列 z4 (次式参照) を作成せよ．

$$z4 = \begin{bmatrix} 0 & 0 & 0 & 0 \\ 0 & 0 & 0 & 0 \\ 0 & 0 & 0 & 0 \\ 1 & 0 & 0 & 0 \end{bmatrix}$$

行列の要素を参照する際に，整数ではなく整数からなる (横) ベクトルを与えることで，複数の行や列を参照できます．

○ 演習 B.6　次のコマンドを実行して，どのような結果が得られるのかを確認せよ．

Scilab B.10
```
--> A([1,2],2)
--> A([2,1],2)
--> A(1,[3,1,2])
--> A([1,3],[1,3])
```

ところで，要素を参照する際に，有用なコマンドとして :(コロン) 演算子があります．使用例のいくつかを以下に示します．2. ～ 4. を実行して結果の確認を行ってください．なお，1. は要素の参照以外にも使用頻度の高い :(コロン) 演算子の使用例です．しっかり覚えてください．

1. `J:D:K`　J から始まって，刻みが D で K までの横ベクトルを作成する．D が省略されると刻みは 1 とみなされる．
2. `A(:,1)`　第 1 列を取り出す (A(1:3,1) と同様)
3. `A(2,:)`　第 2 行を取り出す (A(2,1:3) と同様)
4. `A(:)`　第 1 列，第 2 列 … からなる縦ベクトルを作成する

○ 演習 B.7　次式に示す 6 次対角行列 d6 を `diag` ならびに : 演算子を利用して作成せよ．

$$d6 = \begin{bmatrix} 6 & 0 & 0 & 0 & 0 & 0 \\ 0 & 5 & 0 & 0 & 0 & 0 \\ 0 & 0 & 4 & 0 & 0 & 0 \\ 0 & 0 & 0 & 3 & 0 & 0 \\ 0 & 0 & 0 & 0 & 2 & 0 \\ 0 & 0 & 0 & 0 & 0 & 1 \end{bmatrix}$$

○ 演習 B.8　行列 data1 と data2 に対して適用した以下のコマンドの結果を検討せよ．

```
Scilab B.11
--> data1=[1,0,-1;-2,-3,1]
data1 =
   1.   0.  -1.
  -2.  -3.   1.
--> data1.*(data1>0)
--> data2=[1,1.5,2,3,3,4.5;4,6,5,7.5,6,9;7,10.5,8,12,9,13.5]
data2 =
   1.   1.5   2.   3.   3.   4.5
   4.   6.    5.   7.5  6.   9.
   7.  10.5   8.  12.   9.  13.5
--> matrix(data2',2,length(data2)/2)'
```

B.4.6　行列関数

Scilab がもつ行列関数のいくつか (使用頻度の高いと思われるもの) を紹介します．

- ランク：rank(A)
- 行列式：det(A)
- 固有値・固有ベクトル：[V,D]=spec(A)
- 状態遷移行列 (e^{At})：expm(A)
- 行列の p ノルム (p=1, p=2, p='inf', p='fro')：norm(A,p)

コメント B.3　行列 A の固有値のみを計算したい場合には，D=spec(A) のように戻り値を一つだけにします．この場合，D は固有値を要素としてもつ縦ベクトルとなります．

○ 演習 B.9　[V,D]=spec(A) を実行すると，行列 D の対角要素に行列 A の固有値が，またその順に対応して行列 V に固有ベクトルが代入される．この行列 V を，それに対する固有値が大きい順に並べ替えよ．(ヒント：関数 gsort を利用)

B.5 ● 多項式・有理関数

Scilab では多項式を扱うことができます．たとえば，行列 A の特性多項式を計算し，その根を求めてみましょう．

Scilab B.12

```
--> s=poly(0,'s');
--> det(s*eye()-A)    このような eye の使い方もあります
ans =
  -2 - s + 2s^2 + s^3
--> roots(ans)    多項式の根を計算．spec(A) と同じ結果
ans =
  -1.
   1.
  -2.
```

もう一つの例として，演習 B.1 で作成した行列 A, B, C に対して，伝達行列 $C(sI - A)^{-1}B$ を計算し，その $(1,2)$ 要素の分母多項式の根を求めます．

Scilab B.13

```
--> C*inv(s*eye()-A)*B    伝達関数
ans =

     1          -2
   -----     ---------
   -1 + s    2 + 3s + s^2

--> roots(denom(ans(1,2)))    分母多項式の根
ans =
  -1.
  -2.
```

○ **演習 B.10**　n 次正方行列 A の特性多項式 $|sI - A|$ が

$$|sI - A| = s^n + a_1 s^{n-1} + a_2 s^{n-2} + \cdots + a_{n-1} s + a_n$$

で与えられるとする．このとき

$$A^n + a_1 A^{n-1} + a_2 A^{n-2} + \cdots + a_{n-1} A + a_n I = 0$$

が成り立つ．演習 B.1 の行列 A に対して，この定理が成り立つことを示せ．

B.6 ● グラフ表示

システムの特性を評価するためには，その応答を図示することが必要不可欠です．そこで，Scilab での 2 次元のグラフ表示を簡単に紹介します．なお，Scilab は 3 次元表示も可能ですが，ここでは省略します．一例として sin(2*t*) を図示してみましょう．

Scilab B.14
```
--> t=-3:0.01:3;    横軸の設定
--> y=sin(2*t);     sin(2t) の計算
--> plot(t,y)       図の表示
```

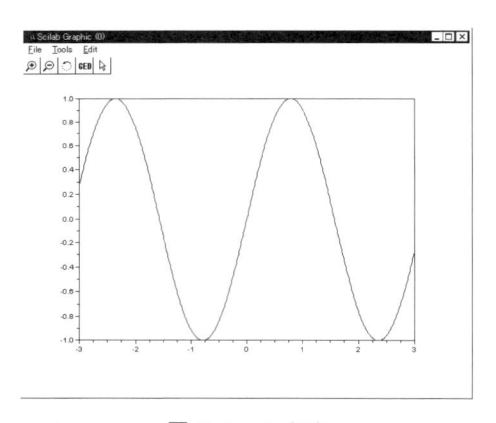

図 B.3　sin(2*t*)

これで指定した範囲の *t* に対して sin(2*t*) を描くことができました．ところで，ウインドウ左上に 五つのボタンが表示されますが，これらにより図の一部を拡大したり，インタラクティブに図の特性 (図のタイトル，軸の目盛り，軸のラベル，線の太さ・種類など) を変更できる Figure Editor, Axes Editor, Polyline Editor を起動できます．これらについては，各自でいろいろ試してみてください．また，**File** を選択することで表示されるプルダウンメニューを利用して，指定した書式で図を保存できます．本書における図 (たとえば図 B.4) はこの機能を利用しています．

それから，Scilab は基本的に図は上書きされます．次のコマンドを実行してみてください．

Scilab B.15
```
--> plot(t,cos(t))
```

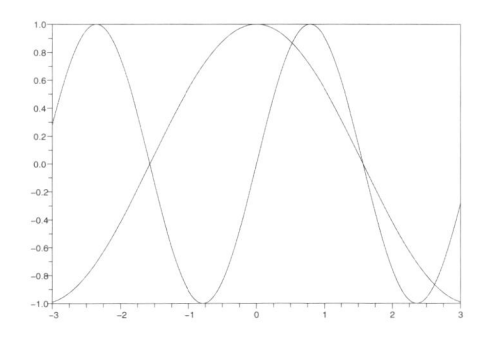

図 B.4 $\cos(t)$ を追加で表示

B.7 ● Scilab におけるプログラミング

Scilab には非常に多くの関数が標準で用意されており，それらを利用することで，インタラクティブに希望する処理を行わせることができます．しかし，ユーザーの希望にあった処理を繰り返し行わせるためには，やはりプログラム (関数) を自作することが一番です．でも，難しいことはありません．必要なコマンドを書き並べたファイルをテキストエディタを利用して作成すればよいだけなのです．ただし，その拡張子を .sci もしくは .sce としてください．一つのファイルに複数の関数を含ませることが可能ですが，それを実行するためには，必ず getf() もしくは getd() を利用して，あらかじめそのファイルを読み込む必要があります．前者は引数で指定した特定のファイルを，後者は引数で指定したディレクトリ内のすべてのファイルを読み込みます．なお，後者が対象とするファイルの拡張子は .sci であることに注意してください．

B.7.1 制御構造

プログラミング言語と呼ばれるものは制御構造を必ずもちます．Scilab もプログラミング言語の一つですが，それがもつ制御構造ならびに比較演算子を以下に示します．

- `if...elseif...else...end`
- `for...end`
- `while...end`

- select...case...case...end
- continue
- break
- <, >, <=, >=, ==, <>

B.7.2 プログラム例

一例として，次式に示す行列 V を計算するプログラムを作成してみましょう．

$$V = [B \quad AB \quad A^2B \quad \cdots \quad A^{n-1}B]$$

ここで A は n 次正方行列であり，B は $n \times m$ 次行列であるとします．制御ではこの行列 V を可制御行列といい，解析ならびに設計において重要な役割を果たします（第7章参照）．なお，Scilab には，可制御行列を作成するための関数として cont_mat が用意されていますが，プログラミングの練習題材として適しているので，あえて自作してみます．

プログラムに対する引数は行列 A, B とし，戻り値は可制御行列 V とします．また，行列の大きさの整合性は満たされていることを前提とします．テキストエディタで次のプログラムを作成し，ctrb.sce というファイル名で保存します．

Scilab B.16
```
function [V]=ctrb(A,B)
// Controllablity matrix
   n=size(A,'r');
   V=B; dum=B;
   for i=1:n-1
      dum = A*dum;
      V=[V dum];
   end
endfunction
```

ctrb の実行例を以下に示します．

Scilab B.17
```
--> getf("ctrb.sce");    プログラムの読み込み
--> AA=[0,1,0;0,0,1;-1,-2,-3]; BB=[0;0;1];
--> V=ctrb(AA,BB)    可制御行列の計算
 V =
```

```
         0.   0.   1.
         0.   1.  -3.
         1.  -3.   7.
--> cont_mat(AA,BB)    Scilabが標準でもつ関数による結果
 ans =
         0.   0.   1.
         0.   1.  -3.
         1.  -3.   7.
```

○ 演習 B.11 n 次正方行列

$$H = \begin{bmatrix} a_{11} & a_{12} & a_{13} & \cdots & a_{1n} \\ a_{21} & a_{22} & a_{23} & \cdots & a_{2n} \\ a_{31} & a_{32} & a_{33} & \cdots & a_{3n} \\ \vdots & \vdots & \vdots & & \vdots \\ a_{n1} & a_{n2} & a_{n3} & \cdots & a_{nn} \end{bmatrix}$$

に対して，次式のように行列式 H_i を定義する．

$$H_i = \begin{vmatrix} a_{11} & \cdots & a_{1i} \\ a_{21} & \cdots & a_{2i} \\ \vdots & \vdots & \vdots \\ a_{i1} & \cdots & a_{ii} \end{vmatrix}$$

このとき，横ベクトル $[H_1 \; H_2 \; \cdots \; H_n]$ を戻り値として返すプログラムを作成せよ．

B.8 ● 変数の保存と読み込み

Scilab上で作成した変数をbinary形式で保存する，あるいはそれを読み込むコマンドは次のとおりです．なお，saveにおいて変数名を指定しない場合，すべての変数が対象となります．

Scilab B.18
```
--> save('test1',A,B,C)   変数の保存
--> load('test1')   変数のロード
```

関数 savematfile を利用すると，Scilab上で作成した変数をMATLABで読み込

むことができます．一方，loadmatfile を利用すると savematfile で作成したファイルや MATLAB で作成したファイルを読み込むことができます．なお，ファイルを読み込めるかどうかについては MATLAB のバージョンに依存します．

Scilab B.19
```
--> savematfile('test2','-mat','-v6','A','B')
--> loadmatfile('test2')
```

関数 savematfile ですが，テキスト形式でデータを保存することもできます．ただし，これにより作成されたファイルの各行におけるデータ数が異なる場合は loadmatfile では読み込むことができません．

Scilab B.20
```
--> savematfile('test2','-ascii','A','B')
--> mtlb_type('test2')
```

上で紹介した loadmatfile を利用すると，他のソフトで作成したテキストデータを Scilab に読み込むことができます．たとえば，次の内容が保存されたファイル data0.txt 内のデータを読み込みたいとしましょう (テキストエディタを利用して作成してください)．要素の区切りは，(カンマ) でもかまいません．

```
1   1.5
2   3
3   4.5
4   6
```

これに対して，

Scilab B.21
```
--> loadmatfile('data0.txt','-ascii')
```

を実行することで，data0.txt の内容が読み込まれ，変数 data0 にそれが保存されます．

ファイルの読み込みの応用例を一つ紹介します．ある実験を行って，その結果として得られたデータが data1.txt, data2.txt, … にテキスト形式で保存されたとします．そして，これらを Scilab を利用して処理したいとします．ここでは，各データは縦ベクトルとして保存されており，それぞれにおける最大値 (max) と最小値

(min) を求める処理を行うとします.

```
--> loadmatfile('data1.txt','-ascii')
--> [max(data1), min(data1)]
```
Scilab B.22

をファイル名を変えてファイル数分だけ繰り返してもよいのですが，同じ処理を繰り返すのであれば，やはりプログラムを作成することが得策であると思います．このようなときに力を発揮するのが，コマンド execstr です．このコマンドは，引数として与えた文字列を実行する機能をもちます．これを利用したプログラム例 (dload.sce) を次に示します．整数を文字列へ変換する目的で string を利用しています．また，Scilab における文字列の結合を下記の例を通して理解してください．

```
function maxmin=dload(str,fnum)
// str1.txt から str(fnum).txt までのデータを読み込みそれら
// の最大値と最小値をまとめた行列 maxmin を戻り値として返す
//
   maxmin=[];
   for i=1:fnum
      execstr('loadmatfile('"'+str+string(i)+'.txt'"','"-ascii'")')
      execstr('dum='+str+string(i)+';')
      maxmin=[maxmin;[max(dum),min(dum)]];
   end
endfunction
```
Scilab B.23

このプログラムに対して，ファイル名を文字列で与え，ファイル数を指定することで希望する処理が行われます．

```
--> mm=dload('data',10);
```
Scilab B.24

B.9 ● ライブラリ

Scilab は非常に多くのライブラリを標準でもっていますが，その中で制御に関連した関数の一部を以下に列挙します．各関数の使用法についてはオンラインヘルプをご参照ください．

様々な線図	
plzr	線形システムの極零表示
evans	根軌跡
black, chart	ニコルス線図
bode	BODE 線図
gainplot	BODE ゲイン線図
nyquist	ナイキスト線図
svplot	特異値線図

制御器設計	
ddp	外乱非干渉
lqe	線形 2 次推定器 (Kalman Filter)
lqg	LQG 補償器
lqr	LQ 補償器
obscont	オブザーバベースド制御器
observer	オブザーバの設計
ppol	極配置法
stabil	安定化
ui_observer	未知入力オブザーバ
kpure	比例制御を施した閉ループシステムが虚軸上に極をもつ比例ゲインの設計
krac2	比例制御を施した閉ループシステムが実数の 2 重極をもつ比例ゲインの設計

いくつかの方程式	
linmeq	Sylvester 方程式と Lyapunov 方程式の解
lyap	Lyapunov 方程式の解
sylv	Sylvester 方程式の解
ricc	Riccati 方程式
riccsl	Riccati 方程式 solver

制御系解析	
abinv, cainv	AB 不変部分空間，CA 不変部分空間
cont_mat, obsv_mat	可制御行列，可観測行列
contr	可制御部分空間
unobs	不可観測部分空間

contrss, obsvss	可制御部分，可観測部分
st_ility, dt_ility	可安定性・可検出性のテスト
ctr_gram, obs_gram	可制御性グラミアン，可観測性グラミアン
g_margin, p_margin	ゲイン余裕，位相余裕
trzeros	伝達零点とノーマルランク
freson	ピーク周波数

制御系の応答

csim	線形システムの時間応答
dbphi	周波数応答 (位相・ゲイン表現)
dsimul	離散時間シミュレーション
flts	時間応答 (離散時間システム)
freq	周波数応答
ltitr	離散時間応答
phasemag	位相・ゲインの計算
repfreq	周波数応答
rtitr	離散時間応答 (伝達行列)

システム変換

abcd	状態空間行列
arhnk	Hankel ノルム近似
balreal	平衡化実現
bilin	一般双線形変換
canon	可制御正準形
cls2dls	双線形変換
colregul, rowregul	無限遠点における極・零点の除去
cont_frm	伝達関数を可制御状態空間モデルへ変換
des2tf	ディスクリプタ表現を伝達関数に変換
dscr	線形システムの離散化
feedback	フィードバック結合
invsyslin	逆システム
minreal	最小平衡化実現
minss	最小実現
pfss	線形システムの部分分数分解
sm2des	システム行列をディスクリプタ形式へ変換
sm2ss	システム行列を状態空間モデルへ変換
specfact	スペクトル分解
ss2des	状態空間モデルをディスクリプタ形式へ変換
ss2ss	正則変換
ss2tf	状態空間モデルから伝達関数に変換
tf2ss	伝達関数から状態空間モデルへ変換

付録C

コマンド一覧

それぞれのコマンドの掲載ページについては「Maxima, Scilab 索引」を参照のこと.

C.1 ● Maxima コマンド

行列 (ベクトル) の作成

`matrix([...],...,[...])`	行列の作成
`diagmatrix(n,a)`	対角要素が a の n 次対角行列
`ident(n)`	n 次単位行列
`zeromatrix(n,m)`	$n \times m$ 次零行列
`ematrix(n,m,a,i,j)`	(i,j) 要素が a でそれ以外が 0 の $n \times m$ 次行列
`diag_matrix(D1,D2,...,Dn)`	ブロック対角行列
`mat_unblocker(BM)`	ブロック行列を通常の行列に変換
`mat_fullunblocker(BM)`	ブロック行列を通常の行列に変換
`columnvector([...])`	リストを列ベクトルに変換

行列に関する基本演算

`+,-,.`	行列の加減乗演算
`*,^`	行列の要素ごとの積, べき乗
`^^`	行列のべき乗演算
`transpose(M)`	転置行列
`rank(M)`	行列のランク
`determinant(M)`	行列式 (正方行列)
`invert(M)`	逆行列 (正方行列)
`eigenvalues(M)`	固有値 (正方行列)
`eigenvectors(M)`	固有ベクトル (正方行列)
`charpoly(M,s)`	特性多項式 (正方行列)
`mat_function(exp,M*t)`	状態遷移行列 (正方行列)
`mat_trace(M)`	トレース (対角要素の和)(正方行列)
`adjoint(M)`	余因子行列 (正方行列)
`mat_norm(M,p)`	行列の p ノルム

行列操作

`A[i,j]`	行列内の (i,j) 要素の参照
`columnswap(M,i,j)`	i 行と j 行の交換

rowswap(M,i,j)	i 列と j 列の交換
submatrix(i1,...,in,M, j1,...,jn)	行列 M から行 $i_1,\cdots,i_n$, 列 $j_1,\cdots,j_n$ を削除した部分行列
row(M,i)	行列 M から i 行を取り出す
col(M,j)	行列 M から j 列を取り出す
addrow(M,N)	行列 M の下に行列 N(リストも可) を追加
addcol(M,N)	行列 M の右に行列 N(リストも可) を追加
copymatrix	行列のコピー

微分方程式

ode2('diff(z,t)+a*z=1,z,t)	1 階もしくは 2 階微分方程式の解
ic1(sol,t=0,z=1)	1 階微分方程式の解に対する初期状態の指定
ic2(sol,t=0,z=1,'diff(z,t)=0)	2 階微分方程式の解に対する初期状態の指定
diff(f(t),t,n)	関数 $f(t)$ の n 階導関数
desolve(diff(z(t),t)+a*z(t) =1,z(t))	ラプラス変換を利用した線形微分方程式の解
atvalue(z(t),t=0,1)	指定した地点における関数の値の指定
remove(z,atvalue)	atvalue などで設定した属性の削除
plot2d(f(t),[t,a,b])	関数 (応答) の表示 (横軸の範囲が $a \sim b$)

ラプラス変換

integrate(f(t),t,0,a)	(定) 積分
laplace(f(t),t,s)	ラプラス変換
ilt(F(s),s,t)	逆ラプラス変換
delta(t)	デルタ関数

多項式・有理関数

rhs(eq), lhs(eq)	方程式の右辺, 左辺
expand(eq)	式の展開
solve(f(x),x)	方程式の解
find_root(f(x),x,a,b)	指定した範囲内で方程式の解を求める
hipow(p,s)	多項式の次数
coeff(p,s,m)	多項式 p に含まれる s^m の係数
denom(P)	有理関数 P の分母多項式
num(P)	有理関数 P の分子多項式
factor(p)	多項式を因数分解
taylor(f(x),x,a,n)	関数 $f(x)$ に対する $x=a$ における n 項までのテイラー展開

簡単化

ratsimp(eq)	式の簡単化
radcan(eq)	式の簡単化

その他

:	変数への代入
subst(x=a,f(x))	x に a を代入

`limit(f(x),x,a)`	x を a に近づけたときの関数の極限値
`assume(a>0)`	仮定
`forget(a>0)`	仮定の解除
`float(int)`	整数や有理数を浮動小数点数に変換
`abs(a)`	絶対値
`sqrt(a)`	平方根
`kill`	特定のラベルの削除
`reset`	Maxima のリセット

定数

`inf`	$+\infty$
`minf`	$-\infty$
`%pi`	π
`%i`	虚数単位
`%e`	自然対数の底

本書中で作成した関数

制御関連 (`control.mac`)   (p.98)

`ss(A,B,C,D)`	状態空間モデルの作成
`sysa(sys)` (`sysb,sysc,sysd`)	状態空間モデル sys から行列 $A(B,C,D)$ を取り出す
`substa(sys,a)`	状態空間モデル sys 中の行列 A を a で置き換える
`msize(M)`	行列のサイズ
`ssize(sys)`	状態空間モデル sys の次数,入出力数
`similar(sys,T)`	状態空間モデル sys に対する相似変換
`transfer(sys)`	伝達行列
`ctrb(A,B)`	可制御行列
`obsv(A,C)`	可観測行列
`cpoly(A,s)`	s に関するモニックな特性多項式の計算
`coeffs(p,s)`	s に関する多項式の係数を取り出す
`hurwitz(H)`	フルヴィッツ行列から漸近安定となる条件
`hurwitz_mat(p)`	フルヴィッツ行列の作成
`place(A,B,poles)`	極配置法に基づく状態フィードバックゲインの設計

状態空間モデルの作成 (`model.mac`)   (p.252)

`mm:mmodel()`	磁気浮上系に対する状態空間モデル
`pm:pmodel()`	倒立振子系に対する状態空間モデル
`bm:bmodel()`	柔軟ビーム振動系に対する状態空間モデル
`tm:tank2()`	2 水槽系に対する状態空間モデル
`cm:comp2()`	2 次の可制御正準形モデル
`cm:comp3()`	3 次の可制御正準形モデル

C.2 ● Scilab コマンド

行列 (ベクトル) の作成

`J:D:K`	J から刻み D で K までの横ベクトルの生成
`w=logspace(d1,d2,n)`	10^{d1} から 10^{d2} までを対数軸上で等間隔に n 分割した横ベクトルの生成
`diag([d1,d2,d3])`	$[d1, d2, d3]$ を対角要素としてもつ対角行列の生成
`diag(M)`	対角要素の取り出し
`eye(n,m)`	$n \times m$ 次単位行列 (対角要素が 1 の行列)
`zeros(n,m)`	$n \times m$ 次零行列
`ones(n,m)`	要素がすべて 1 の $n \times m$ 次行列
`rand(n,m)`	一様擬似乱数を要素としてもつ $n \times m$ 次行列

行列に関する基本演算

`M(i,j)`	行列内の (i,j) 要素の参照
`+,-,*,^`	行列の加減乗, べき乗
`.*, ./, .^`	要素ごとの積, 割り算, べき乗
`M'`	転置行列
`rank(M)`	行列のランク
`det(M)`	行列式 (正方行列)
`inv(M)`	逆行列 (正方行列)
`[V,D]=spec(M)`	固有値・固有ベクトル (正方行列)
`expm(M)`	状態遷移行列 (正方行列)
`trace(M)`	行列のトレース (対角要素の和)
`norm(M,p)`	行列の p ノルム
`sqrtm(Q)`	行列平方根 (正方行列)
`gsort, sort`	ソーティング

制御系解析・設計

`sys=syslin('c',A,B,C,D)`	状態空間モデルの作成
`[A,B,C,D]=abcd(sys)`	状態空間モデルから行列 A, B, C, D を取り出す
`tr=ss2tf(sys)`	状態空間モデルから伝達行列の計算
`cont_mat(A,B), cont_mat(sys)`	可制御行列
`obsv_mat(A,C), obsv_mat(sys)`	可観測行列
`syscl=sys/.sysK`	フィードバック制御系
`K=ppol(A,B,P)`	極配置法による状態フィードバックゲインの設計
`[K,X]=lqr(P12)`	最適レギュレータ
`X=ricc(A,B,C,'cont')`	リカッチ方程式 ($A'X + XA - XBX + C = 0$) の解
`sysK=obscont(sys,K,H)`	全状態オブザーバ付制御器
`dsys=dscr(sys,dt)`	零次ホールド法に基づく離散化
`dsys=cls2dls(sys,dt)`	双一次変換法に基づく離散化

応答の計算・表示

plot(t,f(t))	関数 $f(t)$ の描画
subplot	画面の分割表示
xgrid()	グリッドの表示
ode	微分方程式の数値解
y=csim(zeros(t),t,sys,x0)	初期値応答の計算
y=csim('impl',t,sys)	インパルス応答の計算
y=csim(ones(t),t,sys,x0)	単位ステップ応答の計算
bode(sys,w)	BODE 線図の描画
gainplot(sys,w)	BODE ゲイン線図の描画
nyquist(sys,w)	ベクトル軌跡

多項式・有理関数

s=poly(0,'s')	ラプラス演算子の定義
det(s*eye()-A)	特性多項式
poly(A,'s')	特性多項式
poly([1,2,3],'s')	1,2,3 を根としてもつ多項式
roots(p)	多項式の根
denom(P)	有理関数 P の分母多項式
numer(P)	有理関数 P の分子多項式

システム関連

pwd	カレントディレクトリの表示
chdir	ディレクトリの移動
save	変数の保存
load	変数のロード
savematfile	MATLAB の書式でデータの保存
loadmatfile	MATLAB の書式のデータのロード
execstr	文字列の実行
getf, getd	プログラムの読み込み

定数

%pi	π
%i	虚数単位
%e	自然対数の底

本書中で作成した関数

制御関連

K=lqr2(A,B,Q,R)	最適レギュレータ問題の解 (p.261)
K=lqr_d(A,B,alpha)	安定度指定法に基づく設計 (p.261)
mobs=min_obs(sys,pp,po)	最小次元オブザーバの設計 (p.259)

状態空間モデルの作成 (model.sce)

mm=mmodel()	磁気浮上系に対する状態空間モデル (p.121)
pm=pmodel()	倒立振子系に対する状態空間モデル (p.97)
bm=bmodel()	柔軟ビーム振動系に対する状態空間モデル (p.121)

参考文献

本書を執筆するにあたって，下記の文献を参考にさせていただきました．

1. 中野道雄・美多勉：制御基礎理論〔古典から現代まで〕，昭晃堂，1982．
2. 伊藤正美・木村英紀・細江繁幸：線形制御系の設計理論，(社)計測自動制御学会，1978．
3. 増淵正美：システム制御，コロナ社，1987．
4. 古田勝久・川路茂保・美多勉・原辰次：メカニカルシステム制御，オーム社，1984．
5. 大須賀公一：制御工学，共立出版，1995．
6. 増淵正美・川田誠一：システムのモデリングと非線形制御，コロナ社，1996．
7. 美多勉：H_∞ 制御，昭晃堂，1994．
8. 岩波数学辞典 (第 3 版)，岩波書店，1985．
9. 田代嘉宏：ラプラス変換とフーリエ解析要論 (第 2 版)，森北出版，2005．
10. 野波健蔵編著・西村秀和・平田光男共著：MATLAB による制御系設計，東京電機大学出版局，1998．
11. 横田博史：はじめての Maxima，工学社，2006．
12. Claude Gomez(Editor)：Engineering and Science Computing with Scilab, Birkhäuser, 1998.

演習問題の解答

第 1 章の解答

省略.

第 2 章の解答

1. (省略)

2. 式 (2.7) より $t/T = -ln(0.001) = 6.91$. よって時定数 T の約 7 倍の時間が経過すると初期値 $z(0)$ の 0.1% 以内となる.

3. 式 (2.9) を微分すると $\dot{z} = bhe^{-at}$ が得られる. これより, 応答が最大となるのは $t \to \infty$. よって, ステップ応答が定常値 $z(\infty)$ を超えることはない.

4. $\dot{z} = 1$ の両辺を積分することで $z = t + C_1$ を得る. ここで, $z(0) = 0$ より $C_1 = 0$ であるので, $z = t$. Maxima のコマンド例を以下に示す.

   Maxima Ans.1
   ```
   ode2('diff(z,t)=1,z,t);   微分方程式の解
   ic1(%,t=0,z=0);   初期状態の設定
   ```

5. $\dot{z} + z = u$ に対して.
   式 (2.9) より, $0 \leq t \leq 1$ 間の応答は $z = 1 - e^{-t}$. また, $1 \leq t$ の応答は, 初期状態が $z(1) = 1 - e^{-1}$ であることを考慮すると, 式 (2.4) より $z = (e-1)e^{-t}$ で与えられる. Maxima のコマンド例を以下に示す.

   Maxima Ans.2
   ```
   ode2('diff(z,t)+z=1,z,t);   ż+z=1 の解
   ic1(%,t=0,z=0);   初期状態 (t=0) の設定
   subst(t=1,%);   t=1 における z(t)
   ode2('diff(z,t)+z=0,z,t);   ż+z=0 の解
   ic1(%,t=1,z=1-exp(-1));   初期状態 (t=1) の設定
   ```

   $\dot{z} = u$ に対して.
   演習問題 2.4 の結果から, $0 \leq t \leq 1$ に対しては $z = t$. また, $1 \leq t$ に対しては $z = 1$.

   以上の結果を Scilab を利用して図示したのが図 Ans.1 である. 前者 (実線) は漸近安定であるので, $u = 0$ になると $z = 0$ に向かうのに対して, 後者 (破線) は $u = 0$ でも $z \neq 0$ となる点に注意してもらいたい.

```
--> t1=0:0.01:1; t2=1:0.01:5;
--> plot([t1,t2],[1-exp(-t1),(exp(1)-1)*exp(-t2)])
--> plot([t1,t2],[t1,ones(t2)])
```
Scilab Ans.3

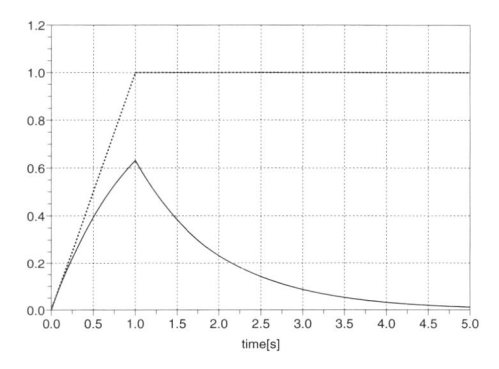

図 Ans.1　図 2.11 を操作量として与えたときの応答

6. $z = Ce^{-at} + \alpha t + \beta$ と置き，$\dot{z} + az = bt$ に代入することで $\alpha = b/a$, $\beta = -b/a^2$ を得る．また，$z(0) = 0$ より $C = b/a^2$．よって
$$z = \frac{b}{a^2}(e^{-at} + at - 1)$$

```
ode2('diff(z,t)+a*z=b*t,z,t);     ż+az=bt の解
ic1(%,t=0,z=0);     初期状態の設定
expand(%);
```
Maxima Ans.4

7. 整定時間が $t_s = 2$ s となる 1 階線形微分方程式は $\dot{z} + 2z = 0$．よってフィードバック制御 $u = -7z$ を施すと希望する応答が得られる．

8. フィードバック制御を施した $\dot{z} + (a+bk)z = 0$ の解 z は $z = z(0)e^{-(a+bk)t}$ で与えられる．よって，操作量は $u = -kz(0)e^{-(a+bk)t}$ であり，その絶対値の最大値 $|u|_{max}$ は $t = 0$ で生じる．$|u|_{max} = kz(0)$．これより，ゲイン k が大きくなるのに比例して操作量の最大値が大きくなることがわかる．

9. (省略)

10. 原点における接線が最終値と交わる時刻，あるいは応答が最終値の 63.2% に到達する時刻を計測することにより時定数 T が得られる．その逆数が a となる．また，最終値は $z(\infty) = b/a$ から b を求めることができる．正しい値は $a = 3$, $b = 5.4$．このように，与えられた制御対象の動特性が 1 階線形微分方程式で与えられることがわかっている場合，単位ステップ応答実験から微分方程式中のパラメータを定めることができる．

第 3 章の解答

1. 式 (3.16) に対して $z(0) = \dot{z}(0) = 0$ より，$C_1 = K\lambda_2/(\lambda_1-\lambda_2)$，$C_2 = -K\lambda_1/(\lambda_1-\lambda_2)$ を得る．$1 > \zeta$ であることから $\lambda_{1,2} = -\zeta\omega_n \pm j\omega_n\sqrt{1-\zeta^2}$ とおいて式 (3.16) に代入し，オイラーの公式を利用して展開することで，式 (3.17) を導くことができる．

2. 式 (3.17) に対して $\dot{z} = 0$ を計算することで，
$$\sqrt{1-\zeta^2}\omega_n t_{max} = \pi$$
のときに応答の最大値 z_{max} が生じることを示すことができる．この結果を式 (3.17) に代入することで式 (3.19) を導くことができる．また，$\zeta = 0, 0.2, 0.4, 0.6, 0.8, 1$ に対して応答の最大値が発生する時刻 t_{max} を $\omega_n = 1$ として計算すると，$t_{max} = \pi, 3.21, 3.43, 3.93, 5.24, \infty$ となる．

Maxima Ans.5
```
assume(zz>0,zz<1,om>0) $
odde2('diff(z,t,2)+2*zz*om*'diff(z,t)+om*om*z=k*om*om,z,t) $
ic2(%,t=0,z=0,'diff(z,t)=0);
diff(rhs(%),t);
ratsimp(%);
float(%pi/sqrt(1-0.2^2));
```

3. 応答の極大値は $\sqrt{1-\zeta^2}\omega_n t = (2n-1)\pi$ で生じる．したがって，定常状態を基準としたときの i 番目と $i+1$ 番目の極大値の比は
$$\frac{z_i}{z_{i+1}} = e^{-\zeta\omega_n(t_i-t_{i+1})} = e^{2\pi\zeta/\sqrt{1-\zeta^2}}$$
で与えられる．オーバーシュートと同様に，ζ のみに関係していることと比が一定であることに注意してもらいたい．

4. 単位ステップ入力に対する定常値から $K = 2$．OS を図から読み取るとおおよそ $(3.05-2)/2 = 0.525$．これより $\zeta = 0.2$ を得る．また，応答の周期はおおよそ 1 s であることから $\omega_n = 2\pi$．以上から微分方程式は
$$\ddot{z} + 2.51\dot{z} + 39.5z = 79.0u$$
と推測される．

5. $\lambda^2+4\lambda+3 = (\lambda+3)(\lambda+1)$ より $\ddot{z}+4\dot{z}+3z = 0$ に対する解は $z = C_1e^{-t}+C_2e^{-3t}$ で与えられる．今 $\ddot{z}+4\dot{z}+3z = t$ に対する解が
$$z = C_1e^{-t} + C_2e^{-3t} + \alpha t + \beta$$
であると仮定する．上式を与式に代入し，係数比較を行うことで
$$\alpha = \frac{1}{3}, \quad \beta = -\frac{4}{9}$$
を得る．さらに初期状態が $z(0) = \dot{z}(0) = 0$ であることから，次式を得る．
$$z = \frac{1}{2}e^{-t} - \frac{1}{18}e^{-3t} + \frac{t}{3} - \frac{4}{9}$$

> Maxima Ans.6
> ```
> ode2('diff(z,t,2)+4*'diff(z,t)+3*z=t,z,t);   微分方程式の解
> ic2(%,t=0,z=0,'diff(z,t)=0);   初期状態の指定
> ```

6. $\lambda^2 - 1 = 0$ より一般解は $z = C_1 e^{-t} + C_2 e^t$ で与えられる．初期状態が $z(0) = 1$, $\dot{z}(0) = -1$ より，$C_1 = 1$, $C_2 = 0$ であるので，$z = e^{-t}$ が解である．

> Maxima Ans.7
> ```
> ode2('diff(z,t,2)-z=0,z,t);   微分方程式の解
> ic2(%,t=0,z=1,'diff(z,t)=-1);   初期状態の設定
> ```

7. フィードバック制御を施したシステムは
$$\ddot{z} + 4\dot{z} + kz = 0$$
であり，その初期値応答は $\lambda^2 + 4\lambda + k = 0$ の根
$$\lambda_{1,2} = -2 \pm \sqrt{4-k}$$
を利用して与えられる．上式の根は，$0 < k \leq 4$ のとき負の実数で，$k > 4$ のとき共役複素数となる．つまり，フィードバックゲインを大きくすることでその応答が振動的となる．また，k を大きくしても不安定になることはない．

8. 整定時間が 5 s であることから $\zeta \omega_n = 0.8$．また，オーバーシュートが 10% であることから，表 3.2 より $\zeta = 0.591$．これより $\omega_n^2 = (0.8/0.591)^2 = 1.83$．以上から，希望する応答特性をもつ 2 階線形微分方程式は
$$\ddot{z} + 1.6\dot{z} + 1.83z = 0$$
で与えられる．上式と与式を比較することで $u = 4.09z - 0.3\dot{z}$ を得る．

9. 単位ステップ応答は式 (3.16) と演習問題 3.1 に対する解答中の式を利用すると
$$z = 1 + \frac{\lambda_2}{\lambda_1 - \lambda_2} e^{\lambda_1 t} - \frac{\lambda_1}{\lambda_1 - \lambda_2} e^{\lambda_2 t}$$
で与えられる．これに対して $\dot{z}(0)$ を計算すると 0 となる．つまり，$z = 0$ が接線方程式である．一方，$\dot{z} + az = bu$ に対する単位ステップ応答は
$$z = \frac{b}{a}(1 - e^{-at})$$
で与えられ，$\dot{z}(0)$ は b となる．接線方程式は $z = bt$．

10. (省略)

第 4 章の解答

1. ラプラス変換の公式 (4.13) を適用することで
$$U_\Delta(s) = \int_0^\Delta \frac{1}{\Delta} e^{-st} dt = \frac{1}{s\Delta}(1 - e^{-s\Delta})$$
また，

$$\lim_{\Delta \to 0} \frac{1-e^{-s\Delta}}{s\Delta} = \lim_{\Delta \to 0} \frac{s\Delta - (s\Delta)^2/2 + \cdots}{s\Delta} = 1$$

> Maxima Ans.8
> ```
>     integrate(exp(-s*t)/D,t,0,D);   定義式に基づきラプラス変換を行う．
>     limit(%,D,0,minus);    D → 0 の計算
> ```

2. 公式 (4.14) ならびにラプラス変換表 1 を利用して与式をラプラス変換すると

$$Z(s) = \frac{s^2 + 6s + 1}{s(s+1)(s+2)(s+3)}$$

を得る．上式の右辺を部分分数展開すると

$$Z(s) = \frac{1}{6s} + \frac{2}{s+1} - \frac{7}{2(s+2)} + \frac{4}{3(s+3)}$$

となるので，これを逆ラプラス変換することにより

$$z(t) = \frac{1}{6} + 2e^{-t} - \frac{7}{2}e^{-2t} + \frac{4}{3}e^{-3t}$$

> Maxima Ans.9
> ```
>     atvalue(z(t),t=0,0);      z(0) = 0
>     atvalue(diff(z(t),t),t=0,1);     ż(0) = 1
>     atvalue(diff(z(t),t,2),t=0,0);   z̈(0) = 0
>     laplace(diff(z(t),t,3)+6*diff(z(t),t,2)       ラプラス変換
>                     +11*diff(z(t),t)+6*z(t)=1,t,s);
>     subst(laplace(z(t),t,s)=ZS,%);
>     solve(%,ZS);
>     ilt(%[1],s,t);   逆ラプラス変換
>     remove(z,atvalue);
> ```

3. 与式をラプラス変換すると

$$Z(s) = \frac{\omega}{(s+a)(s^2+\omega^2)}$$

これに逆ラプラス変換を施すと

$$z(t) = \mathcal{L}^{-1}[Z(s)] = \frac{\omega}{a^2+\omega^2}e^{-at} - \frac{\omega}{a^2+\omega^2}\cos(\omega t) + \frac{a}{a^2+\omega^2}\sin(\omega t)$$

定常状態においては右辺第 1 項が 0 となるので

$$z(\infty) = -\frac{\omega}{a^2+\omega^2}\cos(\omega t) + \frac{a}{a^2+\omega^2}\sin(\omega t) = \frac{1}{\sqrt{a^2+\omega^2}}\sin\left(\omega t - \tan^{-1}\frac{\omega}{a}\right)$$

> Maxima Ans.10
> ```
>     atvalue(z(t),t=0,0);
>     laplace(diff(z(t),t)+a*z(t)=sin(om*t),t,s);
>     solve(%,laplace(z(t),t,s));
>     ilt(rhs(%[1]),s,t);
>     remove(z,atvalue);
> ```

4. $z^{(3)} + \ddot{z} + 2\dot{z} + 3z = 10u$

5. フィードバック制御を施した微分方程式は
$$z^{(3)} + 2\ddot{z} + 4\dot{z} + Kz = 0$$
で与えられる．したがって，特性多項式は $s^3 + 2s^2 + 4s + K$．これに対する行列 H を求めると
$$H = \begin{vmatrix} 2 & K & 0 \\ 1 & 4 & 0 \\ 0 & 2 & K \end{vmatrix}$$
$H_2 > 0$ より $8 > K > 0$ が漸近安定であるための範囲．$K = K_{max} = 8$ を特性多項式に代入すると $s^3 + 2s^2 + 4s + 8 = (s+2)(s^2+4)$ となる．これより，虚軸上に1対の複素共役極をもつことがわかる．このときの単位ステップ応答は
$$z = \mathcal{L}^{-1}\left[\frac{1}{s(s+2)(s^2+4)}\right] = \frac{1}{8} - \frac{1}{16}e^{-2t} - \frac{1}{16}\cos(2t) - \frac{1}{16}\sin(2t)$$

--- Maxima Ans.11 ---
```
H:matrix([2,K,0],[1,4,0],[0,2,K]);    フルヴィッツ行列を計算
determinant(submatrix(3,H,3));    H_2 を計算
atvalue(z(t),t=0,0);
atvalue(diff(z(t),t),t=0,0);
atvalue(diff(z(t),t,2),t=0,0);
desolve(diff(z(t),t,3)+2*diff(z(t),t,2)+
                       4*diff(z(t),t)+8*z(t)=1,z(t));
plot2d(rhs(%),[t,0,10],[gnuplot_preamble,"set grid;"]);
remove(z,atvalue);
```

図 Ans.2 単位ステップ応答

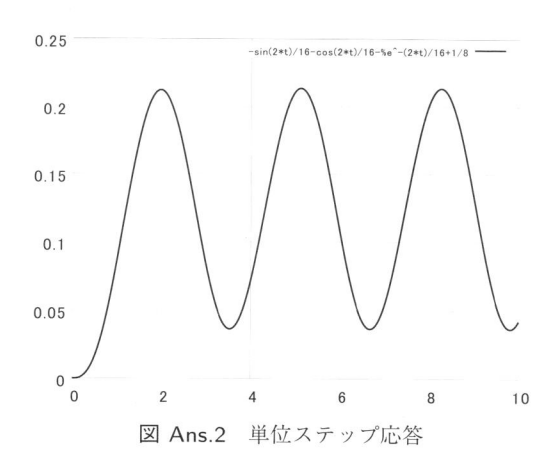

6. 特性多項式の係数が正であることが漸近安定であるための必要条件となる．したがって，
$$u = -k_1 z - k_2 \dot{z} \quad (k_1 > 1,\ k_2 > 2)$$

は少なくとも安定化のためには必要となる．さらにフルヴィッツの安定判別法から k_1, k_2 に対して

$$5k_2 - k_1 > 9$$

という条件が課せられる．

7. $(s-\lambda_1)(s-\lambda_2)\cdots(s-\lambda_n) = s^n - (\lambda_1+\lambda_2+\cdots+\lambda_n)s^{n-1} + \cdots + (-1)^n\lambda_1\lambda_2\cdots\lambda_n$
したがって，a_1 は極の和，a_n は極の積となる．

8. (a) 不安定　(b) 漸近安定　(c) 漸近安定ではない (安定限界)　(d) 漸近安定

9. プログラム例を以下に示す．hurwitz_mat がフルヴィッツ行列を作成する．フルヴィッツ行列を hurwitz に与えることで式 (4.29) の計算を行う．なお，hurwitz では，(冗長な結果を含むが) $H_1 > 0$ から $H_n > 0$ の条件をリストにまとめて戻り値として返す．また，hurwitz_mat では，付録 A で示したプログラム coeffs が必要である点に注意してもらいたい．

```
/* フルヴィッツ行列の作成 */
hurwitz_mat(p):=
   block(
      [icnt,jcnt,kcnt,ndeg,nnn,nnn2,hmat,pcfs,flag],
      p:expand(p), ndeg:hipow(p,s), pcfs:coeffs(p,s),
      if evenp(ndeg) then
         block(
            pcfs:append(pcfs,[0]), nnn:length(pcfs),
            nnn2:nnn/2-1,
            hmat:zeromatrix(nnn2*2,nnn2*2),
            flag:1
         )
      else
         block(
            nnn:length(pcfs), nnn2:nnn/2,
            hmat:zeromatrix(nnn,nnn),
            flag:0
         ),
      for kcnt:1 thru nnn2
         do(
            jcnt:1,
            for icnt:1 thru nnn/2
               do(
                  hmat[2*kcnt,icnt+(kcnt-1)]:pcfs[jcnt], jcnt:jcnt+1,
                  hmat[2*kcnt-1,icnt+(kcnt-1)]:pcfs[jcnt], jcnt:jcnt+1
               )
         ),
      if flag=1 then return(hmat) else return(submatrix(nnn,hmat,nnn))
   );

hurwitz(hmat):=
   block(
      [icnt,nnn,hlist,buf],
      hlist:[determinant(hmat)>0], nnn:length(hmat),
      for icnt:1 thru nnn-1     /* while icnt<nnn */
         do(
            hmat:submatrix(nnn-icnt+1,hmat,nnn-icnt+1),
            hlist:cons(determinant(hmat)>0,hlist)
         ),
      return(hlist)
   );
```

例題 4.11 の特性多項式を対象とした実行例を以下に示す．なお，上述のプログラムならびに付録 A で示したプログラム `coeffs` はロードされているものとする．

---- Maxima Ans.12 ----
```
p:s^3+a1*s^2+(a2+K2)*s+(a3+K3) $
H:hurwitz_mat(p);   フルヴィッツ行列の計算
```
$$\begin{bmatrix} a1 & K3+a3 & 0 \\ 1 & K2+a2 & 0 \\ 0 & a1 & K3+a3 \end{bmatrix}$$
```
hurwitz(H);   安定判別
```
$[\, a1>0,\ -K3+a1(K2+a2)-a3>0,\ a1(K2+a2)(K3+a3)-(K3+a3)^2>0\,]$

第5章の解答

1. 結果を以下に示す．

   (a) $e^x = 1 + x + \dfrac{x^2}{2!} + \dfrac{x^3}{3!} + \cdots$

   (b) $\sin(x+x_0) = \sin(x_0) + \cos(x_0)x - \dfrac{\sin(x_0)}{2!}x^2 - \dfrac{\cos(x_0)}{3!}x^3 + \dfrac{\sin(x_0)}{4!}x^4 + \cdots$

   (c) $\cos(x) = 1 - \dfrac{x^2}{2!} + \dfrac{x^4}{4!} - \cdots$

   (d) $\dfrac{1}{1+x} = 1 - x + x^2 - x^3 + x^4 - \cdots$

   (e) $\sqrt{1+x} = 1 + \dfrac{x}{2} - \dfrac{x^2}{8} + \dfrac{x^3}{16} - \cdots$

---- Maxima Ans.13 ----
```
taylor(exp(x),x,0,3);
taylor(sin(x+x0),x0,0,4);
taylor(cos(x),x,0,4);
taylor(1/(1+x),x,0,4);
taylor(sqrt(1+x),x,0,3);
```

2. $f(x) = \cos(x)$ に対して $f_{lin}(x) = 1$．このときの近似誤差を図 Ans.3 に示す．$|x| < 0.3\,\text{rad} \approx 17\,\text{deg}$ のとき，誤差 e が約 5% 以内となる．

---- Maxima Ans.14 ----
```
plot2d(abs((cos(x)-1)/cos(x)),[x,-0.5,0.5],
                    [gnuplot_preamble,"set grid;"]);
```

3. $\theta = \theta_0$ に対して，τ_{equ} を平衡状態となるためのトルクとすると，$\tau_{equ} = -mgL\sin(\theta_0)$．$\tau = \tau_{equ} + \hat{\tau}$，$\theta = \theta_0 + \hat{\theta}$ を与式に代入すると

$$J\ddot{\hat{\theta}} - mgL\sin(\theta_0 + \hat{\theta}) = \tau_{equ} + \hat{\tau}$$

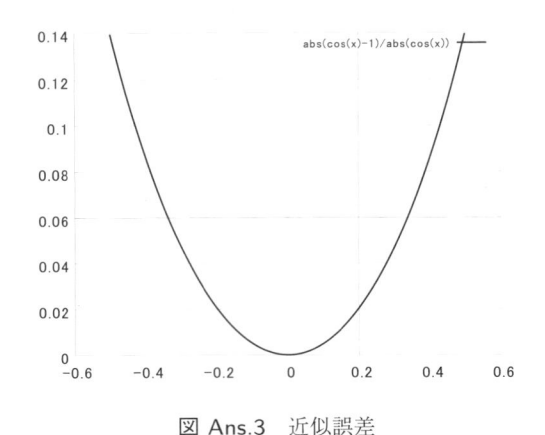

図 Ans.3　近似誤差

演習問題 5.1(b) の結果を利用することで，
$$J\ddot{\hat{\theta}} - mgL\cos(\theta_0)\hat{\theta} = \hat{\tau} \tag{Ans.1}$$
を得る．

4. $\theta_0 = 0$ のときの線形化された微分方程式は次式で与えられる．
$$J\ddot{\hat{\theta}} - mgL\hat{\theta} = \hat{\tau} \tag{Ans.2}$$
mgL ならびに J が正であることから不安定であることは明らかであり，適当な初期状態からの応答は無限に大きくなる．一方，少し傾けた状態から手を離したリンクは（粘性抵抗がないため）単振動を繰り返す．線形化した微分方程式は，適用範囲に限界があり，それを超えたときに正しく物理現象を表すことができない．参考までに，$mgL/J = 10$ としたときの線形ならびに非線形微分方程式を Scilab を用いて数値的に解いた結果を図 Ans.8 に示す．なお，図中，点線が線形で実線が非線形微分方程式の応答である．

Scilab Ans.15
```
--> function xdot=pnonlin(t,x),
--> xdot=[x(2);10*sin(x(1))], endfunction   非線形シミュレーション用
--> function xdot=plin(t,x),
--> xdot=[x(2);10*x(1)], endfunction   線形シミュレーション用
--> x0=[0.1;0]; t0=0; t=0:0.01:10;
--> ynonlin=ode(x0,t0,t,pnonlin);
--> ylin=ode(x0,t0,t,plin);
--> ybuf=(ylin(1,:)<100).*ylin(1,:)+(ylin(1,:)>100)*100;
--> plot(t,[ynonlin(1,:);ybuf])
```

下から 2 行目の右辺は，下から 3 行目で計算された `ylin` の 1 行目の要素の値が 100 以上の場合，100 とする計算を行っている．

5. 水槽系に対する非線形微分方程式は次式で与えられる．

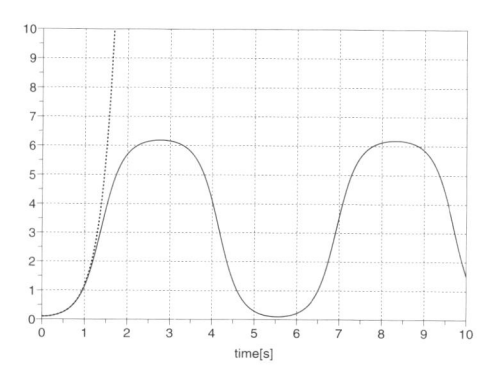

図 Ans.4　振子の初期値応答

$$\begin{cases} C_1 \dot{h}_1 = -\alpha_1 \sqrt{h_1} + u_1 \\ C_2 \dot{h}_2 = \alpha_1 \sqrt{h_1} - \alpha_2 \sqrt{h_2} + u_2 \end{cases}$$

これに対する平衡状態は

$$\begin{cases} U_{1equ} = \alpha_1 \sqrt{H_{1equ}} \\ U_{2equ} = -\alpha_1 \sqrt{H_{1equ}} + \alpha_2 \sqrt{H_{2equ}} \end{cases}$$

であり，そこからの微小変動 $\Delta_{h1}, \Delta_{h2}, \Delta_{u1}, \Delta_{u2}$ を対象として線形化を行うと次式を得る．

$$\begin{cases} C_1 \dot{\Delta}_{h1} = -\Delta_{h1}/R_1 + \Delta_{u1} \\ C_2 \dot{\Delta}_{h2} = \Delta_{h1}/R_1 - \Delta_{h2}/R_2 + \Delta_{u2} \end{cases}$$

第 6 章の解答

1. 状態量 x を $x = [\, z_1 \ \dot{z}_1 \ z_2 \,]^T$ とする．このとき，状態方程式は

$$\dot{x} = \begin{bmatrix} 0 & 1 & 0 \\ -2 & -3 & 0 \\ 0 & -2 & 1 \end{bmatrix} x + \begin{bmatrix} 0 & 0 \\ 2 & 0 \\ 0 & 1 \end{bmatrix} \begin{bmatrix} u_1 \\ u_2 \end{bmatrix}$$

で与えられる．行列 A に対する固有値を計算すると $\{-1, -2, 1\}$，よって不安定．

―― Maxima Ans.16 ――
```
matrix([0,1,0],[-2,-3,0],[0,-2,1]) $
eigenvalues(%);   行列 A の固有値の計算
```

2. $|sI - T^{-1}AT| = |T^{-1}(sI - A)T| = |T^{-1}||sI - A||T| = |sI - A|$
$CT(sI - T^{-1}AT)^{-1}T^{-1}B + D = C(sI - A)^{-1}B + D$

3.
$$T^{-1} = \begin{bmatrix} L & M \\ N & P \end{bmatrix}$$

とおく．このとき

$$\begin{bmatrix} X & Z \\ 0 & Y \end{bmatrix} \begin{bmatrix} L & M \\ N & P \end{bmatrix} = \begin{bmatrix} I & 0 \\ 0 & I \end{bmatrix}$$

より，

$$XL + ZN = I, \quad XM + ZP = 0, \quad YN = 0, \quad YP = I$$

第4式から $P = Y^{-1}$，第3式から $N = 0$，第1式から $L = X^{-1}$，第2式から $M = -X^{-1}ZY^{-1}$．以上より，

$$T^{-1} = \begin{bmatrix} X^{-1} & -X^{-1}ZY^{-1} \\ 0 & Y^{-1} \end{bmatrix}$$

4. 行列 A の固有値 $\sqrt{\alpha}, -\sqrt{\alpha}$ に対する固有ベクトルは

$$v_1 = \begin{bmatrix} 1 \\ \sqrt{\alpha} \end{bmatrix}, \quad v_2 = \begin{bmatrix} 1 \\ -\sqrt{\alpha} \end{bmatrix}$$

$T = [v_1 \; v_2]$ を使って正則変換 ($\hat{x} = Tx$) を行うと

$$\begin{cases} \dot{\hat{x}} = \begin{bmatrix} \sqrt{\alpha} & 0 \\ 0 & -\sqrt{\alpha} \end{bmatrix} \hat{x} + \dfrac{\beta}{2\sqrt{\alpha}} \begin{bmatrix} 1 \\ -1 \end{bmatrix} u \\ y = \begin{bmatrix} 1 & 1 \end{bmatrix} \hat{x} \end{cases}$$

一般に，(重複する固有値がないとき，) 固有ベクトルを列としてもつ行列を利用して正則変換を施すと，行列 A は対角行列となる．これを対角正準形という．

Maxima Ans.17

```
eigenvectors(Amag);
T:matrix([1,1],[sqrt(alpha),-sqrt(alpha)]) $
msys:ss(Amag,Bmag,Cmag,Dmag) $
similar(msys,T);
```

この例では，6.7節で紹介したプログラムを使用しています．コマンドを実行する際に `control.mac` をロードしてください．

5. (1)
$$\frac{d}{dt}e^{At} = A + A^2 t + A^3 \frac{t^2}{2!} + \cdots = A\left(I + At + \frac{(At)^2}{2!} + \cdots\right) = Ae^{At}$$

(2) $t = 0$ を代入することで明らか

(3)
$$e^{At}e^{A\tau} = \left(I + At + \frac{(At)^2}{2!} + \cdots\right)\left(I + A\tau + \frac{(A\tau)^2}{2!} + \cdots\right)$$
$$= I + A(t+\tau) + \frac{(A(t+\tau))^2}{2!} + \cdots = e^{A(t+\tau)}$$

(4) (3) の結果において，$\tau = -t$ とおき (2) を利用すると

$$e^{At}e^{-At} = I$$

これより $(e^{At})^{-1} = e^{-At}$ を得る．

6. 状態遷移行列は
$$\mathcal{L}^{-1}\begin{bmatrix} s & -1 \\ 0 & s+\alpha \end{bmatrix}^{-1} = \begin{bmatrix} 1 & (1-e^{-\alpha t})/\alpha \\ 0 & e^{-\alpha t} \end{bmatrix}$$
で与えられる.また,
$$ce^{A(t-\tau)}b = \begin{bmatrix} 1 & 0 \end{bmatrix} \begin{bmatrix} 1 & (1-e^{-\alpha(t-\tau)})/\alpha \\ 0 & e^{-\alpha(t-\tau)} \end{bmatrix} \begin{bmatrix} 0 \\ \gamma \end{bmatrix} = \frac{\gamma}{\alpha}(1-e^{-\alpha(t-\tau)})$$
であることから,単位ステップ応答は
$$y = \int_0^t ce^{A(t-\tau)}b\, d\tau = \frac{\gamma}{\alpha^2}(-1+\alpha t + e^{-\alpha t})$$

Maxima Ans.18

```
mat_function(exp,matrix([0,1],[0,-aa])*t);   状態遷移行列
sys:ss(matrix([0,1],[0,-aa]),matrix([0],[gg]),
            matrix([1,0]),matrix([0])) $   状態空間モデル
P:transfer(sys) $   伝達関数
ilt(P/s,s,t);   単位ステップ応答
```

7. $P_{yr} = \dfrac{P(s)}{1+P(s)K(s)}$

8. 状態空間モデルは
$$\begin{cases} \dot{x} = \begin{bmatrix} -2 & 2 \\ 2 & -4 \end{bmatrix} x + \begin{bmatrix} 1 \\ 0 \end{bmatrix} u \\ y = \begin{bmatrix} 1 & -1 \end{bmatrix} x \end{cases}$$
であり,伝達関数 $P(s)$ を計算すると
$$P(s) = c(sI-A)^{-1}b = \frac{s+2}{s^2+6s+4}$$
また,
$$\begin{vmatrix} A-sI & b \\ c & d \end{vmatrix} = \begin{vmatrix} -2-s & 2 & 1 \\ 2 & -4-s & 0 \\ 1 & -1 & 0 \end{vmatrix} = s+2$$
これは伝達関数の分子多項式と一致する.

Maxima Ans.19

```
A:matrix([-2,2],[2,-4]) $
B:matrix([1],[0]) $
C:matrix([1,-1]) $
D:matrix([0]) $
P:transfer(ss(A,B,C,D));   伝達関数の計算
num(%);   分子多項式
addrow(addcol(A-s*ident(2),B),addcol(C,matrix([0]))) $
determinant(%);   零点を求めるための方程式
```

9. 閉ループ伝達関数は
$$P_{yr} = \frac{(\alpha s + 2)k}{s^2 + (3+\alpha k)s + 2 + 2k}$$
で与えられる．よって k を大きくすることで $3+\alpha k < 0$ となるので，不安定となる．

10. $u_1 = y_2$, $y = y_1$, $u = u_2$ とすると
$$\begin{cases} \begin{bmatrix} \dot{x}_1 \\ \dot{x}_2 \end{bmatrix} = \begin{bmatrix} A_1 & B_1 C_2 \\ 0 & A_2 \end{bmatrix} \begin{bmatrix} x_1 \\ x_2 \end{bmatrix} + \begin{bmatrix} B_1 D_2 \\ B_2 \end{bmatrix} u \\ y = \begin{bmatrix} C_1 & D_1 C_2 \end{bmatrix} \begin{bmatrix} x_1 \\ x_2 \end{bmatrix} + D_1 D_2 u \end{cases}$$

11. プログラム例を以下に示す．本書ではこれらを `model.mac` という名前の一つのファイルにまとめて保存する．プログラム中に `ss` を使用しているので，本プログラムを使用する際に，`control.mac` をロードすることが必要である．

```
                                                                  model.mac
tank2():=
   block(
      local(a11,a12,a21,a22,b1,A,B,C),
      a11:-1/(C1*R1), a12:1/(C1*R1), a21:1/(C2*R1),
      a22:-(1/(C2*R1)+1/(C2*R2)), b1:1/C1,
      A:matrix([a11,a12],[a21,a22]), B:matrix([b1],[0]),
      C:matrix([0,1]),
      return(ss(A,B,C,matrix([0])))
   );

mmodel():=
   block(
      local(A,B,C),
      A:matrix([0,1],[alpha,0]), B:matrix([0],[beta]),
      C:matrix([1,0]),
      return(ss(A,B,C,matrix([0])))
   );

pmodel():=
   block(
      local(A,B,C,D,p1,p2),
      p1:m*L/(J+m*L*L), p2:mus/(J+m*L*L),
      A:matrix([0,0,1,0],[0,0,0,1],[0,0,-zz,0],[0,-p1*g,p1*zz,-p2]),
      B:matrix([0],[0],[xi],[-p1*xi]),
      C:matrix([1,0,0,0],[0,1,0,0]),
      D:matrix([0],[0]),
      return(ss(A,B,C,D))
   );

comp3():=
   block(
      [A,B,C,D],
      A:matrix([0,1,0],[0,0,1],[-a3,-a2,-a1]),
      B:matrix([0],[0],[b1]),C:matrix([1,0,0]),D:matrix([0]),
      return(ss(A,B,C,D))
   );
```

第7章の解答

1. $(T^{-1}AT)^i = T^{-1}A^i T$ の関係を利用すると，正則変換を施したシステム (6.24) に対する可制御行列 $\overline{V}$ は

$$\overline{V} = [T^{-1}B \quad T^{-1}ATT^{-1}B \quad T^{-1}A^2TT^{-1}B \quad \cdots \quad T^{-1}A^{n-1}TT^{-1}B]$$
$$= T^{-1}[B \quad AB \quad A^2B \quad \cdots \quad A^{n-1}B] = T^{-1}V$$

行列のランクは正則行列の掛け算によって変わらないので $\mathrm{rank}(\overline{V}) = \mathrm{rank}(V)$.

2. (a) $V = \begin{bmatrix} 1 & 1 \\ 0 & 2 \end{bmatrix}$ より可制御　　(b) $V = \begin{bmatrix} 1 & 2 \\ 1 & 2 \end{bmatrix}$ より不可制御

Maxima Ans.20

```
A:matrix([1,1],[2,0]) $
B1:matrix([1],[0]) $
B2:matrix([1],[1]) $
rank(ctrb(A,B1));    (a) に対する可制御性
rank(ctrb(A,B2));    (b) に対する可制御性
```

3. 行列 A に対する固有値は $\{2, -1\}$ であり，それらに対する固有ベクトル v_1, v_2 は

$$v_1 = \begin{bmatrix} 1 \\ 1 \end{bmatrix}, \quad v_2 = \begin{bmatrix} 1 \\ -2 \end{bmatrix}$$

で与えられるので，$T = [v_1 \quad v_2]$ を使って正則変換を行うと

(a) $T^{-1}AT = \begin{bmatrix} 2 & 0 \\ 0 & -1 \end{bmatrix}$, $T^{-1}b = \begin{bmatrix} 2/3 \\ 1/3 \end{bmatrix}$

(b) $T^{-1}AT = \begin{bmatrix} 2 & 0 \\ 0 & -1 \end{bmatrix}$, $T^{-1}b = \begin{bmatrix} 1 \\ 0 \end{bmatrix}$

となる．(b) の場合，$T^{-1}b$ の第 2 要素が 0 であることから，それに対応した極 -1 が不可制御となる．一方，(a) の場合，$T^{-1}b$ の要素がともに 0 でないために可制御であることがいえる．

Maxima Ans.21

```
eigenvectors(A);    固有値・固有ベクトルの計算
T:matrix([1,1],[1,-2]);    正則変換行列
invert(T).A.T;    正則変換
invert(T).B1;
invert(T).B2;
```

4. (a) $b = \begin{bmatrix} b_1 \\ b_2 \\ b_3 \end{bmatrix}$ としたとき，$b_3 \neq 0$ が可制御であるための条件となる．

Maxima Ans.22

```
Aa:matrix([-1,1,0],[0,-1,1],[0,0,-1]) $
Ba:matrix([b1],[b2],[b3]) $
determinant(ctrb(Aa,Ba)) $    可制御行列の行列式
expand(%);
```

(b) 1 入力では可制御にはできない．可制御となる一例 (2 入力) を示す．

$$B = \begin{bmatrix} 0 & 0 \\ 0 & 1 \\ 1 & 0 \end{bmatrix}$$

(c) 可制御となるためには 3 入力が必要である．

5. 可制御行列のランクを調べることで，可制御であることが示せる．

Maxima Ans.23

```
tm:tank2() $
ctrb(sysa(tm),sysb(tm));   可制御行列
determinant(%);   可制御性の判定
```

$C_1 = C_2 = 1, R_1 = R_2 = 0.5$ を代入した状態方程式は次式で与えられる．
$$\dot{x} = \begin{bmatrix} -2 & 2 \\ 2 & -4 \end{bmatrix} x + \begin{bmatrix} 1 \\ 0 \end{bmatrix} u$$

これに対して，レギュレータ極を $\{-3, -4\}$ とする状態フィードバックゲイン K は次式で与えられる．
$$K = \begin{bmatrix} 1 & 2 \end{bmatrix}$$

Scilab Ans.24

```
A=[-2,2;2,-4]; B=[1;0];   状態方程式
K=ppol(A,B,[-3,-4])   状態フィードバックゲイン
```
---

6. (a) $V = \begin{bmatrix} b & Ab & A^2b \end{bmatrix} = \begin{bmatrix} 0 & 1 & 1 \\ 1 & 2 & 4 \\ 1 & 1 & 2 \end{bmatrix}$ (b) $|sI - A| = s^3 - 2s^2 - s + 2$

(c) $W = \begin{bmatrix} -1 & -2 & 1 \\ -2 & 1 & 0 \\ 1 & 0 & 0 \end{bmatrix}$

(d) $T = \begin{bmatrix} -1 & 1 & 0 \\ -1 & 0 & 1 \\ -1 & -1 & 1 \end{bmatrix}$, $T^{-1} = \begin{bmatrix} -1 & 1 & -1 \\ 0 & 1 & -1 \\ -1 & 2 & -1 \end{bmatrix}$

$$T^{-1}AT = \begin{bmatrix} 0 & 1 & 0 \\ 0 & 0 & 1 \\ -2 & 1 & 2 \end{bmatrix}, \quad T^{-1}b = \begin{bmatrix} 0 \\ 0 \\ 1 \end{bmatrix}$$

得られた結果が可制御正準形となることがわかる．以上のことを Scilab で確認する．

Scilab Ans.25

```
A=[-1,1,0;0,2,0;1,0,1]; B=[0;1;1];
V=cont_mat(A,B)   可制御行列
s=poly(0,'s');
det(s*eye()-A)   特性多項式
W=[-1,-2,1;-2,1,0;1,0,0];
T=V*W   正則変換行列
inv(T)*A*T
inv(T)*B
```
---

7. 状態フィードバック制御を施した閉ループシステムは次式で与えられる．
$$\dot{\hat{x}} = \begin{bmatrix} 0 & 1 & 0 \\ 0 & 0 & 1 \\ -2-k_3 & 1-k_2 & 2-k_1 \end{bmatrix} \hat{x}$$
これに対する特性多項式は $s^3 + (k_1-2)s^2 + (k_2-1)s + k_3 + 2$．これが希望するレギュレータ極 $\{-1, -2, -3\}$ をもつためには $s^3 + 6s^2 + 11s + 6$ となればよい．よって
$$\hat{K} = \begin{bmatrix} 4 & 12 & 8 \end{bmatrix}$$
が望ましい状態フィードバックゲインとなる．ここで，可制御なシステムは演習問題 7.6 の手順で必ず可制御正準形に変換することができ，それに対しては，簡単に状態フィードバックゲインが設計できる点に注意してもらいたい．なお，上述の状態フィードバックゲイン $\hat{K}$ は $\hat{x}$ に対するものであるので，もとの状態方程式に対する状態フィードバックゲイン K は $K = \hat{K}T^{-1} = [-12 \ 32 \ -24]$ となる．

Scilab Ans.26
```
--> A=[-1,1,0;0,2,0;1,0,1]; B=[0;1;1];
--> K=ppol(A,B,[-1,-2,-3])
```

8. $u = -ky = -kcx$ というフィードバック制御を施したとき
$$A - bkc = \begin{bmatrix} 0 & 1 & 0 \\ 0 & 0 & 1 \\ -k & -12 & -7 \end{bmatrix}$$
であり，その特性多項式は $s^3 + 7s^2 + 12s + k$．これが
$$(s+\alpha)(s+\sigma+\sigma j)(s+\sigma-\sigma j) = s^3 + (2\sigma+\alpha)s^2 + 2\sigma(\sigma+\alpha)s + 2\sigma^2\alpha$$
となればよいので，係数比較することで $\alpha = 5$, $\sigma = 1$ より $k = 10$ を得る．

Maxima Ans.27
```
A:matrix([0,1,0],[0,0,1],[0,-12,-7]) $
B:matrix([0],[0],[1]) $
C:matrix([1,0,0]) $
cpoly(A-k*B.C,s);  閉ループシステムの特性多項式
expand((s+aa)*(s+sig+sig*%i)*(s+sig-sig*%i));
coeffs(%,s);
solve([2*sig+aa=7,2*sig*sig+2*aa*sig=12],[aa,sig]);
```
coeffs は control.mac に含まれる関数です．

9. 演習問題 6.10 の結果を利用することで，直列結合したシステムに対する状態空間モデルは
$$\begin{cases} \begin{bmatrix} \dot{x}_1 \\ \dot{x}_2 \end{bmatrix} = \begin{bmatrix} 1 & -2 \\ 0 & -1 \end{bmatrix} \begin{bmatrix} x_1 \\ x_2 \end{bmatrix} + \begin{bmatrix} 1 \\ 1 \end{bmatrix} u \\ y = \begin{bmatrix} 1 & 0 \end{bmatrix} \begin{bmatrix} x_1 \\ x_2 \end{bmatrix} \end{cases}$$

これに対する可制御行列 V は

$$V = \begin{bmatrix} 1 & -1 \\ 1 & -1 \end{bmatrix}$$

であり，不可制御であることがいえる．これは，両システムの伝達関数を計算すると

$$P_1(s) = \frac{1}{s-1}, \quad P_2(s) = \frac{s-1}{s+1}$$

であり，直列結合することで，$s-1$ の項が消去されることが理由である．

10. (省略)

11. Scilab のコマンド例を以下に示す．図 Ans.5 より，整定時間が短くなるのに伴い，ゲインのピーク値が低減していることに注意してもらいたい．なお，図中の破線が開ループゲイン特性である．

```
                                                    Scilab Ans.28
--> bm=bmodel();   状態空間モデルの作成
--> [A,B,C,D]=abcd(bm);
--> K2=ppol(A,B,spec(A)-1.5);    整定時間 2 s
--> K1=ppol(A,B,spec(A)-3.5);    整定時間 1 s
--> K05=ppol(A,B,spec(A)-7.5);   整定時間 0.5 s
--> w=logspace(0,2,500);
--> sys2=syslin('c',A-B*K2,B,C); gainplot(sys2,w);
--> sys1=syslin('c',A-B*K1,B,C); gainplot(sys1,w);
--> sys05=syslin('c',A-B*K05,B,C); gainplot(sys05,w);
--> gainplot(bm,w);   開ループゲイン特性の表示
```

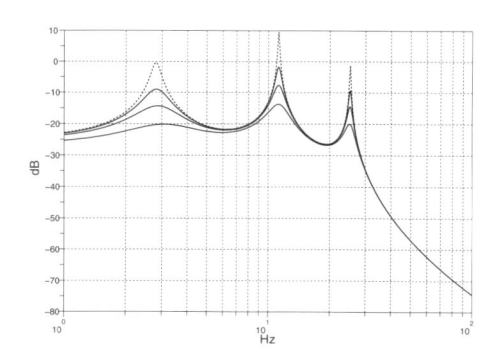

図 Ans.5　BODE ゲイン線図

12. コマンド spec(A) を実行することで，その戻り値の第 1, 2 要素が 1 次振動モード，第 3, 4 要素が 2 次振動モードの固有値であることが確認できる．そこで，これらの極の実部が約 -4 となるように極配置法により状態フィードバックゲインの設計を行う．

Scilab Ans.29

```
--> K=ppol(A,B,spec(A)-[3.5;3.5;3.5;3.5;0;0]);   状態フィードバックゲイン
--> t=0:0.01:3; w=logspace(0,2,500);
--> syscl=syslin('c',A-B*K,B,C);   閉ループシステム
--> bode(syscl,w);   BODE 線図
--> subplot(111);
--> bode(bm,w);
--> ycl=csim('impl',t,syscl); plot(t,ycl)   単位インパルス応答 (閉ループ)
--> y=csim('impl',t,bm); plot(t,y)   単位インパルス応答 (開ループ)
```

BODE 線図上で開ループシステムと比較すると，1, 2 次振動モードに対応したゲインが低減していることがわかる．3 次振動モードの特性は変わらない．また，単位インパルス応答において，振動が残っているが，これが 3 次振動モードである．

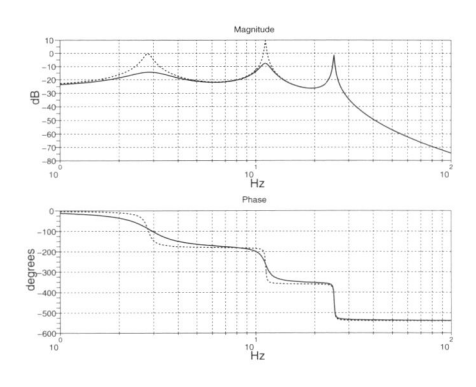

図 Ans.6 BODE 線図

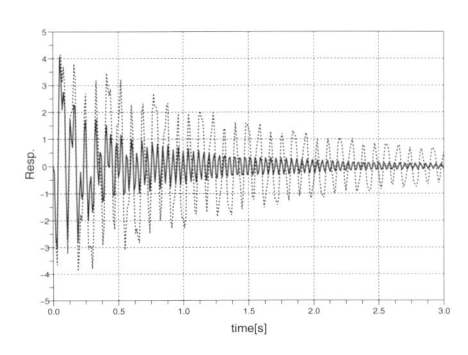

図 Ans.7 インパルス応答

第8章の解答

1. 対 (C, A) が可観測のとき可観測行列 W がフル列ランクをもつ．可観測行列の転置は
$$W^T = [C^T \quad A^T C^T \quad (A^T)^2 C^T \quad \cdots \quad (A^T)^{n-1} C^T]$$
で与えられるが，行列のランクは転置をとっても変わらないことから $\mathrm{rank}(W^T) = n$．このことは対 (A^T, C^T) が可制御であることを意味する．

2. 状態空間モデルは
$$\begin{cases} \dot{x} = \begin{bmatrix} -2 & 2 \\ 2 & -4 \end{bmatrix} x + \begin{bmatrix} 1 \\ 0 \end{bmatrix} u \\ y = \begin{bmatrix} 1 & -1 \end{bmatrix} \end{cases}$$
で与えられる．これに対して，可観測行列は
$$W = \begin{bmatrix} 1 & -1 \\ -4 & 6 \end{bmatrix}$$
であるので，$\det(W) = 2 \neq 0$ より可観測．Scilab を利用することでオブザーバゲインは
$$\begin{bmatrix} h_1 \\ h_2 \end{bmatrix} = \begin{bmatrix} 23 \\ 19 \end{bmatrix}$$
で与えられる．コマンド例を以下に示す．

Scilab Ans.30
```
A=[-2,2;2,-4]; B=[1;0]; C=[1,-1]; D=0;   状態空間モデル
rank(obsv_mat(A,C))   可観測性の判定
H=ppol(A',C',[-5+5*%i,-5-5*%i])'   オブザーバゲインの設計
K=ppol(A,B,[-3,-4])   状態フィードバックゲインの設計
sys=syslin('c',A,B,C,D);
sysK=obscont(sys,-K,-H);   全状態オブザーバ付制御器
```

3. $u = -K\hat{x} + r$ としたときの閉ループシステムの状態空間モデルは
$$\begin{cases} \begin{bmatrix} \dot{x} \\ \dot{x} - \dot{\hat{x}} \end{bmatrix} = \begin{bmatrix} A - BK & BK \\ 0 & A - HC \end{bmatrix} \begin{bmatrix} x \\ x - \hat{x} \end{bmatrix} + \begin{bmatrix} B \\ 0 \end{bmatrix} r \\ y = \begin{bmatrix} C & 0 \end{bmatrix} \begin{bmatrix} x \\ x - \hat{x} \end{bmatrix} \end{cases}$$
$R(s) = \mathcal{L}[r(t)]$ から $Y(s) = \mathcal{L}[y(t)]$ までの伝達行列 P_{yr} を計算すると，
$$P_{yr} = C(sI - (A - BK))^{-1} B$$
状態フィードバック制御を施したときの閉ループ伝達行列と一致することに注意してもらいたい．

4. 状態空間モデルを $\hat{T}^{-1}$ で正則変換すると
$$\begin{cases} \dot{\hat{x}} = \hat{T} A \hat{T}^{-1} \hat{x} + \hat{T} B u \\ y = C \hat{T}^{-1} \hat{x} \end{cases}$$

ここで $C\hat{T}^{-1} = [\,\hat{C}_1 \ \ \hat{C}_2\,]$ とおくと，

$$C = \begin{bmatrix} \hat{C}_1 & \hat{C}_2 \end{bmatrix}\hat{T} = \begin{bmatrix} \hat{C}_1 & \hat{C}_2 \end{bmatrix}\begin{bmatrix} C \\ \tilde{C} \end{bmatrix}$$

であることから $\hat{C}_1 = I$, $\hat{C}_2 = 0$ を得る．

5. Scilab のプログラム例を以下に示す．作成後，作業用ディレクトリに保存してください．

Scilab Ans.31
```
function mobs=min_obs(sys,pp,po)
// 最小次元オブザーバ付制御器
//
    [A,B,C,D]=abcd(sys); [r,n]=size(C);
    A11=A(1:r,1:r); A12=A(1:r,r+1:n);
    A21=A(r+1:n,1:r); A22=A(r+1:n,r+1:n);
    B1=B(1:r,:); B2=B(r+1:n,:);
    C1=C(:,1:r); C2=C(:,r+1:n);

    K=ppol(A,B,pp); K1=K(:,1:r); K2=K(:,r+1:n);
    H=ppol(A22',A12',po)';

    Ak0=A22-H*A12;
    Bk1=B2-H*B1; Bk2=A21-H*A11+(A22-H*A12)*H;
    Ck1=-K2; Ck2=-(K1+K2*H);

    Ak=Ak0+Bk1*Ck1; Bk=Bk1*Ck2+Bk2;
    Ck=Ck1; Dk=Ck2;

    mobs=syslin('c',Ak,Bk,Ck,Dk);

endfunction    // end of min_obs
```

例題 8.4 で設計した最小次元オブザーバ付制御器が得られることを確かめる．

Scilab Ans.32
```
--> mm=mmodel();
--> sysKm=min_obs(mm,[-40+40*%i,-40-40*%i],[-100])
```

6. BODE ゲイン線図を次図に示す．実線は演習問題 8.5 で得られた最小次元オブザーバ付制御器，破線は式 (8.11) の全状態オブザーバ付制御器に対する BODE ゲイン線図である．直達項の有無による特性の違いが見られる．

Scilab Ans.33
```
--> gainplot(sysKm)    演習問題 8.5
--> gainplot(sysK)     式 (8.11)
```

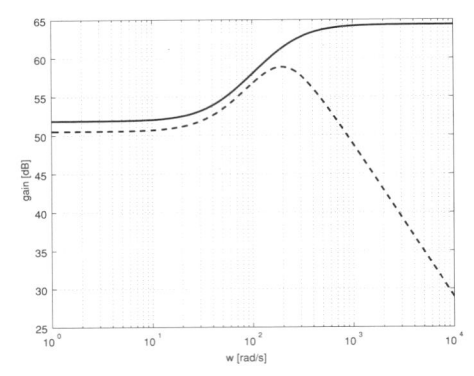

図 Ans.8 最小次元オブザーバ付制御器に対する BODE ゲイン線図

7. 下記のコマンドを実行することで，閉ループシステムの極がレギュレータ極とオブザーバ極の和集合として与えられることがわかる．

```
                                               Scilab Ans.34
    --> syscl=mm/.(-sysK); spec(syscl.A)
    --> syscl=mm/.(-sysKm); spec(syscl.A)
```

8. (省略)

9. コマンド例を以下に示す．

```
                                               Scilab Ans.35
    --> bm=bmodel();    状態空間モデルの作成
    --> [A,B,C,D]=abcd(bm);
    --> rank(obsv_mat(A,C))   可観測性の確認
    --> K=ppol(A,B,spec(A)-3.5);    状態フィードバックゲイン
    --> H=ppol(A',C',spec(A)-7.5)';   オブザーバゲイン
    --> sysK=obscont(bm,-K,-H);    全状態オブザーバ付制御器
    --> syscl=bm/.(-sysK);    閉ループシステム
```

第9章の解答

1. $x = [x_1 \ x_2]^T$ とすると

$$x^T Q x = \begin{bmatrix} x_1 & x_2 \end{bmatrix} \begin{bmatrix} 2 & -1 \\ -1 & q \end{bmatrix} \begin{bmatrix} x_1 \\ x_2 \end{bmatrix} = 2x_1^2 - 2x_1 x_2 + q x_2^2$$
$$= 2\left(x_1 - \frac{x_2}{2}\right)^2 + \left(q - \frac{1}{2}\right) x_2^2$$

したがって，上式が任意の $x(\neq 0)$ に対して正 (非負) となるための条件は $q > 1/2 \ (q \geq 1/2)$．また，この条件を満たすとき，行列 Q の固有値が正 (非負) となることを示せる．

2. プログラム例を以下に示す．

Scilab Ans.36
```
function K=lqr2(A,B,Q,R)
// 最適レギュレータ
   X=ricc(A,B*inv(R)*B',Q,'cont');
   K=inv(R)*B'*X;
endfunction    // end of lqr2

function K=lqr_d(A,B,alpha)
// 安定度指定法
   X=ricc(A+alpha*eye(A),B*B',zeros(A),'cont');
   K=B'*X;
endfunction    // end of lqr_d
```

関数 eye ならびに zeros に行列を与えると，そのサイズに対応した単位行列と零行列を返す．

3. 設計のためのコマンド例を以下に示す．?? に適当な数値を入れること．以下，同様である．

Scilab Ans.37
```
--> A=[-2,2;2,-4]; B=[1;0]; C=[0,1];   状態空間モデル
--> Q=diag([??,??]); R=??;   設計のための重み
--> K=lqr2(A,B,Q,R); spec(A-B*K)   最適レギュレータの設計
--> x0=[0.1;0]; t=0:0.01:3;
--> syscl=syslin('c',A-B*K,B,C);   閉ループシステム
--> ycl=csim(zeros(t),t,syscl,x0);   初期値応答
--> plot(t,y)   応答の表示
```

4. 確認のためのプログラム例を以下に示す．

Scilab Ans.38
```
// 演習問題 $9.4$
//
function magpoles(r)
   aa=2365.19; bb=-9.6938; q=0;
   for i=r
      a1=sqrt(2*sqrt(i)*sqrt(aa^2*i+bb^2)+2*aa*i+bb^2*q)/sqrt(i);
      a2=sqrt(aa^2*i+bb^2)/sqrt(i);
      poles=roots([1,a1,a2]);
      plot(real(poles),imag(poles),'*')
   end
endfunction    // end of magpoles
```

本プログラムに対して，計算を行う重み r を横ベクトルとして与えることで，それに対応するレギュレータ極が複素平面上に表示される．実行例を示す ($q=1$ は省略)．

```
--> magpoles([[0.000001:0.000002:0.00001,0.0001,0.001,0.01,0.1,1]]);
```
Scilab Ans.39

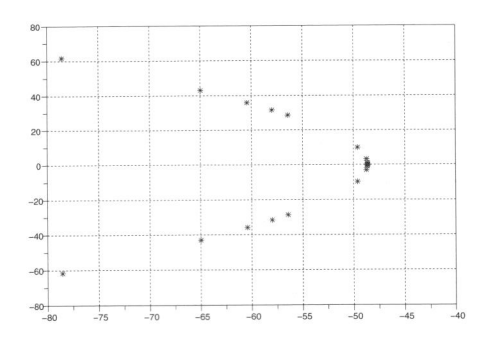

図 Ans.9　重み r を変えたときのレギュレータ極 ($q=0$)

5. 確認のためのコマンド例を以下に示す．

Scilab Ans.40
```
--> [A,B,C,D]=abcd(pmodel());   状態空間モデルの作成
--> K=lqr2(A,B,diag([100,1,0,0]),1);   最適レギュレータ
--> a=??; spec(A-a*B*K)
--> K1=ppol(A,B,[-240,-4+4*%i,-4-4*%i,-7]);   極配置法
--> a=??; spec(A-a*B*K1)
--> K2=ppol(A,B,[-10,-4+4*%i,-4-4*%i,-7]);   極配置法
--> a=??; spec(A-a*B*K2)
```

6. 設計のためのコマンド例を以下に示す．

Scilab Ans.41
```
--> [A,B,C,D]=abcd(bmodel());   状態空間モデルの作成
--> K=lqr_d(A,B,??);   安定度指定法
--> spec(A-B*K)   レギュレータ極の確認
```

7. 2次振動モードのゲインの低減を目指すために，その振動モードに対応した重みのみを大きく与えることが基本設計方針である．

Scilab Ans.42
```
--> [A,B,C,D]=abcd(bmodel());   状態空間モデルの作成
--> Q=diag([0,0,??,??,0,0]); R=1;   重みの指定
--> K=lqr2(A,B,Q,R)   最適レギュレータ
--> syscl=syslin('c',A-B*K,B,C);   閉ループシステム
--> gainplot(syscl)   ゲイン線図
--> t=0:0.001:5;
--> ycl=csim('impl',t,syscl);   インパルス応答
--> plot(t,ycl)   応答の表示
```

第10章の解答

1. 式 (10.15) に対して式 (10.16) を施した閉ループシステムは

$$\begin{cases} \begin{bmatrix} \dot{x} \\ \dot{v} \end{bmatrix} = \begin{bmatrix} A - bk & -b\hat{k} \\ -c & 0 \end{bmatrix} \begin{bmatrix} x \\ v \end{bmatrix} + \begin{bmatrix} 0 \\ 1 \end{bmatrix} r \\ y = \begin{bmatrix} c & 0 \end{bmatrix} \begin{bmatrix} x \\ v \end{bmatrix} \end{cases}$$

で与えられる．これに対する伝達関数を求めると式 (10.17) が得られる．また，$s = 0$ を代入することで $P_{yr}(0) = 1$ が容易に確認できる．

2. それぞれの閉ループ伝達関数は次式で与えられる．$a, b > 0$ であり $k > 0$ であることからともに漸近安定であることがわかる．

$$(1)\ \frac{bk}{s^2 + as + bk}, \quad (2)\ \frac{b}{s^2 + as + bk}$$

単位ステップ目標入力に対するそれぞれの定常応答は (1) は 1，(2) は $1/k$ となる．(1) と (2) の制御方策は式だけを見るとわずかな違いに思えるかもしれないが，定常特性という立場からはまったく別物である．

3. 外乱 $D(s)$ から出力 $Y(s)$ までの閉ループ伝達関数 $P_{yd}(s)$ は

$$P_{yd}(s) = \frac{P(s)}{1 + P(s)K(s)}$$

で与えられる．したがって，一定外乱 $D(s) = d/s$ が加わったときの出力の定常特性は

$$y(\infty) = \lim_{s \to 0} s \cdot P_{yd}(s) \cdot \frac{d}{s} = \frac{P(0)d}{1 + P(0)K(0)}$$

で与えられる．これより，任意の d に対して $y(\infty) = 0$ となるためには $K(0) = \infty$ すなわち，制御器が積分特性をもつ必要があることがわかる．

4. 第2水槽の液面を観測量としたときの状態空間モデルは次式で与えられる．

$$\begin{cases} \dot{x} = \begin{bmatrix} -2 & 2 \\ 2 & -4 \end{bmatrix} x + \begin{bmatrix} 1 \\ 0 \end{bmatrix} \\ y = \begin{bmatrix} 0 & 1 \end{bmatrix} x \end{cases}$$

これに対して Scilab で制御器の設計を行い，ステップ応答からサーボ系が構成されていることを確認する．なお，状態フィードバックゲインは極配置法で設計し，拡大系に対するレギュレータ極を $\{-3, -4, -5\}$ とする．

― Scilab Ans.43 ―
```
--> A=[-2,2;2,-4]; B=[1;0]; C=[0,1];
--> Aa=[A,[0;0];-C,0]; Ba=[B;0]; Br=[0;0;1];   拡大系
--> Ka=ppol(Aa,Ba,[-3,-4,-5]);    状態フィードバックゲインの設計
--> syscl=syslin('c',Aa-Ba*Ka,Br,[C,0],0);    閉ループシステム
--> t=0:0.01:3;    シミュレーション時間
--> ycl=csim(0.2*ones(t),t,syscl,[0;0;0]);    単位ステップ応答
--> plot(t,ycl)    応答の表示
```

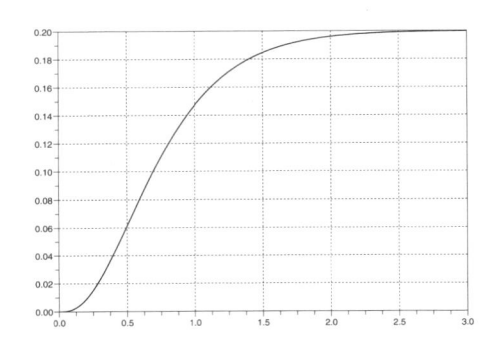

図 Ans.10　2 水槽系に対するステップ応答

5. $\sin(\omega t)$ をラプラス変換すると $\omega/(s^2+\omega^2)$ であるので，内部モデル原理から制御器が $1/(s^2+\omega^2)$ という構造をもつ必要がある．これを伝達関数としてもつ状態空間モデルは

$$\begin{cases} \dot{\overline{x}} = \begin{bmatrix} 0 & 1 \\ -\omega^2 & 0 \end{bmatrix} \overline{x} + \begin{bmatrix} 0 \\ 1 \end{bmatrix} e \\ \overline{y} = \begin{bmatrix} 1 & 0 \end{bmatrix} \overline{x} \end{cases}$$

で与えられる．ここで $e = r - y$ である．上式を利用して拡大系を構成すると，

$$\begin{bmatrix} \dot{x} \\ \dot{\overline{x}} \end{bmatrix} = \begin{bmatrix} A & 0 \\ -\begin{bmatrix} 0 \\ 1 \end{bmatrix} c & \begin{bmatrix} 0 & 1 \\ -\omega^2 & 0 \end{bmatrix} \end{bmatrix} \begin{bmatrix} x \\ \overline{x} \end{bmatrix} + \begin{bmatrix} b \\ 0 \\ 0 \end{bmatrix} u + \begin{bmatrix} 0 \\ 0 \\ 1 \end{bmatrix} r$$

を得る．これを安定化する制御器を設計すれば，目的が達成できる．Scilab のコマンド例を以下に示す．なお，レギュレータ極は $\{-40 \pm 40j, -50, -60\}$ とした．

Scilab Ans.44

```
--> [A,B,C,D]=abcd(mmodel());   状態空間モデルの作成
--> Aa=[A,zeros(A);-[0;1]*C,[0,1;-25,0]];
--> Ba=[B;[0;0]]; Br=[0;0;[0;1]];   拡大系の構成
--> Ka=ppol(Aa,Ba,[-40+40*%i,-40-40*%i,-50,-60]);   極配置法
--> syscl=syslin('c',Aa-Ba*Ka,Br,[C,0,0]);   閉ループシステム
--> t=0:0.01:1;   シミュレーション時間
--> ycl=csim(sin(5*t),t,syscl,[0;0;0;0]);
--> plot(t,ycl)   応答の表示
--> plot(t,sin(5*t));   目標入力
```

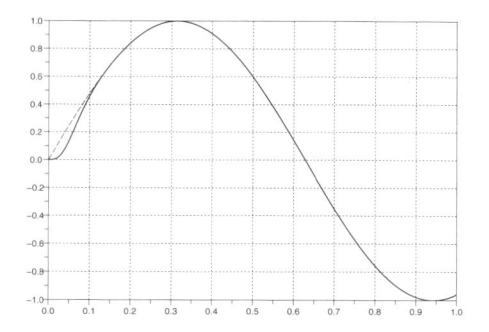

図 Ans.11　磁気浮上系に対して $r(t) = \sin(5t)$ に追従するサーボ系

6. 2次システムに対して PID 制御器を適用したときの閉ループシステムの伝達関数は次式で与えられる．
$$\frac{K(k_d s^2 + k_p s + k_i)}{s^3 + (K k_d + a)s^2 + (K k_p + b)s + K k_i}$$
分母多項式である特性多項式の係数に k_p, k_d, k_i がそれぞれ独立にあるので，閉ループ極を自由に定めることが可能である．また，分子ならびに分母多項式の s^0 の係数が同じであることから，単位ステップ目標入力に対して定常偏差なく追従可能であることがわかる．

Maxima Ans.45

```
Kpid:kp+kd*s+ki/s $
P2:K/(s*s+a*s+b) $
P2*Kpid/(1+P2*Kpid) $   閉ループ伝達関数
radcan(%);
```

一方，3次システムに適用した場合，閉ループ伝達関数は
$$\frac{K(k_d s^2 + k_p s + k_i)}{s^4 + a s^3 + (K k_d + b)s^2 + (K k_p + c)s + K k_i}$$
となり，閉ループ極を自由に定めることはできない．しかし，閉ループシステムが漸近安定であるように k_p, k_d, k_i を定めることができれば，単位ステップ目標入力に対して定常偏差は生じない．

第 11 章の解答

1. (省略)
2. 状態遷移行列の定義より
$$e^{A_c \tau} = I + A_c \tau + \frac{(A_c \tau)^2}{2!} + \cdots$$
これを τ について積分すると

$$\int_0^\Delta e^{A_c\tau}d\tau = \Delta I + \frac{A_c}{2!}\Delta^2 + \frac{A_c^2}{3!}\Delta^3 + \cdots = A_c^{-1}\left(e^{A_c\Delta}-I\right)$$

3. 式 (11.13) に $z[k]$ を代入することで
$$\begin{cases} z[k+1] = \left(I+\frac{\Delta}{2}A_c\right)\left(I-\frac{\Delta}{2}A_c\right)^{-1}z[k] + \Delta PB_cy[k] \\ u[k] \;\; = C_cPz[k] + C_cP\frac{\Delta}{2}B_c \end{cases}$$

を得る．これも双一次近似により得られた離散時間制御器であるが，Scilab ではこれに対してさらに $\hat{z}[k] = Pz[k]$ という正則変換を施している．その結果得られるのが式 (11.14) である．

4. コマンド例を以下に示す．

```
                                                    Scilab Ans.46
--> M=0.019; Q=1.563e-5; Z0=3.219e-3;Zequ=0.005; Iequ=1.269;
--> aa=Q*Iequ^2/(M*(Zequ+Z0)^3);
--> bb=-Q*Iequ/(M*(Zequ+Z0)^2);
--> A=[0,1;aa,0]; B=[0;bb]; C=[1,0]; D=0;
--> mm=syslin('c',A,B,C,D);     状態空間モデル
--> K=ppol(A,B,[-20+40*%i,-20-40*%i]); 状態フィードバックゲイン
--> H=ppol(A',C',[-100,-120])';   オブザーバゲイン
--> sysK=obscont(mm,-K,-H);    フィードバック制御器
--> dsysK=dscr(sysK,0.001);    離散化
```

5. (省略)

付録 A の解答

演習 A.1-A.3　（省略）

演習 A.4　$c5^5$ 以降は零行列となる．このような性質をもつ行列をべき零行列という．

演習 A.5

> **Maxima Ans.47**
>
> `invert(A);`　逆行列
>
> $$\begin{bmatrix} 1/a1 & 0 & 0 \\ 0 & 0 & 1 \\ 0 & -1/a3 & -a2/a3 \end{bmatrix}$$
>
> `adjoint(A);`　余因子行列
>
> $$\begin{bmatrix} a3 & 0 & 0 \\ 0 & 0 & a1\,a3 \\ 0 & -a1 & -a1\,a2 \end{bmatrix}$$
>
> `determinant(A);`　行列式
>
> $a1\,a3$
>
> `adjoint(A)/determinant(A);`　$\mathrm{adj}(A)/\det(A)$　A^{-1} と一致
>
> $$\begin{bmatrix} 1/a1 & 0 & 0 \\ 0 & 0 & 1 \\ 0 & -1/a3 & -a2/a3 \end{bmatrix}$$

演習 A.6

> **Maxima Ans.48**
>
> `transpose(A).A;`　$A^T A$
>
> $$\begin{bmatrix} a1^2 & 0 & 0 \\ 0 & a2^2+1 & a2\,a3 \\ 0 & a2\,a3 & a3^2 \end{bmatrix}$$
>
> `ev:eigenvectors(%)$`　固有ベクトルの計算
> `transpose(columnvector(ev[2])).columnvector(ev[3])$`　内積
> `expand(%);`　0 であれば直交している
>
> 0

演習 A.7

— Maxima Ans.49 —
```
expand(charpoly(A,s))$   特性多項式の計算
radcan(-%);   簡単化
```
$$s^3 + (a2 - a1)s^2 + (a3 - a1\,a2)s - a1\,a3$$
```
A.A.A+(a2-a1)*A.A+(a3-a1*a2)*A-a1*a3*ident(3) $
radcan(%);
```
$$\begin{bmatrix} 0 & 0 & 0 \\ 0 & 0 & 0 \\ 0 & 0 & 0 \end{bmatrix}$$

演習 A.8

— Maxima Ans.50 —
```
hmat(mm):=
   block(
      [icnt,nnn,hlist],
      hlist:[determinant(mm)], nnn:length(mm),
      for icnt:1 thru nnn-1
         do(
            mm:submatrix(nnn-icnt+1,mm,nnn-icnt+1),
            hlist:cons(determinant(mm),hlist)
         ),
      return(hlist)
   );
```

付録 B の解答

演習 B.1-B.3　（省略）

演習 B.4　$c5^5$ 以降は零行列となる.

演習 B.5

— Scilab Ans.51 —
```
--> z4=zeros(4,4); z4(4,1)=1;
--> z4=diag(1,-3);
```

演習 B.6　（省略）

演習 B.7

— Scilab Ans.52 —
```
--> d6=diag(6:-1:1);
```

演習 B.8　data1 に対しては，負の数を 0 にする操作．data2 に対しては，$(1,1)$ と $(1,2)$，$(1,3)$ と $(1,4)$ のように要素を対として，それを行として並べた行列にする操作．

演習 B.9

```
--> [V,D]=spec(A);    固有値・固有ベクトルの計算
--> [d,k]=gsort(diag(D),'r','d');    固有値を大きい順にソート
--> V(:,k)    固有ベクトルの並べ替え
 ans =
    1.       0.          0.
    0.       0.7071068   0.8944272
    0.      -0.7071068  -0.4472136
```

Scilab Ans.53

演習 B.10

```
--> s=poly(0,'s');
--> det(s*eye()-A)    特性多項式
 ans =
    -2 - s + 2s^2 + s^3
--> A^3+2*A*A-A-2*eye(3,3)
 ans =
    0.  0.  0.
    0.  0.  0.
    0.  0.  0.
```

Scilab Ans.54

演習 B.11

```
function [H]=hmat(mm)
// Problem B.10
   H=[]; n=size(mm,'r');
   for i=1:n
      H=[H,det(mm(1:i,1:i))];
   end
endfunction
```

Scilab Ans.55

索　引

Maxima, Scilab 索引

記号

* 200, 220, 234, 237
\+ 220, 234, 237
\- 220, 234, 237
.* 220, 237
./ 220, 237
.^ 220, 237
: 223
:= 213
< 228
<= 228
<> 228
== 228
> 228
>= 228
%e 207, 236, 238
%i 236, 238
%pi 207, 236, 238
^ 200, 220, 234, 237
^^ 201, 234
. ... 234

コマンド，そのほか

abcd 117, 136, 140, 162, 180, 237
abs 236
addcol 202, 203, 206, 235
addrow 202, 203, 235
adjoint 205, 234
and 35, 213
assume 19, 35, 150, 173, 207, 236
atvalue 46, 208, 210, 235
bmodel 121, 165, 236, 239
bode 140, 238
body 213
break 228

charpoly 86, 106, 207, 234
chdir 217, 238
cls2dls 187, 238
coeff 86, 235
coeffs 100, 215, 236
col 203, 235
columnswap 201, 235
columnvector 157, 206, 234
comp2 236
comp3 .... 111, 236, 252
cotrol.mac(Maxima) 98
cont_mat 110, 115, 180, 228, 237
continue 228
copymatrix 204, 235
cos 164
cpoly 99, 236
csim 117, 137, 138, 162, 181, 238
ctranspose 201
ctrb 99, 236
delta 208, 235
denom 94, 225, 235, 238
desolve 47, 49, 210, 235
det 224, 237, 238
determinant 60, 111, 118, 141, 205, 234
diag 163, 167, 202, 221, 237
diag_matrix 201, 234
diagmatrix 201, 234
diary 221
diff 15, 19, 29, 51, 207, 235
dscr 186, 237
eigenvalues 88, 156, 205, 234
eigenvectors 157, 205, 234
ematrix 202, 234
endfunction 24
entermatrix 199
equal 213
execstr 231, 238

exp 15, 30, 91	minf 20, 236
expand 19, 65, 86, 134, 235	mmodel 121, 135, 236, 238
expm 186, 224, 237	model.mac(Maxima) 252
eye 159, 186, 221, 237	model.sce(Scilab) 96, 97, 121
factor 106, 235	msize 98, 236
find_root 37, 235	norm 224, 237
float 37, 236	not 213
for 213, 214	notequal 213
for...end 227	num 141, 157, 235
forget 20, 35, 207, 236	numer 238
function 24, 36	nyquist 164, 238
gainplot 238	obscont 136, 139, 186, 237
getd 227, 238	obsv 99, 236
getf 227, 238	obsv_mat 136, 237
gsort 224, 237	ode 36, 238
hipow 86, 235	ode2 . . . . 15, 150, 209, 235
hurwitz 100, 236	ones 181, 221, 237
hurwitz_mat 100, 236	or 213
ic1 . . . . 150, 173, 209, 235	place 101, 236
ic2 . . . . 30, 209, 235	plot 15, 117, 137, 162, 226, 238
ident 201, 234	plot2d 15, 30, 47, 211, 235
if...else 213, 227	plot3d 211
ilt 55, 94, 113, 209, 235	pmodel 97, 236, 238
inf 20, 236	poly 58, 225, 238
integrate 150, 207, 235	ppol 117, 136, 146, 181, 237
inv 160, 186, 220, 237	pwd 217, 238
invert 85, 201, 234	quit 217
kill 200, 236	radcan 118, 141, 235
laplace 51–53, 174, 208, 235	rand 221, 237
lhs 15, 235	rank 110, 135, 180, 205, 224, 234, 237
limit 19, 147, 173, 236	ratsimp 106, 151, 235
load 91, 229, 238	remove 49, 208, 235
loadmatfile 230, 238	reset 200, 236
logspace 237,256	return 98, 213
lqr 160, 237	rhs 15, 98, 235
lqr2 . . . . 238, 261	ricc 161, 237
lqr_d 238, 261	roots 57, 225, 238
mat_fullunblocker 202, 234	row 203, 235
mat_function 91, 234	rowswap 201, 235
mat_norm 205, 234	save 229, 238
mat_trace 201, 234	savehistory 221
mat_unblocker 202, 203, 234	savematfile 230, 238
matrix 60, 106, 199, 234	select...case...end 228
min_obs 238, 259	similar 99, 236
	sin 164

solve	46, 94, 141, 151, 211, 235
sort	237
spec	118, 159, 224, 237
sqrt	32, 236
sqrtm	160, 237
ss	98, 236
ss2tf	237
ssize	99, 236
string	231
submatrix	203, 235
subplot	119, 123, 238
subst	20, 200, 236
substa	116, 235
sysa	111, 135, 158, 236
syslin	117, 138, 181, 237
tank2	236, 252
taylor	65, 68, 235
trace	220, 237
transfer	99, 236
transpose	98, 158, 201, 234
uniteigenvectors	205, 206
while	99, 213
while...end	227
xgrid	17, 238
zeromatrix	100, 202, 234
zeros	117, 221, 237

項目索引

あ 行

アクチュエータ	2
安定性	14
安定度	168
安定度指定法	168
安定な零点	94
位置エネルギ	76
1自由度振動系	27
1出力系 (SO系)	83
1入力系 (SI系)	83
1階線形微分方程式	11
一般解	15
運動エネルギ	76
SI 系	83
SO 系	83
s 領域	50
n 階線形微分方程式	44
n 次システム	83
MI 系	83
MO 系	83
円条件	164
オイラーの公式	31
応答	4
オーバーシュート	36
オブザーバ極	134
オンラインヘルプ	198, 218

か 行

外乱	12
開ループ極	113
開ループシステム	2
可観測行列	132
可観測性	131
拡大システム	179
可制御	108
可制御行列	109
可制御性	108
可制御正準形	111
過渡応答	13
観測量	82
管路抵抗	68

索　引

逆応答 95
逆行列 201, 220
逆ラプラス変換 50, 210
共役複素数 31
行列関数 205
行列式 205, 224
行列の操作 198, 200, 219
極 45
極配置法 114
グラフ表示 211, 226
加え合せ点 92
ケイリー-ハミルトンの定理 207
剛体 7
勾配 4
固有値 205, 224
固有ベクトル 205, 224

さ 行

Scilab(サイラボ) 216, 217
　　　　コマンド 237
　　　　ライブラリ 237
サーボ問題 172
最小次元オブザーバ 144
最小次元オブザーバ付制御器 144
最小多項式 202
最適レギュレータ 155
最適レギュレータ問題 152
散逸エネルギ 76
サンプリング時間 183
時間応答 4
時間進み演算子 186
時間領域 50
磁気浮上系 69, 115
磁気浮上系の安定化制御 187
システム 2
システムの次数 83
時定数 17
支配極 46
時不変システム 63
時変システム 63
柔軟ビーム振動系 120, 126
準正定行列 153
状態空間モデル 82
状態遷移行列 89
状態フィードバック制御 23, 113

状態方程式 81
状態量 11, 81
初期状態 11
初期値応答 12
Jordan(ジョルダン) 形 202
信号発生器 177
振動性 37
振動制御 120
水槽系 20, 64, 77, 107
数式処理ソフト 196
ステップ入力 18
制御器 2
制御対象 2
制御目的 2
制御量 3
正則変換 85
整定 18
正定行列 153
整定時間 36, 39
静的システム 7
積分 5, 207
積分器 176
零行列 202, 221
零次ホールド 185
零次ホールド法 184, 185
零状態応答 12
零点 94
漸近安定 14
線形微分方程式 63
全状態オブザーバ 131, 142
全状態オブザーバ付制御器 131
全状態観測器 131
双一次変換法 184
操作量 3
双対性 133
速度制御系 73

た 行

対角行列 221
対角正準形 102
対称行列 153
代数方程式 7
多項式 225
多出力系 (MO 系) 83
多入力系 (MI 系) 83

単位行列 221
単位ステップ応答 19, 33
単位ランプ入力 25
弾性体 8
直達項 93
追従誤差 172
定常応答 13
定常ゲイン 19
テイラー展開 64
伝達関数 52, 92, 210
伝達行列 92, 225
転置行列 201, 220
動的システム 9
動特性 9
倒立振子系 71, 118, 139
特性多項式 45, 225
特性方程式 45
トレース 201, 220

な 行

内部モデル原理 178
2階線形微分方程式 27
2次形式 152
2乗面積 150

は 行

BIBO 安定 57
ハミルトン行列 153
p ノルム 205, 224
引き出し点 92
ヒストリ機能 205, 221
非線形 63
非線形関数の線形化近似 65
非線形微分方程式 64
微分 4, 207
微分方程式 4, 209
評価関数 152
不安定 14
不安定な零点 94
フィードバックゲイン 23
フィードバック制御 40, 48
フィードバックループ 2
不可制御 108

部分分数展開 55
フルヴィッツ多項式 59
フルヴィッツの安定判別法 58
ブロック線図 2, 92
ブロック対角行列 201
平衡位置 70
平衡状態 67
平衡電流 70
閉ループ極 113
閉ループシステム 2
ベクトル軌跡 164
変数分離法 126

ま 行

Maxima(マキシマ) 196, 212
　　　　　コマンド 234
MATLAB(マトラボ) 230
モータ系 21
モード関数 127
目標値 3
モニック 58

や 行

有界 57
余因子行列 205

ら 行

ライブラリ (Scilab) 232
ラグランジュ法 76
ラプラス演算子 50
ラプラス変換 50, 208, 210
ラプラス変換の最終値の定理 174
ランク 205, 224
リカッチ方程式 153
離散化 184
離散時間制御器 184, 189
両端単純支持梁 120
ラウスの安定判別法 58
レギュレータ 113
レギュレータ極 113
レギュレータ問題 172
ローカル変数 213
ローパスフィルタ 140

著 者 略 歴

川谷 亮治 (かわたに・りょうじ)

1984 年 大阪大学大学院工学研究科 (産業機械工学専攻) 修了 (工学博士)
 同大学助手，講師を経て
1991 年 長岡技術科学大学助教授
2000 年 福井大学助教授 (2007 年より准教授)
 現在に至る．工学博士

フリーソフトで学ぶ線形制御	ⓒ 川谷 亮治	2008

2008 年 6 月 10 日 第 1 版第 1 刷発行 　【本書の無断転載を禁ず】
2018 年 2 月 20 日 第 1 版第 4 刷発行

著　　者　川谷亮治
発 行 者　森北博巳
発 行 所　森北出版株式会社
　　　　　東京都千代田区富士見 1-4-11(〒 102-0071)
　　　　　電話 03-3265-8341／FAX 03-3264-8709
　　　　　日本書籍出版協会・自然科学書協会　会員
　　　　　http://www.morikita.co.jp/
　　　　　JCOPY ＜ (社) 出版者著作権管理機構 委託出版物＞

落丁・乱丁本はお取替えいたします　　印刷/モリモト印刷・製本/ブックアート

Printed in Japan /ISBN978-4-627-91941-9